人工智能技术丛书

深入探索Mamba 模型架构与应用

王晓华 著

U0283882

清华大学出版社

北京

内 容 简 介

　　Mamba 是一种新型的深度学习架构，在保持对序列长度近似线性扩展性的同时，提供了与 Transformers 相当的建模能力。本书旨在帮助读者探索 Mamba 在不同领域实现卓越性能的潜力，并深入理解和应用这一新兴的模型架构。本书配套示例源码、PPT 课件、配图 PDF 文件与读者微信交流群服务。

　　本书共分 16 章，内容包括 Mamba 概述、Mamba 架构详解、Mamba 组件详解、基于 PyTorch 的弹簧振子动力学 Mamba 实战、Mamba 文本情感分类实战、Mamba 的文本转换实战、VisionMamba 图像分类实战、多方案的 Mamba 文本生成实战、让 Mamba 更强的模块、循环神经网络详解与切片时间序列预测、基于 Jamba 的天气预测实战、统一了注意力与 Mamba 架构的 Mamba2 模型、Mamba 结合 Diffusion 的图像生成实战、知识图谱的构建与展示实战、基于特征词的语音唤醒实战、多模态视觉问答实战。

　　本书既适合 Mamba 架构初学者，以及人工智能、深度学习方向的从业人员阅读，也适合作为高等院校或高职高专院校相关专业学生的参考书。

图书在版编目（CIP）数据

深入探索 Mamba 模型架构与应用 / 王晓华著.

北京 : 清华大学出版社，2025. 2. -- （人工智能技术丛书）.

ISBN 978-7-302-68157-1

Ⅰ. TP181

中国国家版本馆 CIP 数据核字第 202516FL53 号

责任编辑：夏毓彦
封面设计：王　翔
责任校对：闫秀华
责任印制：刘海龙

出版发行：清华大学出版社

　　网　　址：https://www.tup.com.cn, https://www.wqxuetang.com

　　地　　址：北京清华大学学研大厦 A 座　　　　　　邮　　编：100084

　　社 总 机：010-83470000　　　　　　　　　　　　邮　　购：010-62786544

　　投稿与读者服务：010-62776969，c-service@tup.tsinghua.edu.cn

　　质 量 反 馈：010-62772015，zhiliang@tup.tsinghua.edu.cn

印 装 者：三河市君旺印务有限公司

经　　销：全国新华书店

开　　本：190mm×260mm　　　　**印　张**：22.75　　　　**字　　数**：613 千字

版　　次：2025 年 3 月第 1 版　　　　　　　　　**印　　次**：2025 年 3 月第 1 次印刷

定　　价：119.00 元

产品编号：108910-01

前　言

在科技的浩瀚星海中，人工智能已经成为引领时代前行的璀璨明星。而深度学习作为人工智能领域的重要分支，更是推动了无数科技创新与突破。在这个波澜壮阔的历史进程中，我们有幸见证并参与了 Mamba 这一新兴深度学习架构的诞生与发展。今天，我们将这份宝贵的经历与知识凝结成书，希望能够助力更多有志之士在深度学习的道路上探索与前行。

本书构思

本书旨在为读者提供一本全面、深入的 Mamba 深度学习架构实战指南。我们精心组织了全书的内容，从基础理论到实战应用，循序渐进地引导读者掌握 Mamba 架构的核心技术与实战技巧。无论你是深度学习的初学者，还是希望进一步提升技能的专业人士，相信本书都能为你提供宝贵的帮助。

在撰写本书的过程中，我们始终秉持着严谨、务实的态度。书中的每一章都经过了反复的打磨与验证，确保内容的准确性与实用性。同时，我们也注重理论与实践的结合，通过大量的实战案例，帮助读者将所学知识转变为实际应用能力。

本书通过系统而全面的介绍，带领读者从 Mamba 架构的基础理论出发，逐步深入各种实战应用的开发与实现。我们详细剖析了 Mamba 的核心组件和工作原理，帮助读者清晰把握其与传统深度学习架构的区别与优势。同时，我们还结合丰富的案例和实战经验，展示了 Mamba 在序列生成、图像识别、自然语言处理等多个领域的应用场景和前景。

本书以实战项目为基础，结合 PyTorch 2.0 深度学习框架进行深入浅出的讲解和演示。作者以多角度、多方面的方式，手把手地教读者编写代码，并结合实际案例深入剖析其中的设计模式和模型架构。

总的来说，本书旨在帮助读者深入理解和掌握 Mamba 这一新兴深度学习架构，并将其应用于实际场景中。我们希望通过本书的介绍，推动深度学习技术的普及和发展，为人工智能时代的进步贡献一份力量。

本书特点

本书致力于引领读者掌握最新的深度学习架构 Mamba 在多领域的应用，不仅关注理论，更注重实践，提供一站式实战指南。书中的突出特点体现在以下几个方面。

- 知识体系全面且深入：本书从深度学习的前世今生讲起，逐步深入解析 Mamba 架构，最后扩展到多领域的应用实战。这种由浅入深、循序渐进的讲述方式，有助于读者系统地掌握 Mamba 架构的核心原理与实践技巧。

- 注重实战与可操作性：与众多理论繁重的深度学习书籍不同，本书特别强调实战的重要性。通过丰富的案例分析与代码实现，读者可以亲自实践，从而深入理解 Mamba 架构在解决实际问题中的应用。无论是文本生成、图像识别还是时间序列预测，本书都提供了详尽的步骤与指导。
- 融合最新研究成果：本书不仅介绍了 Mamba 架构的基础理论，还融入了最新的研究成果和技术动态。例如，书中讲解了 Mamba2 模型与 Diffusion 模型的结合等前沿内容，帮助读者紧跟深度学习领域的发展步伐。
- 跨模态与多领域应用：本书展示了 Mamba 架构在跨模态信息处理中的卓越能力，包括自然语言处理、视觉问答等多领域应用。通过跨领域的综合性应用示例，有助于读者拓展视野，激发创新思维。
- 作者实战经验丰富：本书的作者具备深厚的学术背景和丰富的实战经验，确保内容的准确性与实用性。作者以实际项目中遇到的问题为导向，将复杂问题简化并应用到 Mamba 架构中，为读者提供了宝贵的经验。

配套资源下载

本书配套实例源码、PPT 课件、配图 PDF 文件与读者微信交流群服务，读者可以通过微信扫描二维码获取。如果在阅读过程中有任何问题或建议，请联系下载资源中提供的相关电子邮箱或微信。

适合的读者

本书适合 Mamba 架构初学者及人工智能、深度学习方向的从业人员阅读，也适合作为高等院校或高职高专院校相关专业学生的参考书。

本书作者

本书作者王晓华为高校计算机专业教师，教授数据挖掘、人工智能、数据结构等本科及研究生课程，研究方向包括数据仓库与数据挖掘、人工智能和机器学习，参与多项科研项目。

作者
2025 年 1 月

目　　录

第1章

横空出世的 Mamba

Mamba 这一崭新的深度学习架构，宛如一颗璀璨的新星在深度学习的天空中闪耀。它以独特的选择性状态空间模型为基石，旨在突破传统状态空间模型在处理离散且信息密集型数据时的局限。其核心创新在于引入输入依赖的动态机制，让模型犹如灵动的舞者，能够根据当前数据巧妙并选择性地传递或遗忘信息。

基于状态空间模型（State Space Models，SSM），Mamba 创新性地融入选择性机制与硬件感知的并行算法，使其不仅能高效处理序列数据，更在推理速度上远超传统 Transformer，并且实现了序列长度的线性缩放。

在多个领域，Mamba 展现了卓越的性能，它如智慧的精灵，以高效、灵活且硬件友好的特质，在语言模型、音频处理和基因组数据模型等领域翩翩起舞，为序列建模开启了全新的思路与方法。尽管仍需持续探索与优化，但 Mamba 的潜力无限，未来有望在自然语言处理、语音识别和生物信息学等众多领域大放异彩。

1.1　深度学习的前世今生

深度学习宛如一股汹涌澎湃的科技浪潮，在当今时代展现出了无与伦比的力量。它并非一蹴而就，而是历经了漫长的积累与沉淀。

从早期的理论探索到如今的广泛应用，深度学习走过了一条崎岖却充满希望的道路。在这一过程中，无数的科学家和研究人员倾注了智慧与心血，推动着这一领域的不断发展。深度学习就像是一颗被精心培育的种子，在适宜的环境中逐渐生根发芽、苗壮成长，最终绽放出绚烂的花朵。

随着计算能力的提升和数据的爆发式增长，深度学习迎来了它的黄金时代。它在图像识别、语音处理、自然语言理解等诸多领域取得了惊人的突破，为人们的生活带来了翻天覆地的变化。

那些曾经看似遥不可及的梦想,如今正一步一步变为现实,激发了我们对未来无限的憧憬与期待。

1.1.1 深度学习的发展历程

深度学习的发展犹如一部波澜壮阔的史诗,充满了曲折与辉煌。

回溯往昔,深度学习的理念在早期的探索阶段便已开始萌芽。科学家们不断尝试理解大脑的工作机制,试图从中汲取灵感,为构建更强大的学习模型奠定基础。然而,这一时期的技术和认知都存在诸多局限,深度学习的发展之路充满艰辛与挑战。尽管如此,先驱者们依然坚持不懈地前行,在黑暗中摸索着前进的方向。深度学习的发展历程如图 1-1 所示。

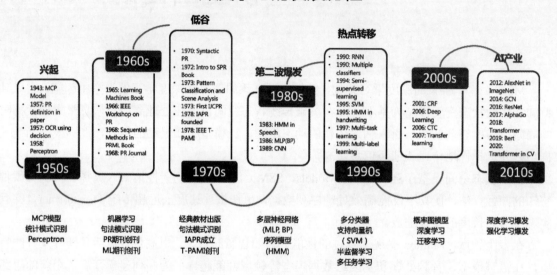

图 1-1　深度学习的发展历程

随着时间的推移,计算机技术的不断进步为深度学习提供了重要支撑。计算能力的提升使得处理大规模数据和复杂模型成为可能,为深度学习的腾飞铺平了道路。在此过程中,一些关键的算法和技术,如反向传播算法等,开始崭露头角,为深度学习的发展引擎点燃了星星之火。

进入新世纪,数据的爆炸式增长更是成为深度学习发展的强大助力。海量的数据为模型的训练提供了丰富素材,使得深度学习能够不断优化和提升性能。同时,越来越多的研究人员投身这一领域,他们的智慧和创造力汇聚成强大的推动力,推动着深度学习不断向前突破。

在图像识别领域,深度学习取得了令人瞩目的成就。它能够准确地识别各种物体、场景和人物,准确率甚至超越了人类。这一突破不仅为计算机视觉领域带来了革命性变化,也为智能安防、自动驾驶等众多应用场景打开了大门。同样,在语音处理和自然语言理解方面,深度学习也展现出了强大的实力,使得人机交互变得更加自然和流畅。

尽管深度学习取得了诸多突破,它的发展之路并非一帆风顺,依然面临着诸多质疑和挑战。数据隐私、模型可解释性、伦理道德等问题成为社会关注的焦点。然而,正是这些挑战促使着研究人员不断反思和改进，推动着深度学习朝着更加健康、可持续的方向发展。

如今，深度学习已经成为科技领域的核心力量之一，影响力渗透到各个行业和生活的方方面面。从医疗健康到金融服务，从教育科研到娱乐传媒，深度学习都在发挥着重要的作用。它不仅改变了我们的生活方式，也为人类社会的进步注入了强大动力。

展望未来，深度学习的发展前景依然广阔。随着技术的不断创新和突破，我们有理由相信它将在更多领域创造奇迹，为人类带来更多的福祉。同时，我们也必须保持清醒的头脑，正确看待深度学习带来的影响，确保其发展始终符合人类的利益和价值观。深度学习的发展历程是一部人类智慧与勇气的赞歌，它将继续在科技的舞台上演绎精彩的篇章。

1.1.2　深度学习与人工智能

深度学习的发展历程对人工智能领域产生了深远的影响。在过去的几年中，深度学习技术作为人工智能的重要组成部分之一，已在各个领域得到广泛应用。神经网络的概念最早出现在 20世纪 40 年代至 50 年代，主要关注使用神经网络进行模式识别和学习表示。

如今，深度学习在语音识别领域通过提高准确性和速度，发挥着重要作用；在图像识别领域，深度学习技术显著提升了识别效果。此外，深度学习不仅在计算机视觉、自然语言处理等领域取得了显著成果，也推动了人工智能的整体发展，比如推动了人工智能在自然语言处理方面的发展，使计算机能够更好地理解和处理人类语言；促进了计算机视觉的广泛应用，让计算机能够更准确地识别图像等。

同时，深度学习还引领了人工智能在智能机器人、智能制造等方面的融合，为这些领域带来了新的发展机遇。深度学习技术在人工智能领域的应用和影响，使其成为推动人工智能发展的关键力量，未来也将继续发挥重要作用。

具体来看，深度学习的发展对人工智能领域的影响主要体现在以下几个方面：

- 推动技术突破：深度学习使人工智能在图像识别、语音识别、自然语言处理等领域取得了显著进展，提高了模型的准确性和泛化能力。
- 拓展应用领域：深度学习的成功应用推动了人工智能在医疗、金融、交通、教育等领域的发展，为这些领域带来了创新和改进的机会。
- 促进学科融合：深度学习的发展需要跨学科的知识和技术，如数学、统计学、计算机科学等，这促进了不同学科之间的融合和交流。
- 提升计算能力：深度学习模型的训练需要大量计算资源，推动了硬件技术的发展，如GPU、TPU 等专用芯片的出现，提高了计算效率。
- 引发研究热潮：深度学习的成功吸引了大量研究人员和资源投向人工智能领域，推动了该领域的快速发展。
- 改变行业格局：深度学习技术的应用改变了许多行业的竞争格局，一些传统企业通过应用人工智能技术实现了转型升级，而一些新兴人工智能企业迅速崛起。

- 带来社会影响：人工智能的发展对社会产生了深远的影响，如就业结构的变化、隐私和安全问题等，需要我们认真思考和应对。

总的来说，深度学习的发展是人工智能领域发展的重要阶段，为未来发展奠定了坚实基础。未来，我们可以期待深度学习技术继续推动人工智能的发展，为人类社会带来更多福祉。

1.2　深度学习中的主要模型

深度学习模型是深度学习的核心构成部分，宛如智能的"数据处理器"，通过复杂而精巧的结构和算法实现特征的提取和处理。

这些模型具有强大的学习能力，可以从海量数据中自动发现有价值的特征模式。例如，在图像识别任务中，深度学习模型能够从像素级数据中逐步提取出形状、纹理、颜色等高级特征，从而准确识别图像中的物体或场景。

根据不同任务的具体目标，模型会调整和优化其输出结果。无论是在分类任务中确定所属类别，还是在回归任务中预测具体数值，深度学习模型都能灵活地适应并给出准确的回应。

通过不断训练和优化，深度学习模型能够逐渐提升特征提取能力和对任务处理精度，在各种应用场景中展现卓越性能。无论是计算机视觉、自然语言处理、语音识别还是其他领域，深度学习模型都在推动着技术进步和创新，为解决实际问题提供强大支持。它们的发展和应用正不断拓展我们对智能和数据处理的认知边界。

1.2.1　深度学习中的代表性模型和应用

深度学习作为人工智能领域至关重要的一个分支，其发展历程循序渐进，可划分为多个具有鲜明特征的阶段，而每个阶段均拥有极具代表性的模型以及广泛的应用场景。以下将对深度学习处于不同阶段的代表模型设计与应用展开简单的介绍。

1. 深度学习不同阶段的代表模型

1）早期阶段（2006—2010 年）

- 卷积神经网络（Convolutional Neural Network，CNN）：主要应用于图像识别与处理等领域。CNN 的核心精髓在于巧妙地运用卷积核提取输入图像的局部特征，并借助池化层进行特征抽取与降维（即降低维度）。
- 回归神经网络（Quantile Regression Neural Network，QRNN），本质上属于一种非参数、非线性的网络架构。该网络在应用中展现出强大的能力，能够深入揭示响应变量的完整条件分布，还具备模拟金融系统等领域内复杂非线性特征的能力。

2）发展阶段（2011—2015 年）

- 递归神经网络（Recursive Neural Network，RNN）：有效处理非线性和循环的数据结构。其核心观念是利用递归连接来清晰地呈现序列中的相关信息。

- 长短时记忆网络（Long Short-Term Memory，LSTM）：通过精妙的门控机制来精准地把控信息的输入、输出和更新。LSTM 的核心思路是借助门的作用来有效地控制序列中信息的流动方向与状态。

3）近期阶段（2016 年一至今）

- 自注意力机制（Attention）：可以促使模型更出色地聚焦于序列中的关键信息。Attention 的核心思想是，利用具有特定意义的注意力权重来明确地表示序列中的关键要点。
- Transformer 模型：将自注意力机制与编码器和解码器巧妙地融合在一起。Transformer 的核心要点在于，利用自注意力机制和跨注意力机制构建更为高效的序列模型。

2. 深度学习模型的应用

以上这些代表性模型在多个领域得到了广泛应用，例如：

- 图像识别领域：CNN 在图像识别任务中表现得极为卓越，比如能够精准地识别物体、场景和人物等。
- 语音识别领域：RNN 和 LSTM 被广泛应用于语音识别系统，能够有效处理音频序列并准确识别语音内容。
- 自然语言处理领域：涵盖文本分类、情感分析、机器翻译等任务。尤其是 Transformer 模型在自然语言处理中更是取得了极为显著的成果。
- 医疗诊断领域：深度学习模型在医学图像分析和疾病预测中发挥作用，辅助医生进行诊断和治疗决策。
- 金融预测领域：能够助力预测股票价格、市场趋势等，为投资决策提供有力的支撑与依据。

总的来讲，深度学习的持续发展为解决各式各样复杂的现实问题提供了强大的工具。随着技术的不断演进，深度学习模型必将在更多领域充分发挥重要作用，推动人工智能向更高层次发展。

1.2.2　CNN、RNN 与 Transformer

深度学习的发展离不开在不同阶段涌现的、极具代表性的架构。其中，CNN（卷积神经网络）、RNN（循环神经网络）以及 Transformer 等架构不仅各具优势和适用场景，而且它们常常是交叉使用的。正是这种交叉使用推动了深度学习技术的不断推陈出新，在各个领域展现出越发强大的威力，如图 1-2 所示。

CNN 擅长处理具有空间结构的数据，在图像识别、计算机视觉等方面表现出色；RNN 则对具有序列特征的数据处理有着天然优势，在自然语言处理、时间序列分析等领域发挥着重要作用；而 Transformer 以其强大的并行处理能力和对长序列数据的良好适应性，在大规模语言模型等领域引领着发展方向。

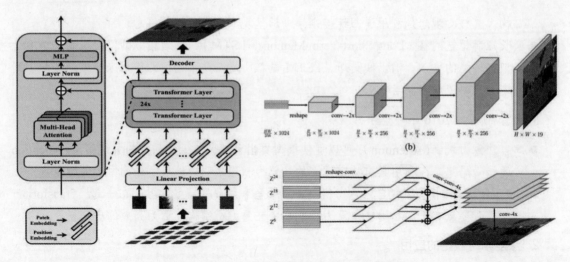

图 1-2 CNN、RNN 与 Transformer 的融合使用

1. 卷积神经网络（CNN）

CNN 宛如一位技艺精湛的画师，以其独特的方式勾勒出数据的精妙轮廓。它的核心算法包括卷积操作和池化操作。卷积操作犹如神奇的画笔，通过不同的卷积核在数据上滑动，捕捉局部的特征模式，细腻地描绘出每个细节。池化操作则像智慧的提炼，对特征进行压缩和简化，提取出关键信息。

在应用方面，CNN 是图像识别领域的明星。它能够精准识别出图像中的物体、场景和各种细节，为我们打开了看清视觉世界的新窗口。无论是在人脸识别中准确辨别身份，还是在自动驾驶中识别路况和障碍物，CNN 都发挥着至关重要的作用。它还在视频分析、医学影像诊断等领域大放异彩，如帮助医生发现微小的病变。

2. 循环神经网络（RNN）

RNN 恰似一位记忆超群的智者，能够记住过去的信息并与当前信息融合。其独特的算法在于循环连接，使得信息能够在时间维度上传递和积累。这种对序列数据的深刻理解就像是在时间的长河中捕捉到连续的音符。

RNN 在自然语言处理领域表现出色，如在机器翻译中，RNN 能够理解源语言句子的结构和语义，生成准确流畅的目标语言。在语音识别中，它能跟随语音的节奏和韵律，准确转化为文字。RNN 还广泛应用于情感分析、文本生成等任务，为人机交流增添了灵动与智慧。

3. Transformer

随着深度学习研究的不断进展，Transformer 横空出世。它摒弃了传统的循环结构，采用了自注意力机制等精妙算法。自注意力机制（Self-Attention）犹如灵动的目光，能够快速而准确地聚焦序列中的关键信息，赋予模型强大的全局信息感知能力。

Transformer 的应用领域极为广泛且成效显著。在自然语言处理中，Transformer 模型已成为主流，如在大规模语言模型中展现出惊人的语言理解和生成能力。它不仅推动了智能聊天机器人更加智能和自然，也助力文本摘要、知识问答等领域取得巨大进步。同时，Transformer 的影响力逐渐延伸到其他领域，为跨领域的创新提供了强大动力。

Transformer 与其他深度学习模型（如 CNN 和 RNN）相互补充、相互融合，使得深度学习能够更好地应对不同类型、不同复杂度的数据处理需求。例如，在一些复杂的任务中，结合 CNN、RNN 和 Transformer 模型，能够充分发挥它们各自的长处，达到更优的性能和效果。随着研究的深入和技术的持续进步，这种交叉使用的趋势还将继续推动深度学习的发展，开辟出更多的应用领域和探索新的可能性。

1.2.3　剑指王者的 Mamba 带来了新的突破

Mamba 是一种新型的深度学习模型，通过选择性状态空间模型（Selective State Space Models，SSMs）对传统的状态空间模型进行了改进。Mamba 模型的下载网站为 https://github.com/state-spaces/mamba，下载页面如图 1-3 所示。

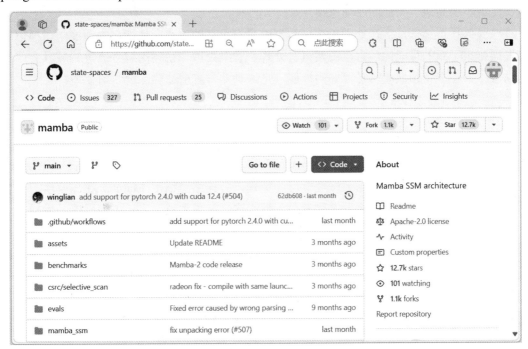

图 1-3　Mamba 下载页面

以下是 Mamba 模型的核心思想和架构的简单介绍。

1. 核心思想

Mamba 的核心思想是利用选择性机制来实现更高效、灵活的序列建模。与传统的 SSMs 不同，Mamba 的 SSMs 参数会根据输入动态调整，从而使模型能够根据当前数据选择性地传递或遗忘信息。这种选择性机制使 Mamba 能够更好地处理离散和信息密集型数据，如文本。

2. 架构

- 固定主干：Mamba 架构的核心是一个固定的主干，用于从一个隐藏状态转换到下一个隐藏状态。该主干由一个矩阵 A 定义，允许跨序列的预计算，从而提高计算效率。
- 输入相关转换：输入对下一个隐藏状态的影响由矩阵 B 定义。与传统的 SSMs 不同，Mamba 的矩阵 B 会根据当前输入进行动态调整，从而使模型能够更好地适应不同的输入数据。
- 选择性机制：作为 Mamba 的关键组成部分，选择性机制通过对 SSM 参数进行输入依赖的调整，使模型能够根据当前数据有选择地传播或遗忘信息。这使得 Mamba 能够更高效地处理长序列数据，并提高模型的性能。
- 硬件感知算法：为了满足选择性机制的计算需求，Mamba 使用了一种硬件感知算法。该算法使用扫描操作而非卷积来循环执行计算，从而实现 GPU 上的高效计算。

综上所述，Mamba 基于选择性状态空间模型的深度学习模型，结合选择性机制和硬件感知算法，实现了更高效、灵活的序列建模。

这些突破使得 Mamba 在处理长序列数据时具有更高的效率和性能，为深度学习模型的进一步发展带来了新的可能性。它在自然语言处理、音频处理、视频内容生成等领域具有广泛的应用前景，并在多个领域取得了很好的性能，是一种非常有前途的深度学习模型。

1.3　本章小结

本章作为全书的开篇，回顾了深度学习的原理，并详细介绍了 Mamba 在深度学习中的应用。在接下来的章节中，我们将引领读者深入探索这一新兴领域，迎接更为严峻的挑战。

随着本书内容的深入，Mamba 模型将以其独特的优势和卓越的性能，展现深度学习领域的无限可能与潜力。读者将会领略到 Mamba 在处理复杂数据、加速训练过程以及优化模型性能方面的卓越能力。让我们携手共进，开启关于深度学习与 Mamba 架构的奇妙旅程吧！

另外，本书是《PyTorch 2.0 深度学习从零开始学》的姊妹篇，部分基础内容不再赘述，有需要的读者可参考《PyTorch 2.0 深度学习从零开始学》进行学习。

第 2 章

挑战注意力机制地位的 Mamba 架构详解

Transformer 及其注意力模型已经在自然语言处理领域树立了基准。然而，它们的效率随着序列的延长而下降。Mamba（曼巴）架构则在这一方面展现了领先优势，它能够更高效地处理长序列，其独特的架构简化了整个过程。

Mamba 的创新点在于它摒弃了传统的注意力模块，并在很大程度上缩减了模型中全连接神经网络（MLP）模块的使用，这一举措有效降低了计算的复杂性和参数数量。

Mamba 的主要特点如下。

- 选择性 SSM：Mamba 利用选择性状态空间模型（Selective State Space Models，SSM），能够过滤无关信息，专注于相关数据，从而增强其在序列处理中的能力。这种选择性对于基于内容的推理至关重要。
- 硬件感知算法：Mamba 采用针对现代硬件，尤其是 GPU 优化的并行算法。与传统模型相比，这种设计显著提高了计算速度，并减少了内存需求。
- 简化架构：通过集成选择性 SSM 并去除注意力机制和 MLP 模块，Mamba 提供了更简洁、更均匀的结构。这不仅带来了更好的可扩展性，还优化了整体性能。

Mamba 在语言处理、音频分析和基因组学等多个领域表现出了卓越的性能，特别是在预训练和特定领域任务中表现出色。例如，在语言建模任务中，Mamba 的性能可与大型 Transformer 模型相媲美甚至超越它们。

可以看到，Mamba 代表了序列建模领域的一次飞跃，为处理信息密集型数据提供了 Transformer 架构的强大替代方案。其设计不仅符合现代硬件的需求，还优化了内存使用和并行处理能力。Mamba 的开源代码库及其预训练模型，使其成为人工智能和深度学习领域研究人员和开发人员易于使用且功能强大的工具。

2.1 Mamba 的优势

Transformer 架构无疑是大型语言模型取得显著成功的基石。从开源模型（如 Mistral）到闭源（如 ChatGPT），Transformer 架构几乎无处不在，其影响力深远。然而，为了突破大型语言模型（LLM）的性能边界，科研人员一直在不懈地探索更为先进的架构。

在这些探索中，一种名为 Mamba 的新型架构引起了业界的广泛关注。Mamba 架构不仅继承了 Transformer 架构的核心优势（如自注意力机制和强大的序列处理能力），而且在多个方面进行了创新和改进。

首先，Mamba 架构通过引入更高效的注意力机制，显著降低了计算复杂度。在 Transformer 中，自注意力机制的计算成本随着序列长度的增加而迅速增长，这限制了模型在处理长文本时的性能。而 Mamba 则采用了更为精细的注意力计算方法，既能更准确地捕捉文本中的关键信息，又能保持较低的计算开销。

其次，Mamba 架构在模型结构设计上进行了优化。它采用了更为灵活的解码器结构，使得模型在处理不同任务时能够更加灵活和高效。

更重要的是，Mamba 架构在保持高性能的同时，还具备出色的可扩展性。这意味着随着模型规模的增大，Mamba 的性能提升将更加显著。这对于构建更大规模、更强大的 LLM 具有重要意义。

总的来说，作为一种新兴的大型语言模型架构，Mamba 架构展现了巨大的潜力和优势。随着研究的不断深入和技术的持续进步，我们有理由相信，Mamba 将成为未来 LLM 发展的重要方向之一。

2.1.1 Transformer 模型存在的不足

在讲解为什么需要使用 Mamba 模型之前，我们首先需要回顾一下前面介绍的注意力模型 Transformer，并深入探讨它的一个显著缺点。

Transformer 在处理自然语言处理（Natural Language Processing，NLP）任务时，将任何文本输入都视为由一系列 Token（词元，俗称标记）组成的序列。这种方法在处理文本数据时确实有其优势，但也存在一个不容忽视的问题。Transformer 处理流程如图 2-1 所示。

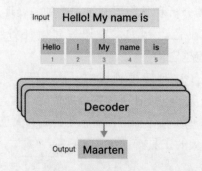

图 2-1　Transformer 的处理流程

Transformer 在处理文本数据时，其核心理念是将任何文本输入视为由一系列 Token（词元）组成的序列。这种处理方式赋予了 Transformer 强大的能力，即无论接收到何种输入，它都能够回顾序列中任一先前的 Token，并据此推导出它们的表示形式。这一特性使得 Transformer 在理解长文本和捕捉文本内部依赖关系方面具有显著优势。Transformers 的编码方法如图 2-2 所示。

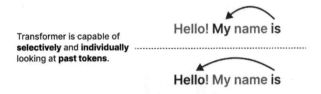

图 2-2　Transformers 的编码方法

Transformer 主要由两部分组成：编码器（Encoder）和解码器（Decoder），如图 2-3 所示。编码器负责将输入的文本序列转换为便于模型处理的内部表示，而解码器则依据这种内部表示生成文本。这两部分结构协同工作，使 Transformer 能够胜任机器翻译、文本摘要等多种 NLP 任务。

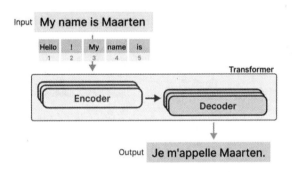

图 2-3　编码器和解码器

另外，在训练过程中，单个解码器块的核心组件包括屏蔽自注意力机制和前馈神经网络。屏蔽自注意力机制使模型在训练时仅关注当前位置之前的 Token，从而避免了未来信息的泄露。该机制通过创建权重矩阵，将每个 Token 与之前的 Token 进行比较（见图 2-4），并根据它们之间的相关程度确定权重，从而帮助模型快速获取整个序列的上下文信息，进而提升文本生成质量。

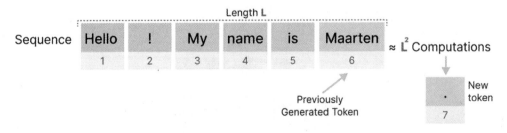

图 2-4　Token 与之前的 Token 进行比较

然而，尽管 Transformer 在训练过程中表现出色，但在推理阶段却面临"推理的诅咒"问题。

具体来说，即使我们已经根据先前的 Token 生成了一些文本，在生成下一个 Token 时仍需重新计算整个序列的注意力。由于这种计算量随着序列长度的增加而呈平方增长，导致在生成长文本时的计算成本极高。全序列的注意力计算如图 2-5 所示。

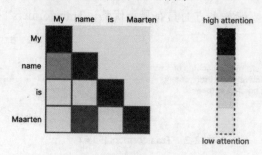

图 2-5　全序列的注意力计算

例如，对于长度为 L 的序列，生成每个 Token 大约需要 L^2 的计算量。随着长度 L 的增大，这一计算成本迅速上升，使 Transformer 在处理长文本时变得力不从心。这不仅成为 Transformer 架构的主要瓶颈，也限制了其在需要生成长文本的应用场景中的使用。图 2-6 展示了使用注意力机制的训练与推理的对比。

图 2-6　使用注意力机制的训练与推理比较

为了解决这一问题，研究人员开始探索新的架构和方法。Mamba 架构正是在这种背景下应运而生的。Mamba 架构通过引入新的技术和机制，旨在降低生成文本时的计算成本，同时保持甚至提升文本生成质量。

2.1.2　循环神经网络

循环神经网络（Recurrent Neural Network，RNN）是一种专门设计用于处理序列数据的神经网络架构。其核心思想是，RNN 在每个时间步（t）内依赖于两个输入：当前时间步 t 的输入和前一个时间步 $t-1$ 的隐藏状态。基于这两个输入，RNN 会生成下一个隐藏状态，并据此预测输出，如图 2-7 所示。

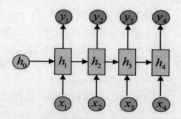

图 2-7　循环神经网络的输出

RNN 的特点在于其内置的循环机制，这种机制使得网络能够将信息从当前时间步传递到下一个时间步。为了更直观地理解这一过程，可以将 RNN 在时间维度上展开，观察其随时间变化的动态行为，如图 2-8 所示。

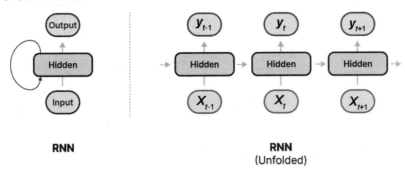

图 2-8　循环神经网络的展开

在生成输出时，RNN 仅依赖当前的输入和上一个时间步的隐藏状态。这种机制使得 RNN 在推理时非常高效，因为它不需要重新计算所有先前的隐藏状态。相比之下，Transformer 这样的架构在推理时需要计算整个序列的隐藏状态，导致计算成本大幅度增加。因此，RNN 的推理速度是随序列长度线性增长的，理论上甚至可以处理无限长的上下文。

为了具体说明这一点，我们可以将 RNN 应用于一个实际的文本输入示例。在这个例子中，随着 RNN 读取文本中的每个单词，它的隐藏状态会不断更新，包含当前及之前所有单词的信息。

然而，由于 RNN 只考虑前一个时间步的隐藏状态，随着时间的推移，一些早期信息可能会被逐渐遗忘。例如，在处理包含 Hello 和 Maarten 这两个单词的文本时，当 RNN 生成 Maarten 这个名称时，它可能不再包含关于 Hello 这个单词的信息，如图 2-9 所示。

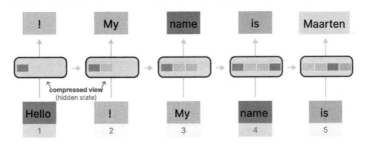

图 2-9　推理过程只受前一个状态影响

此外，RNN 的顺序性质也带来了另一个挑战：训练过程无法并行进行。这是因为 RNN 在每个时间步都需要等待前一个时间步的计算结果，才能继续计算下一个时间步。这种串行计算方式限制了 RNN 的训练速度，尤其在处理长序列时。

因此，尽管 RNN 在推理速度上具有优势，但其无法并行训练的问题却限制了其在实际应用中的性能。那么，是否存在一种既能像 Transformer 那样并行训练，又能保持 RNN 随序列长度线性扩展推理速度的架构呢？答案是肯定的，但这需要我们深入了解一种被称为状态空间模型（State Space Model，SSM）的新概念。训练与推理速度的对比如图 2-10 所示。

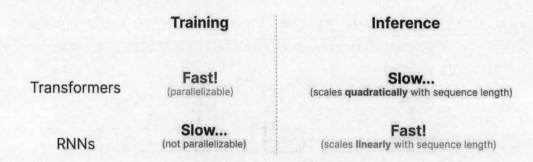

	Training	Inference
Transformers	Fast! (parallelizable)	Slow... (scales **quadratically** with sequence length)
RNNs	Slow... (not parallelizable)	Fast! (scales **linearly** with sequence length)

图 2-10　训练与推理速度的比较

2.1.3　结合 Transformer 与 RNN 优点的 SSM

为了融合 Transformer 模型的并行训练优势与 RNN 在处理序列时聚焦于前一个 Token 的特点，同时实现对前文信息的选择性整合，Mamba 团队创新性地采用了 SSM（状态空间模型）这一新架构来处理信息的续写。这一架构不仅能够有效结合 Transformer 的高效并行计算能力，还能模拟 RNN 的逐步处理机制，从而在保持全局信息处理能力的同时，也能聚焦于序列中的局部依赖关系。使用状态空间模型的 Mamba 如图 2-11 所示。

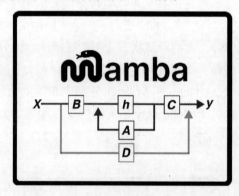

图 2-11　使用状态空间模型的 Mamba

SSM 的核心思想在于其独特的状态空间设计，使得模型能够在处理每个新的 Token 时，动态地更新和维护一个内部状态。这一状态不仅编码了之前所有 Token 的信息，还能根据当前的处理需求进行选择性的信息整合。通过这种方式，SSM 能够在处理长序列时保持高效的计算性能，同时又能捕捉到序列中的重要信息。

在实际应用中，SSM 首先通过 Transformer 的并行训练机制快速处理输入序列，提取全局特征。随后，在推理阶段，它借鉴了 RNN 的工作方式，每次只关注前一个 Token，并根据空间状态进行信息的更新和传递。这种机制使得 SSM 在处理长文本时能够更有效地利用历史信息，从而提高了模型的续写能力和文本生成的连贯性。

可以看到，Mamba 通过引入 SSM，成功地将 Transformer 的高效并行性与 RNN 的序列依赖性结合起来，为自然语言处理和文本生成任务提供了一种全新的解决方案。

2.2　环境搭建 1：安装 Python

2.2.1　Miniconda 的下载与安装

1. 下载和安装

（1）通过百度访问 Miniconda 官方网站，如图 2-12 所示。按页面左侧菜单的提示进入下载页面。

图 2-12　Miniconda 官方网站

（2）下载页面如图 2-13 所示，可以看到官方网站支持不同 Python 版本的 Miniconda。根据自己的操作系统选择相应的 Miniconda 下载即可。这里推荐使用 Windows Python 3.9 版本，相比更高版本，3.9 版本经过一段时间的使用，稳定性较好。当然，读者也可根据自己的喜好选择其他版本。

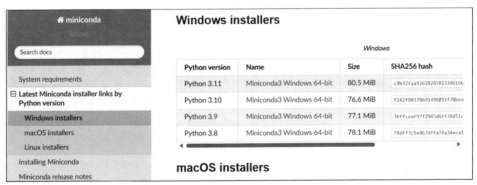

图 2-13　Miniconda 下载页面

> 注意　建议读者选择 Python 3.9 版本，以便后续与 PyTorch 2.0.1 GPU 和 CUDA 11.8 版本配合使用。如果想使用其他更高版本的配合方式，可参考 PyTorch 官方网站的文档。

（3）下载完成后，得到的文件是 EXE 版本，直接运行即可进入安装过程，安装时可以选择默认的安装目录。安装完成后，应该能看到如图 2-14 所示的目录结构，说明安装正确。

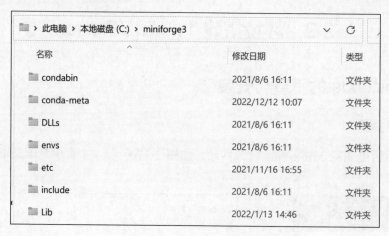

图 2-14　Miniconda 安装目录

2. 打开控制台

依次单击"开始"→"所有程序"→Miniconda3→Miniconda Prompt，打开 Miniconda Prompt 窗口，它与 CMD 控制台类似，可以在其中输入命令来控制和配置 Python。在 Miniconda 中，最常用的命令是 conda，该命令可以执行一些基本操作，读者可以自行测试它的用法。

3. 验证 Python

接下来验证一下是否成功安装了 Python。在控制台中输入 python，如果安装正确，应该会打印出版本号及控制符号。然后，在控制符号下输入以下代码：

```
print("hello Python")
```

输出结果如图 2-15 所示。

```
(base) C:\Users\xiaohua>python
Python 3.9.10 | packaged by conda-forge | (main, Feb  1 2022, 21:22:07) [MSC v.1929 64 bit
Type "help", "copyright", "credits" or "license" for more information.
>>> print("hello")
hello
>>>
```

图 2-15　验证 Miniconda Python 安装成功

4. 使用 pip 命令

使用 Miniconda 工具包的好处在于，它能帮助我们安装和管理大量第三方类库，并维护它们之间的依赖关系。查看已安装的第三方类库的命令如下：

```
pip list
```

读者可以在 Miniconda Prompt 控制台输入 pip list，查看命令执行结果。

Miniconda 中使用 pip 操作的方法有很多，其中最重要的是安装第三方类库，命令如下：

```
pip install name
```

这里的 name 是需要安装的第三方类库的名称。假设需要安装 NumPy 包（这个包已安装过），输入的命令为：

```
pip install numpy
```

结果如图 2-16 所示。

```
PS C:\Users\xiayu> pip install numpy
Collecting numpy
  Obtaining dependency information for numpy from https://files.pythonhoste
d.org/packages/df/18/181fb40f03090c6fbd061bb8b1f4c32453f7c602b0dc7c08b307ba
ca7cd7/numpy-1.25.2-cp39-cp39-win_amd64.whl.metadata
  Using cached numpy-1.25.2-cp39-cp39-win_amd64.whl.metadata (5.7 kB)
Using cached numpy-1.25.2-cp39-cp39-win_amd64.whl (15.6 MB)
Installing collected packages: numpy
Successfully installed numpy-1.25.2
```

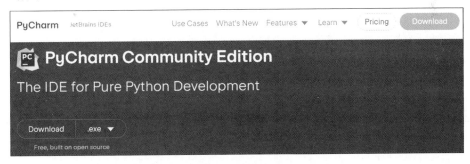

图 2-16　安装第三方类库

使用 Miniconda 工具包的一个好处是，它默认安装了大部分学习所需的第三方类库，这样可以避免在安装和使用某些特定类库时，出现依赖类库缺失的情况。

2.2.2　PyCharm 的下载与安装

和其他编程语言类似，Python 程序的编写可以使用 Windows 自带的控制台。但这种方式对于较为复杂的程序工程来说，容易混淆文件层级和相互之间的关联性。因此，建议在编写程序工程时使用专用的 Python 编译器 PyCharm。

1. PyCharm 的下载和安装

（1）进入 PyCharm 官方网站主页，单击 Download 图标，进入下载页面。在该页面可以选择下载收费的专业版 PyCharm 或免费的社区版 PyCharm。这里我们选择免费的社区版 PyCharm，如图 2-17 所示。

图 2-17　选择免费的社区版 PyCharm

（2）下载下来的安装文件其名为 pycharm-community-2023.3.exe。双击该安装文件以启动它，随后进入安装界面，如图 2-18 所示。单击 Next 按钮，进入下一个安装界面。

（3）在安装 PyCharm 的过程中需要确定相关的配置选项（见图 2-19）。建议勾选窗口中的所有复选框，然后单击 Next 按钮，继续安装。

图 2-18　安装界面

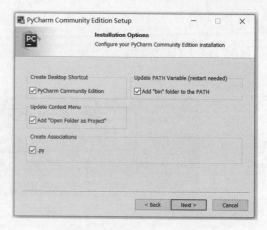

图 2-19　勾选所有的复选框

（4）安装过程比较简单，按照提示逐步单击 Next 按钮即可完成安装。安装完成后，单击 Finish 按钮退出安装向导，如图 2-20 所示。

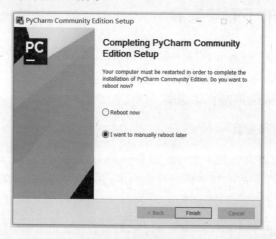

图 2-20　安装完成

2. 使用 PyCharm 创建程序

（1）双击桌面上新生成的图标进入 PyCharm 程序界面，进行第一次启动时的配置，如图 2-21 所示。在此步骤中，需要选择程序存储的定位，一般建议选择第 2 个选项：Do not import settings。

（2）单击 OK 按钮后，进入 PyCharm 配置窗口，如图 2-22 所示。

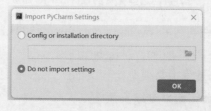

图 2-21　由 PyCharm 自动指定

图 2-22　界面配置

（3）在配置窗口中，可以选择自己喜欢的使用风格。如果不熟悉配置，建议使用默认配置，如图 2-23 所示。

图 2-23　对 PyCharm 的界面进行配置

（4）在如图 2-22 所示的界面上，单击 New Project 按钮创建一个新项目 jupyter_book，如图 2-24 所示。

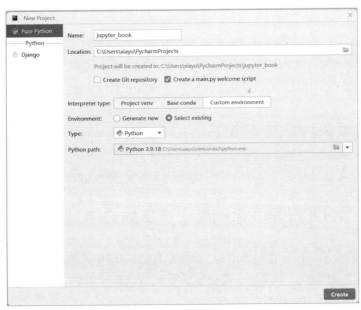

图 2-24　创建一个新项目

单击 Create 按钮，新建一个 PyCharm 项目，如图 2-25 所示。之后，右击新建的项目名 jupyter_book，选择 New 菜单项，可以在本项目目录（jupyter_book）下创建目录、Python 文件等。例如，依次选择 New→Python File 菜单项，新建一个 helloworld.py 文件，并输入一条简单的打印代码，内容如图 2-26 所示。

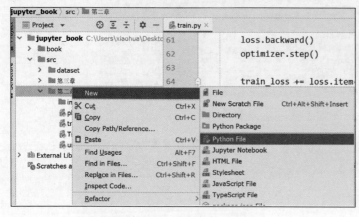

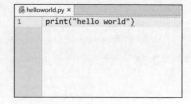

图 2-25　新建一个 PyCharm 项目　　　　　　图 2-26　helloworld.py 文件内容

输入代码后，依次单击菜单栏的 Run→run…菜单选项以运行代码，或者直接右击 helloworld.py 文件名，在弹出的快捷菜单中选择 run。如果成功输出 hello world，那么恭喜你，Python 与 PyCharm 的配置就顺利完成了。读者可以尝试把本书配套的示例代码作为项目加入 PyCharm 中进行调试和运行。

2.3　环境搭建 2：安装 PyTorch 2.0

在完成 Python 运行环境调试后，接下来的重点是安装本书的主角——PyTorch 2.0。如果没有 GPU 显卡，完全可以从 CPU 版本的 PyTorch 开始深度学习之旅，但这并不是推荐的方式。与 GPU 版本的 PyTorch 相比，CPU 版本的运行速度存在较大差距，很可能会影响深度学习进程。

PyTorch 2.0 CPU 版本的安装命令如下：

```
pip install numpy --pre torch==2.0.1 torchvision torchaudio --force-reinstall
--extra-index-url https://download.pytorch.org/whl/nightly/cpu
```

2.3.1　Nvidia 10/20/30/40 系列显卡选择的 GPU 版本

由于 40 系列显卡的推出，市场上存在 Nvidia 10/20/30/40 系列显卡并存的情况。对于需要调用专用编译器的 PyTorch，不同显卡需要安装不同的依赖计算包。表 2-1 总结了不同显卡的 PyTorch 版本以及 CUDA 和 cuDNN 的对应关系。

表 2-1　Nvidia 10/20/30/40 系列显卡的版本对比

显卡型号	PyTorch GPU 版本	CUDA 版本	cuDNN 版本
10 系列及以前	PyTorch 2.0 以前的版本	11.1	7.65
20/30/40 系列	PyTorch 2.0 向下兼容	11.6+	8.1+

这里主要是显卡运算库 CUDA 与 cuDNN 版本的搭配。在 10 系列版本的显卡上，建议优先使用 PyTorch 2.0 之前的版本。在 20/30/40 系列显卡上使用 PyTorch 时，可以参考官方网站（https://developer.nvidia.com/rdp/cudnn-archive），根据本机安装的 CUDA 版本选择相应的 cuDNN 版本。以下是一些具体的例子：

- cuDNN v8.9.6 (November 1st, 2023), for CUDA 12.x
- cuDNN v8.9.6 (November 1st, 2023), for CUDA 11.x
- cuDNN v8.9.5 (October 27th, 2023), for CUDA 12.x
- cuDNN v8.9.5 (October 27th, 2023), for CUDA 11.x

下面以 PyTorch 2.0 为例，演示 CUDA 和 cuDNN 的安装步骤。不同版本的安装过程类似，但需要特别注意软件版本之间的搭配。

2.3.2　PyTorch 2.0 GPU Nvidia 运行库的安装

本节讲解 PyTorch 2.0 GPU 版本前置软件的安装。由于 GPU 版本的 PyTorch 需要使用 NVIDA 显卡，因此额外需要安装 NVIDA 提供的运行库。

我们以 PyTorch 2.0 为例。安装 PyTorch 2.0 最好的方法是根据官方网站提供的安装命令进行安装，具体参考官方网站文档（https://pytorch.org/get-started/previous-versions/）。根据页面内容，官网为 Windows 版本的 PyTorch 2.0 提供了几种安装模式，分别对应 CUDA 11.7、CUDA 11.8 和 CPU only。以下是通过 conda 安装的命令：

```
# CUDA 11.7
conda install pytorch==2.0.1 torchvision==0.15.2 torchaudio==2.0.2
pytorch-cuda=11.7 -c pytorch -c nvidia
# CUDA 11.8
conda install pytorch==2.0.1 torchvision==0.15.2 torchaudio==2.0.2
pytorch-cuda=11.8 -c pytorch -c nvidia
# CPU Only
conda install pytorch==2.0.1 torchvision==0.15.2 torchaudio==2.0.2 cpuonly -c
pytorch
```

下面以 CUDA 11.8+cuDNN 8.9 为例讲解安装步骤：

（1）首先是 CUDA 的安装。在百度搜索 “CUDA 11.8 download”，进入官方网站下载页面，选择合适的操作系统安装方式（推荐使用 exe(local) 本地化安装方式），如图 2-27 所示。

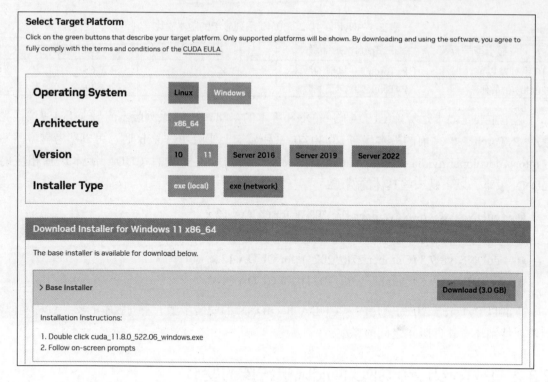

图 2-27　CUDA 11.8 下载页面

（2）下载得到的是一个 EXE 文件，按照默认路径安装即可，无须修改安装路径。

（3）下载并安装对应的 cuDNN 文件。要下载 cuDNN，需要先注册一个用户，然后进入下载页面，如图 2-28 所示。请注意选择与所安装 CUDA 版本匹配的 cuDNN 版本。如果使用的是 Windows 64 位的操作系统，需要下载 x86_64 版本的 cuDNN。

图 2-28　cuDNN 8.9.4 下载页面

（4）下载的 cuDNN 是一个压缩文件，将其解压并把其所有目录复制到 CUDA 安装主目录下（直接覆盖原来的目录）。CUDA 安装主目录如图 2-29 所示。

名称	修改日期	类型	大小
bin	2021/8/6 16:27	文件夹	
compute-sanitizer	2021/8/6 16:26	文件夹	
extras	2021/8/6 16:26	文件夹	
include	2021/8/6 16:27	文件夹	
lib	2021/8/6 16:26	文件夹	
libnvvp	2021/8/6 16:26	文件夹	
nvml	2021/8/6 16:26	文件夹	
nvvm	2021/8/6 16:26	文件夹	
src	2021/8/6 16:26	文件夹	
tools	2021/8/6 16:26	文件夹	
CUDA_Toolkit_Release_Notes	2020/9/16 13:05	TXT 文件	16 KB
DOCS	2020/9/16 13:05	文件	1 KB

图 2-29　CUDA 安装主目录

（5）确认 PATH 环境变量。安装 CUDA 时，安装向导会自动将 CUDA 运行路径加入 PATH 环境变量中，确保 CUDA 路径加载到这个环境变量即可，如图 2-30 所示。

图 2-30　将 CUDA 路径加载到环境变量的 PATH 路径中

（6）最后，在终端窗口执行本节开始给出的 PyTorch 安装命令，完成 PyTorch 2.0 GPU 版本的安装。

2.4　第一次使用 Mamba

前面我们深入探讨了Mamba的使用优点与好处，充分展示了它在自然语言处理领域的独特魅力。现在，我们将进一步开展Mamba的基本学习，带领读者逐步掌握这款强大的工具。

首先，我们将手把手教你如何完成第一次使用Mamba预训练模型的基本操作，以文本生成任务为起点，开启你的Mamba之旅。在这个过程中，你将亲身体验到Mamba如何快速、准确地生成流畅自然的文本内容，感受其强大的语言生成能力。

然后，我们将详细介绍Mamba的三大核心模块。这三大模块是Mamba功能的基石，了解它们将为你更深入地使用Mamba打下坚实的基础。我们会逐一剖析每个模块的工作原理、功能特点以及应用场景，让你对Mamba有一个全面而系统的认识。

通过学习这三大模块，你将能够更好地理解Mamba的运行机制，从而更加熟练地运用它来完成各种复杂的自然语言处理任务。无论是文本生成、文本分类，还是情感分析、问答系统等，Mamba都能为你提供强大的支持。

让我们共同踏上Mamba的学习之旅，探索自然语言处理的无限可能。

2.4.1　Hello Mamba：使用预训练 Mamba 模型生成实战

Hello Mamba！为了让读者能够顺利与Mamba接触，作者准备了一段实战代码供读者学习，读者首先需要打开Miniconda Prompt控制台界面，安装所需的类库modelscope和Mamba库。具体的安装代码如下：

```
conda install modelscope
conda install Mamba
```

之后，在 PyCharm 中新建一个可执行的 Python 程序，直接输入作者提供的代码。注意，在此代码中，这里 snapshot_download 函数可以直接下载对应的存档，而 AutoTokenizer.from_pretrained 则需要使用本书提供的文件。

```
import model
from model import Mamba

from modelscope import snapshot_download,AutoTokenizer
model_dir = snapshot_download('AI-ModelScope/mamba-130m',
cache_dir="./mamba/")
mamba_model = Mamba.from_pretrained("./mamba/AI-ModelScope/mamba-130m")
tokenizer = AutoTokenizer.from_pretrained('./mamba/tokenizer')
print(model.generate(mamba_model, tokenizer, 'Mamba is the'))
```

这里需要提示一下，在上述代码段中，Mamba is the 是起始内容，然后会根据所输入的起始内容生成后续文本，当然读者也可以自行定义起始句子，如下所示：

```
Mamba is the player on the side as he provides a lot of offense for the Dukes
and also does some awesome blocking that the Mamba must work hard to avoid. This
unit is a must for any offensive player to have when playing on the d1 side
```

另外，需要做一个预告，目前使用训练好的 Mamba 生成中文内容尚不可行。在后续章节中，我们将详细讲解 Mamba 在文本生成任务中的应用，并提供解决方案。读者可以按照章节顺序循序渐进地学习相关内容。

2.4.2　了解 Mamba：构建 Mamba 的三大模块说明

接下来，我们将深入了解 Mamba 模型。通过文本生成任务，我们可以看到 Mamba 展现出了令人瞩目的性能，这主要得益于其内部三种核心模块的精妙融合。每个模块都设计独到，通过协同作用，赋予了 Mamba 卓越的学习和泛化能力。这种精心的组合不仅提高了模型处理复杂任务的准确性，还增强了其稳定性和效率，使 Mamba 能在多个领域中发挥出色的表现，如图 2-31 所示。

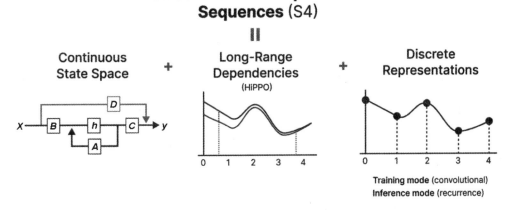

图 2-31　Mamba 的组成构建

- 状态空间模型（SSM）：它为 Mamba 提供了强大的动态系统建模能力，使得网络能够更好地理解和模拟复杂数据的内在状态变化。状态空间模型通过捕捉系统的动态行为，为 Mamba 带来了对序列数据的深入洞察能力。
- 离散化技术：为了创建循环的离散化方法，Mamba 采用了先进的离散化技术。这项技术不仅提高了模型的计算效率，还使得 Mamba 能够灵活地使用循环进行计算，从而适应不同类型的数据和任务需求。通过这种离散化方法，Mamba 在处理序列数据时展现出了更高的灵活性和准确性。
- HiPPO 算法：Mamba 引入了 HiPPO（High-order Polynomial Projection Operator，高阶

多项式投影算子）算法对状态转移矩阵进行初始化，这一创新技术显著增强了模型处理远程依赖关系（long-range dependencies）的能力。在处理长序列数据时，远程依赖关系的捕捉至关重要，而 HiPPO 通过高效压缩历史信息为系数向量，使得 Mamba 能够轻松应对这一挑战。

因此，在了解 Mamba 架构的基本模块之后，Mamba 的基本内容可以总结如下。

1. 基本思想

Mamba 代表"结构化状态空间序列建模"，是一种新型的神经网络架构，专为处理非常长的序列而设计，如视觉、语言和音频数据。

Mamba 的核心思想是通过将长序列数据压缩成更紧凑的表示形式，从而更有效地捕获长距离依赖关系。

2. 工作原理

在传统的序列模型中，如 RNN 或 LSTM，信息的传递是逐步的，这可能导致在处理非常长的序列时出现信息丢失或梯度消失的问题。

Mamba 通过使用高阶多项式来近似输入信号，从而能够在有限的内存预算内压缩长序列的信息。这种方法允许模型在接收到更多信号时，仍能在有限的内存中对整个信号进行压缩和处理。

3. 性能表现

Mamba 架构在处理包含数万个元素的长序列时表现出了令人印象深刻的能力。例如，在某些基准测试中，S4 能够准确地推理出包含 16 000 多个元素的长序列，显示出其强大的长距离依赖捕获能力。

4. 应用潜力

Mamba 架构由于其出色的长序列处理能力，在需要处理长距离依赖关系的任务中具有巨大的应用潜力。这包括语音识别、自然语言处理、时间序列预测等领域，其中对长序列数据的理解和建模至关重要。

可以看到，Mamba 通过状态空间模型、HiPPO 以及先进的离散化技术的有机结合，构建了一个强大而灵活的神经网络模型，为处理复杂序列数据提供了新的解决方案。后文将分别对其进行讲解。

2.5　本章小结

本章对 Mamba 的显著优势进行了详尽的阐述，并与 Transformer 和 RNN 的短板进行了比较。通过这一对比分析，我们清晰地揭示了 Mamba 底层 SSM（状态空间模型）算法的独特性和创新性。SSM 算法将 Transformer 与 RNN 的优势融为一体，使其在序列数据处理方面展现出了令人瞩目的性能。

　　具体来说，Mamba 借助 SSM 算法，成功解决了 Transformer 在处理长序列时可能遭遇的注意力分散难题，同时也缓解了 RNN 在处理长距离依赖关系时容易出现的梯度消失或梯度爆炸问题。这一创新融合策略，使得 Mamba 在处理冗长且复杂的序列数据时，能够持续展现出高效稳定的性能。

　　为了更直观地展现 Mamba 的实用性，我们利用预先训练的 Mamba 模型，顺利完成了文本生成任务。通过此次实践，Mamba 在生成流畅、连贯文本方面的卓越能力得以充分展现。这不仅有力证明了 Mamba 算法的高效性，同时也彰显了它在自然语言处理领域的无限潜力。

第 3 章

Mamba 组件详解

Mamba 的成功无疑得益于其架构中的三大核心组件：状态空间模型（SSM）、连续信号到离散信号的转换方法，以及通过 HiPPO 算法初始化的状态转移矩阵。这三大组件的巧妙融合，赋予了 Mamba 无与伦比的性能和强大的功能。

首先，状态空间模型为 Mamba 提供了一个灵活且高效的框架，用于描述和处理动态系统的行为。这一模型能够精确地捕捉系统的状态变化，为后续的预测和控制提供了坚实的基础。

其次，Mamba 采用的连续信号到离散信号的转换方法，不仅保证了信号的完整性和准确性，还大幅提高了处理效率。这一转换过程使得 Mamba 能够轻松应对各种复杂的数据输入，为实时分析和响应提供了有力支持。

最后，通过 HiPPO 算法初始化的状态转移矩阵，进一步提升了 Mamba 的性能。该算法能够精确地计算状态转移过程，确保了系统状态的平稳过渡，从而提高了预测的准确性和稳定性。

可以看到，这三大组件的完美结合，使得 Mamba 在自然语言处理和其他相关领域展现出了卓越的性能。无论是在文本生成、情感分析，还是在机器翻译、语音识别等方面，Mamba 都凭借其强大的功能和高效的处理能力，赢得了广泛的赞誉和认可。

3.1 Mamba 组件 1：状态空间模型

Mamba 的基本架构基于状态空间模型，这是一种数学模型，它需要一个输入序列 x，并利用学习到的参数 A、B、C 以及一个延迟参数 Δ 来产生输出 y，用以描述和分析动态系统的行为。这一过程包括离散化参数（将连续函数转换为离散函数）并应用 SSM 运算，该运算是时不变的，即它不会随着不同的时间步而改变。

此外，还有一种选择状态空间模型（Selective State Space Model），它为参数添加了输入依赖性 B 和 C，以及一个延迟参数 Δ。这允许模型有选择地关注输入序列 x 的某些部分。在选择的基础上，对参数进行离散化，并使用扫描操作以随时间变化的方式应用 SSM 运算，该扫描操作顺序处理元素，并随时间动态调整焦点，如图 3-1 所示。

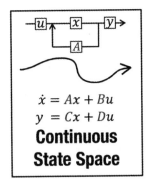 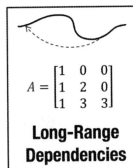 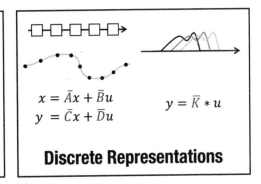

图 3-1　经典状态空间模型与选择状态空间模型

状态空间模型（经典与选择）在多个领域都有广泛应用，包括控制理论、信号处理、经济学和机器学习等。在深度学习领域，状态空间模型被用来处理序列数据，如时间序列分析、自然语言处理和视频理解等。通过将序列数据映射到状态空间，模型可以更好地捕捉数据中的长期依赖关系。

3.1.1　经典状态空间详解

作为 SSM 的核心概念，状态空间本质上是一个包含描述系统完整状态所需最小数量变量的集合。它提供了一种以数学方式表达问题的方法，即通过定义系统的所有可能状态来揭示其内在运行机制。以穿越迷宫为例，迷宫中的"状态空间"就好比是一幅详尽的地图，其中每个点代表迷宫中的一个独特位置，这些位置携带着特定的信息，如距离出口的具体距离、周围环境的布局等。

想象你在一个迷宫里，目标是从起点走到终点。在这个迷宫中，每个位置（如你现在站的格子）都可以看作一个"状态"。迷宫的每个格子都可能是一个状态，所以整个迷宫的布局就构成了一个巨大的状态空间。

在迷宫中移动时，你可以向上、向下、向左或向右走，但有时路可能被墙壁阻挡。每次从一个格子移动到另一个格子，就表示状态的改变。状态空间模型用于描述和跟踪你在迷宫中每个可能位置的状态。

简单来说，状态空间模型可以帮助我们理解如何从迷宫的任何一个点到达其他任何点。如果我们能清晰地想象出所有可能的行走路径，找到从起点到终点的路径将变得更加容易。

这就是迷宫问题中的状态空间模型——考虑所有可能的位置和移动，找出最优路径到达目的地。此模型不仅适用于实际的迷宫，也适用于任何需要从一个位置到另一个位置的场景，如图 3-2 所示。

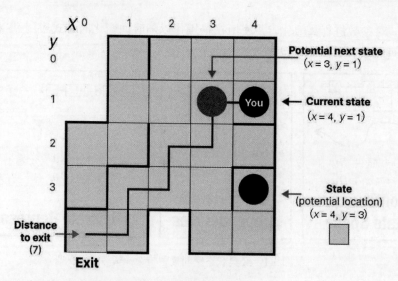

图 3-2　一个寻路的状态空间表示

"状态空间表示"是对系统动态行为的直观且简化的描述。它直观地展示了当前所处的位置（即当前状态）、未来可能到达的地点（潜在的未来状态），以及导致这些状态转移的具体变化（如向右或向左的移动）。

尽管状态空间模型依赖于复杂的方程和矩阵来精确追踪这种行为的演变，但其核心目的仍在于提供一种有效的方法来追踪位置、潜在路径以及到达目标的方式。在状态空间模型中，描述系统状态的变量（例如，在迷宫中可能是 X 和 Y 坐标以及到出口的距离）被抽象为"状态向量（state vectors）"。这些向量不仅捕捉了当前状态的关键信息，还揭示了状态之间的转换关系。

类似地，在自然语言处理领域，语言模型中的嵌入向量也扮演着描述输入序列"状态"的重要角色。这些嵌入向量通过捕捉单词或短语的语义信息，将文本数据转换为能够被神经网络理解和处理的高维空间中的点。通过这种方式，语言模型能够像状态空间模型一样，捕捉文本序列中的长期依赖关系，并据此生成准确且连贯的输出。因此，状态空间表示和语言模型中的嵌入向量，虽然在具体实现和应用上存在差异，但它们的本质都是对系统或数据状态的一种抽象和表示。例如，当前位置的向量（状态向量）如图 3-3 所示。

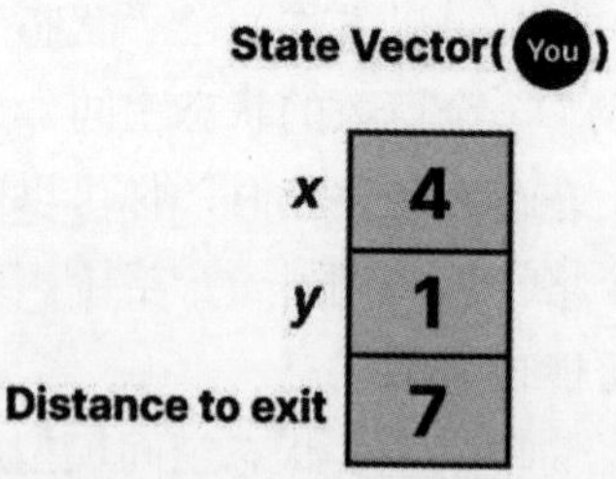

就神经网络而言，系统的"状态"通常是其隐藏状态，在大型语言模型的背景下，这是生成 token 的重要表示之一。

图 3-3　迷宫中的状态向量

进一步来说，如果我们假设动态系统的状态空间模型（例如在 3D 空间中移动的物体），并用两个核心方程来预测其行为，这些方程基于系统在时间 t 的状态进行建模。这些方程通常包括一个状态转移方程和一个观测方程。

1. 状态转移方程

状态转移方程描述了系统从一个时间步到下一个时间步的状态变化。在 3D 空间中移动的物体，状态可能包括物体的位置（x、y 坐标）、与出口的距离（distance）等。状态转移方程捕获了这些状态变量如何随时间变化，通常包括一些表示系统动态（如物理定律）的参数。一个简单的例子（不考虑外部力和加速度的简化情况）如下：

$$\begin{bmatrix} (x,y)_{t+1} \\ d_{t+1} \end{bmatrix} = \begin{bmatrix} 1 & \Delta t \\ 0 & 1 \end{bmatrix} \times \begin{bmatrix} (x,y)_t \\ d_t \end{bmatrix}$$

其中，$(x, y)_t$ 和 d_t 分别是物体在时间 t 的位置和距离出口的距离，Δt 是时间步长。

2. 观测（输出）方程

观测方程，又称为输出方程，描述了如何从系统的状态变量得到我们实际可以观测到的数据。在实际情况中，由于传感器噪声、测量误差等因素，我们观测到的数据可能与系统的真实状态存在偏差。为了模拟这种偏差，观测方程通常包括一个噪声项。

在状态空间中，如果我们有一个能够测量物体位置的传感器，观测方程可能会简单地表示为物体位置的带噪声版本：

$$z_t = x_t + \text{noise}$$

其中，z_t 是我们在时间 t 时刻观测到的位置，x_t 是物体的真实位置，noise 是表示测量误差的随机变量。

通过这两个方程，我们可以使用"状态空间模型"来模拟"状态空间的转移和输出"，从而为我们提供一个框架，用以理解和预测动态系统的行为，如图 3-4 所示。

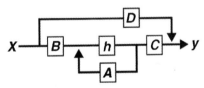

图 3-4　状态方程与输出方程的整合

在给定系统当前状态（以及可能的观测数据）的情况下，我们可以使用状态转移方程来预测系统的未来状态，并使用观测方程来验证预测结果是否与观测数据一致。

3.1.2　什么是状态空间

状态空间模型（SSM）是一种功能强大的统计工具，旨在精准地描述和预测随时间演进的复杂系统的动态状态。通过将状态空间模型的核心思想与深度学习技术相结合，开创了一种前沿的神经网络架构，这一架构不仅继承了 Transformer 的高效并行训练能力，同时保持了 RNN 的线性推理速度，从而在性能上实现了质的飞跃。

状态空间模型用于描述系统状态的表示，并根据某些输入预测系统的下一个状态。在时间 t 时刻的状态下：

● 　输入序列 $x(t)$：例如，在迷宫中向左和向下移动。

- 潜在状态的表示 $h(t)$：例如，距离出口的 x/y 坐标。
- 预测输出序列 $y(t)$：例如，再次向左移动以更快到达出口。

然而，状态空间模型在处理系统动态时，并不局限于离散（discrete）序列事件（如向左移动一次）。相反，它采用了更为灵活和泛化的方法，即将连续序列（continuous sequence）作为输入，并据此预测输出序列。

这种方法使得状态空间模型能够处理更为复杂和细微的系统变化。例如，在迷宫问题中，状态空间模型不仅可以考虑"向左"或"向右"的离散动作，还可以处理诸如"以 0.5 的速度向左上方移动"这样的连续动作。通过捕捉这种连续变化，状态空间模型能够更精确地模拟系统的动态行为，并预测出更为准确的未来状态。

同样地，在自然语言处理中，连续序列的概念也尤为重要。与传统的基于离散词汇的模型相比，基于连续嵌入向量的语言模型能够更好地捕捉词汇之间的语义关系，并生成更为流畅和自然的文本。通过将文本序列视为连续空间中的点，这些模型能够利用深度学习的强大能力，从海量数据中学习出词汇和句子之间的复杂依赖关系，如图 3-5 所示。

图 3-5 序列中的状态空间模型

它不使用离散序列（如向左移动一次），而是将连续序列作为输入并预测输出序列。因此，通过将连续序列作为输入和预测目标，状态空间模型不仅在理论上具有更高的泛化能力，而且在实际应用中能够处理更为复杂和细微的系统变化，为我们提供了更为精确和有效的建模工具。

根据我们在前面介绍的状态空间模型，对于完整的状态空间模型，我们可以通过假设一些可以与深度学习进行结合的模型公式来完成设计。具体如下：

- 状态方程：$h'(t) = Ah(t) + Bx(t)$。

这一方程描述了系统状态 h 随时间 t 的演变规律，其中 A 是状态转移矩阵，B 是输入矩阵，$x(t)$ 是外部输入。通过该方程，我们可以根据当前状态 $h(t)$ 和外部输入 $x(t)$ 来预测下一时刻的状态 $h'(t)$。

- 输出方程：$y(t) = Ch(t) + Dx(t)$。

这一方程建立了系统状态 $h(t)$ 与外部观测 $y(t)$ 之间的联系，其中 C 是输出矩阵，D 是直接传输矩阵。通过该方程，我们可以根据系统状态 $h(t)$ 和外部输入 $x(t)$ 来计算观测值 $y(t)$，从而验证我们的状态预测是否准确。

因此，我们的目标是求解这些方程，之后便可以根据统计原理和观察到的数据（输入序列和先前状态）预测系统的状态，目标是找到从输入序列到输出序列的状态表示 $h(t)$。状态空间模型的核心方程如图 3-6 所示。

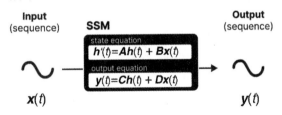

图 3-6　SSM 核心公式

3.1.3　状态空间模型影响模型的学习过程与 Python 实现

接下来，我们将逐步探讨状态空间模型中的各个组件如何影响学习过程。

状态方程在状态空间模型中扮演着至关重要的角色。它详细描述了系统状态如何随时间变化，以及外部输入如何影响这些状态。具体来说，状态方程包含以下两个部分。

- 状态转移矩阵 A：这个矩阵描述了在没有外部输入的情况下，系统状态如何随时间自然演变。它捕捉了系统内部的动态特性，如惯性、阻尼等。在连续时间系统中，状态转移矩阵 A 通常与系统的微分方程或差分方程相关。

- 输入矩阵 B：这个矩阵描述了外部输入如何影响系统状态。它建立了输入信号与系统状态之间的直接联系，使得我们可以通过控制输入来影响系统的行为。在控制系统中，输入矩阵 B 通常与系统的控制策略或外部激励相关。

结合这两个部分，状态方程可以表示为：

状态转换方程：$h'(t) = Ah(t) + Bx(t)$。

其中，$h(t)$ 是系统的状态向量，$h'(t)$ 是状态向量的导数（在连续时间系统中）或差分（在离散时间系统中），$x(t)$ 是外部输入向量，A 是状态转移矩阵，B 是输入矩阵，状态方程的变换如图 3-7 所示。

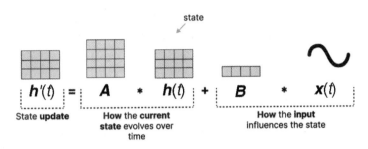

图 3-7　状态方程的变换

其中，$h(t)$ 指的是任何给定时间 t 的潜在状态表示，而 $x(t)$ 指的是某个输入。

输出方程：

$$y(t) = Ch(t) + Dx(t)$$

该方程描述了状态如何转换为输出（通过矩阵 C），以及输入如何影响输出（通过矩阵 D），如图 3-8 所示。

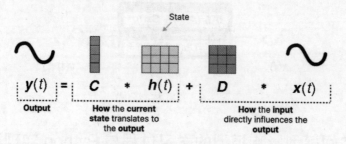

图 3-8　输出方程变换

在深度学习中，矩阵 A、B、C 和 D 通常也被称为可学习的参数。

下面用 Python 代码来模拟一个简单的状态空间模型。假设我们有一个二维状态向量 $h(t) = [h1(t), h2(t)]$，以及一个一维输入 $x(t)$。我们将使用简单的矩阵 A 和 B 来描述系统的动态。

以下是一个使用 NumPy 实现的简单状态转移函数的例子。该函数根据给定的状态转移矩阵 A、输入矩阵 B、当前状态 h 和外部输入 x 来计算下一个状态（或状态的导数，在连续时间系统中）。请注意，这个函数为连续时间系统设计的，并假设 $h'(t)$ 代表状态向量的导数。对于离散时间系统，需要实现一个不同的状态转移函数，可能需要使用矩阵指数或其他方法。

```python
import numpy as np

def state_transition(A, B, h, x):
    """
    计算下一个状态（或状态的导数），给定当前状态、输入和时间步长

    参数:
    A (np.ndarray): 状态转移矩阵
    B (np.ndarray): 输入矩阵
    h (np.ndarray): 当前状态向量
    x (float or np.ndarray): 外部输入，如果是标量，则直接用于所有状态；如果是向量，则与
B 相乘
    dt (float, optional)

    返回:
    np.ndarray: 下一个状态（或状态的导数）的近似值
    """
    # 如果 x 是标量，则将其转换为与 B 列数相同的向量
    if np.isscalar(x):
        x = np.array([x] * B.shape[1])

    # 计算状态的导数（或下一个状态的近似值，取决于 dt 的使用）
    h_prime = np.dot(A, h) + np.dot(B, x)
```

```
    # 在连续时间系统中，我们通常计算状态的导数 h'(t)
    # 如果要近似下一个状态 h(t+dt)，可以使用一个简单的欧拉方法
    # h_next = h + dt * h_prime
    # 但这里我们仅返回状态的导数
    return h_prime

# 示例使用
# 定义状态转移矩阵 A 和输入矩阵 B
A = np.array([[0, 1], [-2, -3]])
B = np.array([[0], [1]])

# 初始状态向量
h = np.array([1, 0])

# 外部输入，假设是一个标量
x = 2

# 调用状态转移函数
h_prime = state_transition(A, B, h, x)
print("状态的导数 h'(t):",h_prime)

# 如果要计算下一个状态的近似值（使用欧拉方法），可以这样做
dt = 0.01  # 时间步长，用于近似连续时间系统的状态转移。默认为 0.01
h_next = h + dt * state_transition(A, B, h, x)
print("下一个状态的近似值 h(t+dt):",h_next)
```

打印结果如下：

```
状态的导数 h'(t): [0 0]
下一个状态的近似值 h(t+dt): [1. 0.]
```

回到对状态方程的可视化处理，结合以下两个方程：

状态转换方程：$h'(t) = Ah(t) + Bx(t)$。

输出方程：$y(t) = Ch(t) + Dx(t)$。

我们将在同一个图形中整合这两个方程，如图 3-9 所示。

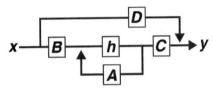

图 3-9　空间状态模型整合

接下来，让我们更深入地探讨这些矩阵如何共同影响状态空间模型中的学习过程。想象一下，我们有一些输入信号，这些信号首先通过一个名为矩阵 **B** 的"转换器"。矩阵 **B** 的作用就

像是一个翻译者，它告诉我们这些输入信号如何影响系统的状态，如图 3-10 所示。

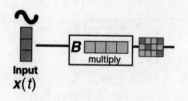

当我们得到这些输入信号的影响后，它们与当前的系统状态相结合。但在此之前，我们需要了解系统状态是如何随时间演变的。这就是矩阵 A 发挥作用的地方。读者可以把矩阵 A 想象成一个连接所有内部状态的"纽带"，它描述了系统内部状态之间的相互作用和动态变化。当我们把当前状态与矩阵 A 相乘时，就得到了对系统未来状态变化的预测，如图 3-11 所示。

图 3-10　矩阵 B 的作用

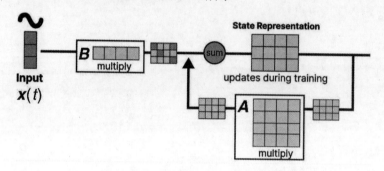

图 3-11　矩阵 A 与 B 结合计算

矩阵 A 在状态更新之前被应用，它的计算结果与输入信号（经过矩阵 B 转换后）相加，共同决定了新的系统状态。这个过程就像是系统的"大脑"，根据过去的经验和当前的输入来预测未来的状态。

然后，当系统状态得到了更新时，我们想知道这个状态如何转换为可以观察到的输出。这就是矩阵 C 的任务。矩阵 C 就像一个"解码器"，它将系统的潜在状态转换为我们可以理解的输出信号，如图 3-12 所示。

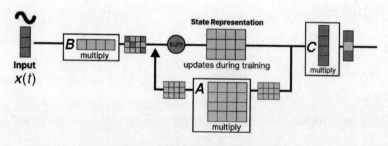

图 3-12　将转换结果输入矩阵 C

此外，矩阵 D 提供了一个从输入直接到输出的"快速通道"。这就像在神经网络中的跳跃连接（skip-connection），允许信息绕过一些处理层直接传播到输出。在 SSM 中，矩阵 D 允许输入信号直接对输出产生影响，而不需要经过系统状态的转换。

前面我们讲解了残差神经网络（ResNet）是跳跃连接的经典应用，它通过允许信息直接传播到网络的更深层，帮助解决了深度神经网络中的梯度消失问题。在 SSM 中，矩阵 D 也起到了类似的作用，允许输入信号直接对系统输出产生影响，如图 3-13 所示。

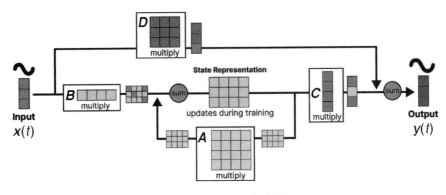

图 3-13　矩阵 *D* 的作用

为了简化问题，我们可以暂时不考虑矩阵 *D*，只关注矩阵 *A*、*B* 和 *C*。通过这两个方程，我们可以根据观测数据来预测系统的状态，并根据系统状态来生成输出。由于输入信号是连续的，因此 SSM 通常采用连续时间表示来描述系统的动态变化，如图 3-14 所示。

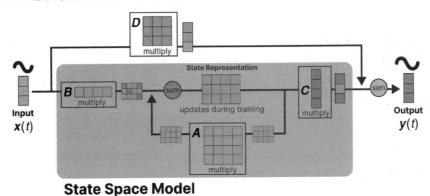

图 3-14　完整的状态空间模型

总的来说，矩阵 *A*、*B*、*C* 和 *D* 在 SSM 中扮演着不同的角色，它们共同决定了系统如何根据输入信号更新状态，并根据状态来生成输出。通过调整这些矩阵的参数，我们可以改变系统的行为，使其更好地适应不同的任务和环境。

最后，我们将如图 3-14 所示的完整空间状态模型进行简化，最终得到如图 3-15 所示的简化版。

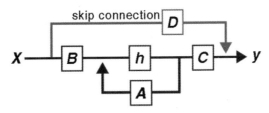

图 3-15　简化后的完整状态空间模型

之后，我们像之前一样更新原始方程来表示每个矩阵的用途，如图 3-16 所示。

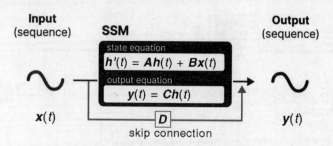

图 3-16　可更新的完整状态空间模型

这两个方程旨在根据观测数据预测系统的状态。由于输入是连续的，SSM 的主要表示是连续时间表示（continuous-time representation）。因此，这就需要我们对 SSM 进行离散化，通过使用特殊的第 4 个参数 Δ，将连续参数 *A*、*B* 和 *C* 转换为离散参数来表示 SSM。

新状态转换方程：$h'(t) = \bar{A}h(t) + \bar{B}x(t)$。

新输出方程：$y(t) = Ch(t)$。

下面我们将继续介绍将连续信号转换成离散信号的方法。

3.2　Mamba 组件 2：连续信号转换成离散信号的方法

对于连续信号，确定其状态表示往往颇具挑战性。幸运的是，在实际应用中，我们通常处理的是离散输入（例如文本序列），这使得问题变得相对简单。因此，我们倾向于将模型进行离散化处理，以便更好地适应这种输入类型。

在这个过程中，零阶保持技术（zero-order hold technique）发挥着关键作用。其工作原理大致如下：每当系统接收到一个离散信号时，该技术会记录下这个信号的值，并将其保持不变，直到下一个离散信号的到来。这种处理方式有效地将离散的信号点转换为连续的信号段，为 SSM 提供了可用的连续信号输入。

> 注意　更为详细的 PyTorch 实现请参考第 4 章的实战部分，本节主要是理论讲解。

3.2.1　将连续信号转换成离散信号详解与 Python 实现

状态空间模型（SSM）是一种强大的统计模型，特别适用于处理具有时间依赖性的连续时间序列。在 SSM 中，找到能够准确描述系统动态变化的状态表示 *h*(*t*) 是建模的关键。然而，对于连续信号来说，直接找到这样的状态表示可能相当困难，因为连续信号在时间和幅值上都是连续变化的。

幸运的是，在实际应用中，我们往往能够处理离散的输入数据，例如文本序列、时间序列数据点等。为了将这些离散数据应用于 SSM，我们需要对模型进行离散化，使其能够适应离散输入，如图 3-17 所示。

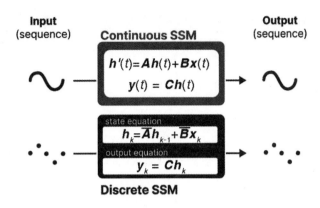

图 3-17　连续信号转换为离散信号

　　具体而言，对于上图中的 $\overline{A}$ 来说，假设我们有一个离散的输入信号序列，每个信号值都是在不同的时间点上获取的。当我们开始处理这个序列时，首先记录下第一个信号值。然后，在下一个信号值到来之前，假设信号值保持不变，即保持为第一个信号值。当收到第二个信号值时，我们再次将其记录下来，并在接下来的时间内保持这个值，直到收到第三个信号值为止。这个过程会持续进行，每次都将新的信号值保持下来，直到整个离散信号序列都被处理完毕。

　　下面假设一个 A 和 B 的连续时间系统参数，并将其转换为离散时间矩阵，代码如下：

```
import numpy as np
from scipy.linalg import expm

# 假设的连续时间系统参数
A_continuous = np.array([[0.9, 0.1], [0.2, 0.8]])  # 连续时间状态转移矩阵
# 连续时间输入矩阵（注意：这里通常是一个矩阵，但为了简化示例，假设它是一个列向量）
B_continuous = np.array([[0.5], [0.3]])

# 采样周期 T
T = 0.1  # 例如 0.1 秒

# 使用零阶保持技术离散化系统
# expm(A_continuous * T) 是离散时间状态转移矩阵 A 的近似值
A = expm(A_continuous * T)

# 注意：离散时间输入矩阵 B 的计算依赖于具体的系统模型和离散化方法
# 在这里，我们假设 B 与连续时间输入矩阵相同（这通常不是真实情况，但为了简化示例）
B = B_continuous  # 示例中直接使用连续时间输入矩阵（在实际情况中可能不同）

# 现在我们有了离散时间系统的 A 和 B 矩阵
print("离散时间状态转移矩阵 A:")
print(A)
print("离散时间输入矩阵 B:")
print(B)
```

打印结果如下：

离散时间状态转移矩阵 A:
[[1.09428334 0.01088758]
 [0.02177516 1.08339576]]
离散时间输入矩阵 B:
[[0.5]
 [0.3]]

通过对比原始的 **A** 和 **B**，可以看到，我们通过转换得到了新的离散矩阵。接下来，我们将使用离散时间系统模拟一个状态序列。完整代码如下：

```python
import numpy as np
from scipy.linalg import expm

# 假设的连续时间系统参数
A_continuous = np.array([[0.9, 0.1], [0.2, 0.8]])  # 连续时间状态转移矩阵
# 连续时间输入矩阵（注意：这里通常是一个矩阵，但为了简化示例，我们假设它是一个列向量）
B_continuous = np.array([[0.5], [0.3]])

# 采样周期 T
T = 0.1  # 例如，0.1 秒

# 使用零阶保持技术离散化系统
# expm(A_continuous * T) 是离散时间状态转移矩阵 A 的近似值
A = expm(A_continuous * T)

# 注意：离散时间输入矩阵 B 的计算依赖于具体的系统模型和离散化方法
# 在这里，我们假设 B 与连续时间输入矩阵相同（这通常不是真实情况，但为了简化示例）
B = B_continuous  # 示例中直接使用连续时间输入矩阵（在实际情况中可能不同）

# 示例：使用离散时间系统模拟一个状态序列
# 假设初始状态 x0 和输入序列 u
x0 = np.array([[1], [0]])
# 假设 u 为连续信号
u = np.array([[0.1], [0.2], [0.1], [0.2], [0.1]])  # 5 个时间步的输入（注意：这里
假设输入是一个列向量序列）

# 初始化状态序列（包括初始状态）
x = np.zeros((A.shape[0], len(u) + 1))
x[:, 0] = x0.flatten()  # 设置初始状态

# 假设系统是一个没有控制输入的自治系统，或者我们忽略输入 u 的影响（为了简化示例）
# 在实际情况下，你可能需要在每个时间步都考虑输入 u 的影响
for k in range(len(u)):
    x[:, k + 1] = A.dot(x[:, k]) + B.dot(u[k])  # 注意：这里包括输入 u 的影响

print("离散时间状态序列 x:")
print(x)
```

在上面的示例中，我们假设 *u* 是连续信号（或者说是表示连续时间输入的信号序列的离散近似），因为它在每个时间步（或采样点）都有一个值。然而，严格来说，*u* 已经是离散化的，因为我们通常不能直接在计算机中表示连续时间的信号，除非使用无限精度的表示方法（这在实践中是不可能的）。

被转换成的离散信号是系统的状态序列 *x*。这个序列在每个时间步（或采样点）都有一个值，表示系统在那个时间点的状态。由于我们使用了离散时间状态转移矩阵 *A* 和（可能的）离散时间输入矩阵 *B*，*x* 序列就是一个完全离散化的表示，它描述了系统状态随时间（离散时间点）的变化。

最终结果如下：

```
离散时间状态序列 x:
[[1.         1.14428334 1.3527339  1.53180943 1.77854416 1.99975097]
 [0.         0.05177516 0.14100994 0.21222556 0.32327967 0.4189679 ]]
```

3.2.2　离散状态空间的 Python 实现

Zero-Order Hold（ZOH，零阶保持）是一种在信号处理中广泛采用的插值技术，旨在将连续时间信号转换为离散时间信号。其工作原理是，在连续信号的采样点之间，简单地使用前一个采样点的信号值作为当前时间段的输出值，直至下一个采样点出现。简而言之，当没有新的采样点更新时，Zero-Order Hold 保持信号值不变，从而构建出一个等间隔的离散时间信号序列，如图 3-18 所示。

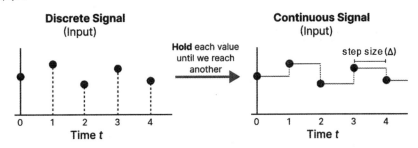

图 3-18　零阶保持技术

每当接收到一个离散信号时，其值会被保留，直至下一个离散信号的到来。这种保留机制实质上创建了一个可供状态空间模型使用的连续信号。保留信号值的时间跨度由一个名为"步长"（*Δ*，size）的新学习参数来控制，这个参数反映了输入信号的阶段性保持能力，即分辨率。有了这种连续的输入信号，系统便能生成连续的输出，同时，仅根据输入的时间步长对输出值进行采样。

在两个连续采样点之间的时间段内，输出信号将维持前一个采样点的值，这一特性使得信号在采样点之间保持恒定。因此，Zero-Order Hold 技术非常适用于那些需要快速且简便地将连续信号转换为离散信号的场景。

在模拟信号处理领域中，特别是在模拟到数字转换（Analog-to-Digital Converter，ADC）

和数字到模拟转换（Digital-to-Analog Converter，DAC）系统中，Zero-Order Hold 技术发挥着不可或缺的作用。无论是将连续的模拟信号转换为离散的数字信号以便于数字处理，还是将数字信号重新转换为连续的模拟信号以便于实际应用，Zero-Order Hold 都以其简单高效的特性成为工程师的首选工具。

该值的保持时间由一个新的可学习参数表示，称为步长（step size），它代表输入信号的分辨率。

通过这种方式，零阶保持技术将离散的信号值转换为一种"连续"的信号表示。虽然从严格意义上来说，这种信号并不是真正的连续信号（因为它仍然是由离散的信号值组成的），但在 SSM 的上下文中，我们可以将其视为一种近似的连续信号。

SSM 可以利用这种近似的连续信号来建立状态表示 $h(t)$。通过定义状态转移矩阵 A 和输入矩阵 B 等参数，SSM 能够描述系统状态如何随时间变化以及外部输入如何影响这些状态。然后，SSM 可以利用这些参数和零阶保持技术生成的连续信号表示来推断出最有可能的状态序列，从而实现对数据的建模和预测。

把离散信号连续化之后，就有了连续的输入信号。连续信号可以生成连续的输出，并且仅根据输入的时间步长对输出值进行采样，如图 3-19 所示。

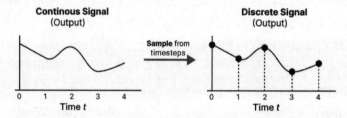

图 3-19　将连续信号转换成离散信号

让我们考虑一个连续时间 SSM，它通常由一系列微分方程或差分方程描述。为了将这样的系统转换为离散时间模型，我们需要对时间进行离散化，并在每个采样时刻保持信号值不变，直到下一个采样时刻。这正是零阶保持技术的核心思想，如图 3-20 所示。

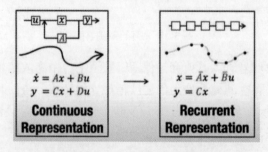

图 3-20　连续信号的离散化

从图 3-20 可以看到，我们对连续信号进行了离散化处理。读者可以注意右式中 $\bar{A}$（状态转移矩阵 A_bar）、$\bar{B}$（输入矩阵 B_bar）、C（观测矩阵）的限制，以及这些限制如何影响模型的结构和性能。

- $\overline{A}$ 矩阵：$\overline{A}$ 是一个对角矩阵（$N \times N$），这意味着 $\overline{A}$ 的每一行和每一列只有在主对角线上的元素可能非零，而其他位置的元素均为零。这种对角结构极大地简化了状态方程的计算，因为每个状态变量只与自身有关，而与其他状态变量无关。这种简化可以使 SSM 在某些情况下具有更快的计算速度和更低的内存需求。

- $\overline{B}$ 矩阵：$\overline{B}$ 是一个 $N \times 1$ 的列向量，表示在每个时间步，输入对状态变量的影响是通过一个固定的权重向量（即 $\overline{B}$）来实现的。由于 $\overline{B}$ 是列向量，它可以直接与输入序列 X 相乘，从而得到对状态变量的更新。这种结构使得 SSM 能够高效地处理输入序列，并允许模型在不同的时间步使用相同的权重来处理输入。

- C 矩阵：在 S4 中，C 是一个 $1 \times N$ 的行向量。这表示观测方程将状态变量映射到可观测数据的方式是通过一个固定的权重向量（即 C）来实现的。由于 C 是行向量，它可以直接与状态变量相乘，从而得到观测值。这种结构使得 S4 能够方便地从状态变量中提取出可观测的数据，并允许模型在不同的时间步使用相同的权重来生成观测值。

这些限制意味着 A、B、C 矩阵均能通过 N 个数字表示，这使得 SSM 在参数数量和计算复杂度上相对较低。此外，由于 SSM 独立作用于每个通道（或维度），每个输入的总隐藏状态的维度为 $N \times D$，其中 N 是状态变量的数量，D 是通道（或维度）的数量。这意味着 SSM 可以独立地处理每个通道的数据，从而增加了模型的灵活性和可扩展性。

下面是实现离散状态空间的状态转移与观测值获取的完整代码：

```python
import numpy as np

# 这里为了简化，我们直接定义 A_bar 和 B_bar
A_bar = np.diag([0.9, 0.8])           # 假设的离散时间状态转移矩阵（对角）
B_bar = np.array([[0.4], [0.6]])      # 假设的离散时间输入矩阵
C = np.array([1.0, 2.0])              # 示例观测矩阵（行向量）

# 初始化状态变量和输入变量
x = np.array([0.0, 0.0])              # 初始状态
u = np.array([1.0])                   # 输入信号

# 离散时间状态更新和观测
def update_and_observe(x, u, A_bar, B_bar, C):
    # 状态更新
    x_next = np.dot(A_bar, x) + np.dot(B_bar, u)
    # 观测
    y = np.dot(C, x_next)
    return x_next, y

# 模拟几个时间步
for t in range(10):
    x_next, y = update_and_observe(x, u, A_bar, B_bar, C)
    print(f"Time step {t + 1}: State x = {x_next}, Observation y = {y}")
    x = x_next  # 更新状态以进行下一次迭代
```

打印结果如下：

```
Time step 1: State x = [0.4 0.6], Observation y = 1.6
Time step 2: State x = [0.76 1.08], Observation y = 2.92
Time step 3: State x = [1.084 1.464], Observation y = 4.0120000000000005
Time step 4: State x = [1.3756 1.7712], Observation y = 4.918
Time step 5: State x = [1.63804 2.01696], Observation y = 5.67196
Time step 6: State x = [1.874236 2.213568], Observation y = 6.301372000000001
Time step 7: State x = [2.0868124 2.3708544], Observation y = 6.828521200000001
Time step 8: State x = [2.27813116 2.49668352], Observation y = 7.271498200000002
Time step 9: State x = [2.45031804 2.59734682], Observation y = 7.645011676000001
Time step 10: State x = [2.60528624 2.67787745], Observation y = 7.961041145200001
```

在上面的 Python 代码中，y 表示观测值（Observation），它是通过观测矩阵 C 与当前状态 x_next（或上一个时间步更新后的状态 x，但在本例中我们使用 x_next 来保持一致）相乘得到的。观测值通常代表我们可以从系统中测量或观察到的数据。

其中的 np.dot(C, x_next)计算了当前状态 x_next 通过观测矩阵 C 映射到观测空间的结果。观测矩阵 C 定义了如何从状态空间映射到观测空间，即它定义了哪些状态变量是可观测的，以及它们如何被组合成观测值。

在实际应用中，观测值 y 可能与真实状态之间存在误差或噪声，这取决于系统的性质以及测量设备的精度。在上面的示例中，我们假设观测值 y 是准确无误的，但在实际系统中，可能需要考虑观测噪声的影响。

3.2.3 离散状态空间的循环计算（类似于 RNN 的计算方法）

SSM 的循环计算在状态空间模型中扮演着核心的角色，特别是在处理具有时间依赖性的序列数据时。

首先，状态空间模型在应用时可以转换为类似于循环神经网络（RNN）的计算方法，如图 3-21 所示。

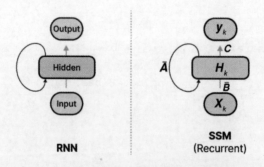

图 3-21　循环神经网络与状态空间模型的计算

将图 3-21 的右边展开后，如图 3-22 所示。

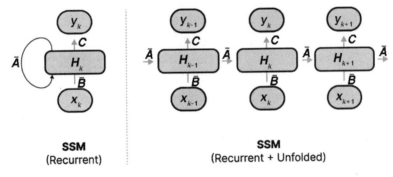

图 3-22　展开后的状态空间模型的计算流程

　　离散状态空间模型将连续的信号或系统动态划分为一系列的时间步长,并在这些时间步长上构建模型。循环表征允许模型捕获并存储这些时间步长之间的依赖关系,以便对系统的未来状态进行预测或分析,如图 3-23 所示。

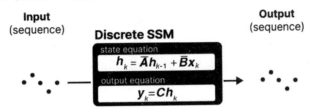

图 3-23　离散状态空间的循环表征

具体来说,循环表征在 SSM 中的作用体现在以下几个方面。

- 时间依赖性建模:SSM 通常用于处理随时间变化的系统或过程。这些系统或过程的状态往往依赖于其过去的状态和当前的输入。循环表征通过引入隐藏状态(hidden state)的概念,允许模型捕获并记忆这种时间依赖性。在每个时间步长,模型会根据当前的输入和先前的隐藏状态来更新隐藏状态,从而捕获系统的动态变化。

- 序列信息整合:在序列数据中,信息通常分布在多个时间步长之间。循环表征允许 SSM 将这些分散的信息整合在一起,形成一个连贯的表示。这种整合有助于模型理解整个序列的结构和模式,并据此做出更准确的预测或决策。

- 长期依赖处理:在某些情况下,系统的当前状态可能受到较远时间步长之前状态的影响。这种长期依赖关系对于许多实际问题来说非常重要,但传统的方法往往难以有效处理。循环表征通过其特殊的记忆机制,能够捕获并处理这种长期依赖关系,使得 SSM 能够更准确地描述和预测系统的动态。

- 可解释性:循环表征通常与可解释性相关联。通过分析隐藏状态的变化和更新方式,我们可以了解模型如何捕获和整合序列中的信息,以及这些信息如何影响模型的预测或决策。这种可解释性有助于我们理解模型的工作原理,并对其进行调试和改进。

　　在每个时间步 k,我们精心地计算当前输入 $\boldsymbol{B}x_k$ 如何动态地影响先前的状态 $\boldsymbol{A}H_{k-1}$。这一计算过程不仅捕捉了外部刺激对当前细胞或系统状态的即时效应,还反映了历史状态对于新输入信息的响应。通过这样的方式，我们能够深入理解单个细胞或系统在时间演变中的复杂动态，如图 3-24 所示。

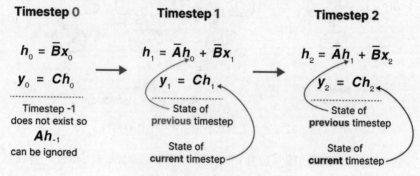

图 3-24　时间步的计算顺序

具体来说，我们首先考虑当前输入 Bx_k（其中 B 是输入矩阵，x_k 是时间步 k 的输入向量）如何影响先前的状态 AH_{k-1}（A 是状态转移矩阵，H_{k-1} 是时间步 $k-1$ 的隐藏状态或内部状态）。

在获得更新后的状态 H_k 后，我们进一步计算预测输出 Ch_k。这一步是将内部状态映射到可观测输出的重要过程，它揭示了细胞或系统在当前时间步的功能状态或行为表现。通过比较不同时间步的预测输出，我们可以追踪细胞或系统状态随时间的连续变化，进而揭示其潜在的运行机制和调控规律。

这一步实质上是计算输入对当前系统状态变化的贡献。通过矩阵乘法 Bx_k，我们将输入映射到与状态空间相同的维度上，以便能够直接与先前的状态 AH_{k-1} 相结合。

接下来，我们将 Bx_k 与 AH_{k-1} 相结合，以产生新的隐藏状态 h_k。这一步通常通过一个线性组合（可能还包括一个偏置项）来完成，该线性组合加上了某种形式的非线性激活函数（尽管在某些简化版的 SSM 中可能不包括激活函数）。

在整个过程中，状态转移矩阵 A、输入矩阵 B 和输出矩阵 C 共同构成了系统动态的核心模型。它们不仅决定了状态如何随时间演变，还决定了系统如何响应外部输入并产生相应的输出。因此，通过对这些矩阵的精细调控和优化，我们能够实现对细胞或系统行为的精确控制和预测。

一旦获得了更新后的隐藏状态 h_k，我们就可以用它来计算预测输出 CH_k（C 是输出矩阵）。这一过程将隐藏状态映射到输出空间，从而允许我们根据系统的当前状态来预测或解释下一个时间步的外部行为或观察结果。

SSM 在一定程度上模仿了 RNN，这种方法同样带来了 RNN 的优点和缺点，即快速的推理和相对较缓慢的训练。

3.3　Mamba 组件 3：HiPPO 算法初始化的状态转移矩阵

前面我们深入探讨了状态空间模型，揭示了其理论框架和内在逻辑。然而，理论掌握仅仅是第一步，在处理 Mamba 的序列数据时，我们仍需要精心设计专门的处理方法。其中，特别重要的就是找到合适的状态转移矩阵 $\overline{A}$。

在这方面，HiPPO 算法脱颖而出，通过使用 HiPPO 构建的状态转移矩阵，在实际应用中，它明显好于随机生成的状态转移矩阵 $\overline{A}$。

HiPPO 算法因其高效和精确的特性，被广泛应用于 SSM 中，用以提升对序列数据的处理能力。该算法通过高阶多项式投影操作，能够捕捉到序列数据中的复杂动态和潜在结构，从而为 SSM 提供更为丰富和准确的信息输入。这不仅增强了 SSM 的预测能力，还使得模型在处理复杂序列数据时更加稳健和可靠。

3.3.1　SSM 中的状态转移矩阵 $\overline{A}$

状态转移矩阵 $\overline{A}$ 在 SSM 中的作用是计算不同状态的隐含层。

在讲解 Mamba 使用 HiPPO 算法处理序列数据之前，我们需要先回顾一下离散化后的 SSM 公式，如下所示。

状态转换方程：$h'(t) = \overline{A}h(t) + \overline{B}x(t)$。

输出方程：$y(t) = Ch(t)$。

公式中最为重要的就是状态转移矩阵 $\overline{A}$ 矩阵，其目标是捕获有关先前状态的信息，从而构建新状态 aa，如图 3-25 所示。

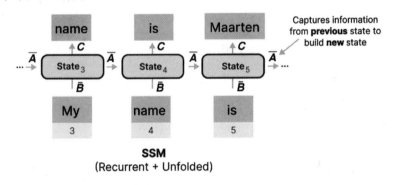

图 3-25　$\overline{A}$ 的作用是通过捕获有关先前状态的信息来构建新状态

因此，本质上状态转移矩阵 $\overline{A}$ 的作用是生成隐藏状态，如图 3-26 所示。

Produces hidden state

$$h_k = \overline{A}h_{k-1} + \overline{B}x_k$$

$$y_k = Ch_k$$

图 3-26　$\overline{A}$ 生成新的隐藏状态

图 3-26 的两个公式揭示了 SSM 如何根据输入信号 x_k 更新内部状态 h_{k-1} 并产生输出 y_k。在这个过程中，矩阵 $\overline{A}$ 扮演了关键角色，它反映了系统对之前几个 token 的记忆能力，并捕捉到目前为止观察到的每个 token 之间的差异。特别是在循环表示的语境中，矩阵 $\overline{A}$ 的作用更为显著，因为它仅回顾历史状态。

然而，问题的关键是：我们如何构建一个参数量足够的矩阵 $\overline{A}$ 来存储和压缩历史信息呢？这就需要寻找一种高效且精准的方法。

在具体应用中，我们可以选择随机方法来构建 $\overline{A}$ 矩阵，也可以选择遵循算法规则的 HiPPO 算法来初始化矩阵，如图 3-27 所示。

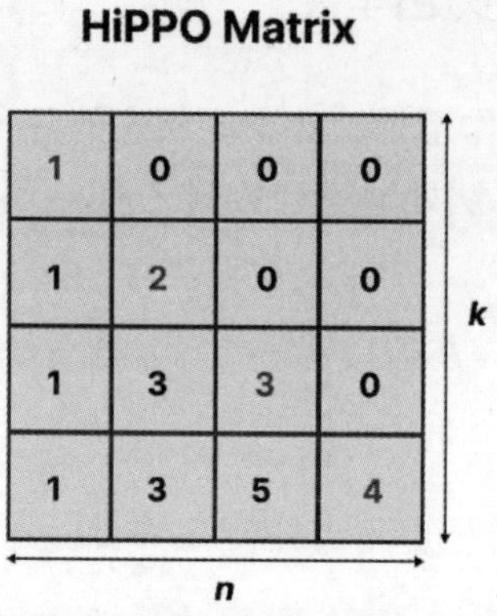

HiPPO Matrix

图 3-27 遵循算法规则的 HiPPO 算法初始化的矩阵

可以看到，相对于随机构成的状态转移矩阵，HiPPO 矩阵明显是根据特定的算法构建的，其公式如下（解释如下）：

$$\begin{cases} (2n+1)^{1/2}(2k+1)^{1/2} & \text{if } n > k \\ n+1 & \text{if } n = k \\ 0 & \text{if } n < k \end{cases}$$

在这个公式中，n 和 k 是矩阵的行索引和列索引，分别代表 HiPPO 矩阵中的第 n 行和第 k 列。这两个索引都是非负整数，用于标识矩阵中的位置。具体来说，HiPPO 矩阵的元素值根据以下规则确定：

- 当 $n > k$ 时，矩阵元素的值为 $(2n + 1)^{1/2}(2k + 1)^{1/2}$。这个规则通过计算两个索引值的平方根的乘积来设置矩阵元素的值。
- 当 $n = k$ 时，矩阵元素的值为 $n + 1$。这意味着在对角线上，矩阵的元素值等于其行索引（或列索引）加 1。
- 当 $n < k$ 时，矩阵元素的值为 0。这表示在 HiPPO 矩阵的上三角部分（即行索引小于列索引的部分），所有元素都被设置为 0。

可以看到，这种构建方式使得 HiPPO 矩阵具有特定的结构，能够高效地压缩历史信息，并在处理长序列时捕获远程依赖关系。这种结构基于 HiPPO 算法的理论基础，旨在提高序列建模任务中的性能和效率。

3.3.2　HiPPO 算法的 Python 实现与可视化讲解

下面我们将完成 HiPPO 算法的 Python 实现，具体实现如下：

```python
import numpy as np

def make_HiPPO(N):
    P = np.sqrt(1 + 2 * np.arange(N))
    A = P[:, np.newaxis] * P[np.newaxis, :]
    A = np.tril(A) - np.diag(np.arange(N))
    return -A
```

读者可以通过打印生成的矩阵结果，对矩阵进行可视化展示，输出结果如下：

```
[[-1.          -0.          -0.          -0.        ]
 [-1.73205081 -2.          -0.          -0.        ]
 [-2.23606798 -3.87298335 -3.          -0.        ]
 [-2.64575131 -4.58257569 -5.91607978 -4.        ]]
```

接下来，我们更为细致地讲解一下 HiPPO 算法对不同系数的拟合。读者可以通过如下算法打印不同行对整体结果的贡献，代码如下：

```python
def example_legendre(N=4):
    import numpy as np
    import numpy.polynomial.legendre as legendre
    import matplotlib.pyplot as plt
    import seaborn as sns

    # 生成随机的 Legendre 多项式系数
    coeffs = (np.random.rand(N) - 0.5) * 2

    # 创建用于绘图的时间点数组
    t = np.linspace(-1, 1, 100)

    # 使用随机系数构建 Legendre 多项式
    f = legendre.Legendre(coeffs)(t)

    # 设置绘图风格
    sns.set_context("talk")
    plt.figure(figsize=(15, 8))

    # 绘制 Legendre 多项式曲线
    plt.plot(t, f, label='Random Legendre Polynomial', color="r", linewidth=2)
```

```python
    # 绘制每个基函数
    for i in range(N):
        coef = [0] * N
        coef[i] = 1

        # 绘制基函数
        basis_func = legendre.Legendre(coef)(t)
        plt.plot(t, basis_func, label=f'Basis $L_{i}$', linestyle='--',
color='b', alpha=0.6)

        # 标注系数
    for i, coeff in enumerate(coeffs):
        plt.text(1.05, i, f'c_{i} = {coeff:.2f}', fontsize=12)

        # 图形属性设置
    plt.legend(loc='upper left', bbox_to_anchor=(1, 1))
    plt.xlim(-1, 1)
    plt.ylim(-4, 4)   # 根据需要调整 y 轴范围
    plt.xlabel('t')
    plt.ylabel('Value')
    plt.title('Random Legendre Polynomial with Basis Functions and
Coefficients')
    plt.grid(True)

    # 显示图形
    plt.show()

# 调用函数以生成图形
example_legendre()
```

运行上述代码后，生成的图像如图 3-28 所示（具体参看配套资源中的相关文件）。

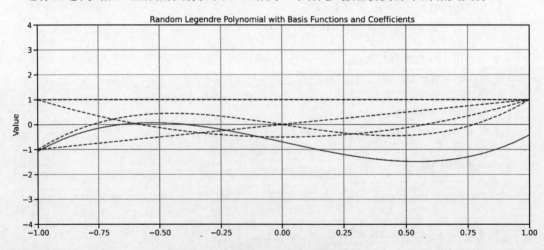

图 3-28　HiPPO 算法对不同系数的整合

　　图中的虚线表示可以认为是不同行的系数(每个基函数可暂时理解为行向量)构成的图像,而实线部分则表示由多系数拟合构成的合成曲线（整体多项式函数）。简单来说,每个系数代表了其对应的基函数在构建总的多项式函数时的"重要性"或"权重"。正的系数会增强基函数的贡献,而负的系数会减弱基函数的贡献。

　　经过实验验证,采用 HiPPO 方法构建的矩阵 *A* 相较于随机初始化的矩阵,具有显著的优势。这种优势体现在 HiPPO 矩阵能够更精确地重建较新的信号（即最近的 token）,而对较旧信号的处理精度也得到了大幅提升。

　　HiPPO 矩阵的设计理念是创建一个能够记忆历史信息的隐藏状态。从数学的角度来看,这一机制通过追踪勒让德多项式（Legendre Polynomial）的系数实现。HiPPO 方法的精妙之处在于,能够利用这些系数来逼近和记录所有过往的历史信息。进一步来说,HiPPO 被巧妙地融入我们之前探讨过的循环表示和卷积表示中,解决了远程依赖性的问题。这种结合不仅强化了模型对长序列数据的处理能力,也催生了一类全新的、能够高效处理长序列的状态空间模型。这种模型在处理复杂时间序列数据时,展现出了卓越的性能和稳定性。

3.4　本章小结

　　本章深入探讨了 Mamba 的核心内容,清晰地展示了通过借助状态空间模型的强大表达能力,我们能够更有效地捕捉和理解动态系统的行为模式。状态空间模型凭借其独特的建模方式,为我们提供了一个全面且深入的系统描述框架。

　　在进一步的研究中,我们引入了离散化方法,这一技术极大提升了模型的灵活性和实用性,使我们能够处理更加复杂多变的实际情况。离散化方法不仅简化了模型的计算过程,还增强了模型对实际问题的适应能力。

　　此外,我们详细介绍了 HiPPO 算法在状态转移矩阵初始化方面的应用。这一先进的初始化技术显著提高了状态空间模型的稳定性和准确性,为后续的模型训练和优化奠定了坚实的基础。

　　通过整合状态空间模型、离散化方法和 HiPPO 初始化技术,我们不仅提升了 Mamba 的理论深度,也为其在实际应用中的广泛推广奠定了坚实的基础。第 4 章将基于此展开 Mamba 的实战应用。

第 4 章

基于 PyTorch 的弹簧振子动力学 Mamba 实战

前面介绍了 Mamba 的基本内容，本章将总结和归纳前期的知识点，并将其串联在一起，完成一个基于 PyTorch 的 Mamba 实战，即一个模拟弹簧振子动力学的深度学习模型。通过这个模型，模拟过程在训练时可以作为卷积神经网络进行并行训练，而在测试时则可以转换为高效的循环神经网络进行推断。

4.1 从状态空间模型 SSM 到结构化状态空间模型 S4

我们的目标是实现对长序列的高效建模。为此，我们将基于状态空间模型（SSM）构建一个新的神经网络层。在本节结束时，我们将能够使用这一层来构建并运行模型。

前面提到，状态空间模型是动态系统的一种数学表达方式，能够很好地捕捉系统在时间上的演变规律。在神经网络中，我们可以利用状态空间模型来构建一个特殊的层，以实现对长序列数据的高效处理。这一层能够学习并模拟序列数据中的动态行为，从而提高模型的预测能力。

结构化状态空间模型（Structured State Space for Sequence，S4）创新性地融合了前面章节中阐述的状态空间模型、离散化技巧以及 HiPPO 初始化方法。通过这一综合，S4 模型得以诞生，它不仅继承了状态空间模型的优点，还在高效处理长序列方面展现出卓越性能。特别是，S4 模型中融入了 HiPPO 技术，使其在处理长距离依赖关系时表现尤为出色。结构化状态空间模型如图 4-1 所示。

本节将完成从基本的 SSM 到 S4 模型的讲解和组合，并通过 PyTorch 编程实现其中的部分内容，从而完成建模任务。

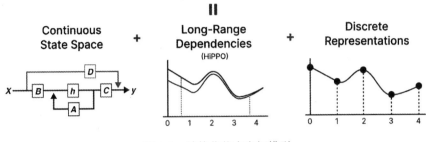

图 4-1　结构化状态空间模型

4.1.1　从状态空间模型 SSM 开始（PyTorch 具体实现）

在构建这个新的神经网络层之前，我们需要回忆一些关键概念和技术细节。首先，我们要明确状态空间模型的基本原理，包括状态方程和输出方程的定义及作用。状态方程描述了系统内部状态随时间的演变，而输出方程则将系统内部状态与外部观测联系起来。

接下来，我们将详细介绍如何在神经网络中实现这一层。具体来说，我们会探讨如何定义状态变量、状态转移矩阵以及输出矩阵，并通过训练来优化这些参数。此外，我们还会讨论如何将该层与其他神经网络层相结合，以构建一个完整的深度学习模型。

状态方程：$h'(t) = Ah(t) + Bx(t)$。
输出方程：$y(t) = Ch'(t)$。

状态空间公式如上所示，它将一维输入信号 $x(t)$ 经由 $h(t)$ 变换后，投射到输出信号 $y(t)$ 上。下面是一个随机生成状态空间系数 SSM 的函数，代码如下：

```
def random_SSM(N):
    A = torch.randn(size=(N,N))
    B = torch.randn(size=(N,1))
    C = torch.randn(size=(1,N))
    return A,B,C
```

接下来，我们需要对连续序列进行离散化处理。为了应用于离散的输入序列 $x(t)$ 而非连续数据，状态空间模型必须通过步长 Δ 进行离散化，该步长代表输入的分辨率。从概念上讲，输入 $x(t)$ 可以被视为对隐含的底层连续信号的采样。

通过这种离散化过程，我们能够将连续的状态空间模型转换为适用于离散序列数据的模型。这使得 SSM 在处理实际应用中的离散数据时更加灵活和实用。离散化后的 SSM 能够捕捉到序列数据中的动态变化，并通过学习状态转移矩阵和观测矩阵来模拟系统的行为。

为了将 SSM 应用于离散序列，我们需要选择合适的步长 Δ，以确保模型能够准确地捕捉到输入数据的特征。步长 Δ 的选择应根据具体应用场景和数据特性进行，以保证模型的精度和效率之间的平衡。

4.1.2 连续信号转换为离散信号的 PyTorch 实现

状态空间模型中的离散化公式是微分方程描述，但计算机无法直接处理连续的信号，因此需要将系统离散化。

离散化的目标是将连续时间系统转换为离散时间系统，从而方便在计算机上进行数字模拟与分析。为实现这一目标，我们采用了一些关键的数学工具，这些工具能将连续时间系统转换成离散时间系统。通过这些公式，我们可以轻松地在计算机上模拟并分析连续动态系统的行为，如图 4-2 所示。

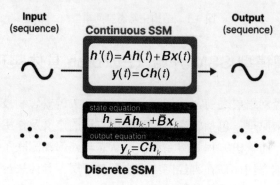

图 4-2　连续信号转换为离散信号

为了应用于离散输入序列 $x(t)$ 而非连续函数，状态空间模型必须通过步长 Δstep 进行离散化，该步长代表了输入的分辨率。从概念上讲，输入 $x(t)$ 可以被看作是对隐含的底层连续信号的采样。

为了离散化连续时间 SSM，我们使用双线性变换方法。具体来说，从矩阵 A 到 $\overline{A}$ 的转换如下：

$$\overline{A} = \left(I - \frac{\Delta}{2} * A \right)^{-1} \left(I + \frac{\Delta}{2} * A \right)　（I 为单位矩阵，下同）$$

$$\overline{B} = \left(I - \Delta / 2 * A \right)^{-1} \Delta A$$
$$\overline{C} = C$$

- 给定的离散化公式是将连续时间 SSM 的参数矩阵 A、B、C 转换为对应的离散时间 SSM 的参数矩阵 $\overline{A}$、$\overline{B}$、$\overline{C}$。
- 公式中的 Δ 表示采样周期，即离散化时的时间步长。
- I 代表单位矩阵，其大小与 A 矩阵相同。

$\overline{A}$ 的公式采用了双线性变换，它是一种将连续时间系统的 s 平面映射到离散时间系统的 z 平面的方法。双线性变换能够保持系统的稳定性，并且在变换过程中引入了预畸变，以补偿离散化带来的误差。

而 $\overline{B}$ 的计算公式考虑了采样周期 Δ 对输入矩阵 B 的影响，确保在离散时间系统中能够正确地反映连续时间系统中的输入关系。

对于 $\overline{C}$，它通常等于 C，因为输出矩阵 C 描述了系统状态到输出的线性关系，这种关系在离散化过程中通常保持不变。

具体的 PyTorch 实现代码如下：

```python
import torch

def discretize(A, B, C, step):
    I = torch.eye(A.size(0), dtype=A.dtype, device=A.device)  # 创建单位矩阵
    BL = torch.inverse(I - (step / 2.0) * A)      # 计算逆矩阵
    Ab = BL.mm(I + (step / 2.0) * A)              # 矩阵乘法
    Bb = (BL * step).mm(B)  # 注意这里先对 BL 的每个元素乘以 step，再进行矩阵乘法
    return Ab, Bb, C
```

4.1.3　离散信号循环计算的 PyTorch 实现

该方程现在是一个从序列到序列的映射 $x(t) \to y(t)$，而不再是函数到函数的映射。此外，状态方程现在是 $h(t)$ 的递推式，这使得离散状态空间模型（SSM）可以像循环神经网络（RNN）一样进行计算。具体来说，$x(t) \in R^N$ 可以被视为具有转移矩阵 $\overline{A}$ 的隐藏状态。

进一步来说，我们可以将离散 SSM 视为一种特殊的 RNN，其中隐藏状态 $h'(t)$ 在每个时间步都根据输入数据 $x(t)$ 和前一个隐藏状态 $h(t)$ 进行更新。这种更新过程通过应用转移矩阵 $\overline{A}$ 和输入矩阵 $\overline{B}$ 来实现，同时还会考虑到可能的控制输入。然后，输出 $y(t)$ 是通过将观察矩阵 $\overline{C}$ 应用到隐藏状态 $h(t)$ 上获得的。

我们通过 PyTorch 中的 for 循环完成计算，代码如下：

```python
def scan_SSM(Ab, Bb, Cb, x_tensor, hidden):
    h_t = hidden.unsqueeze(1)  # 确保 h 是一个列矩阵
    y_seq = []
    for x_t in x_tensor:
        x_t = x_t.unsqueeze(0)  # 确保 u_k 也是一个列矩阵
        h_t = torch.mm(Ab, h_t) + torch.mm(Bb, x_t)
        y_t = torch.mm(Cb, h_t)
        y_seq.append(y_t.squeeze(0))      # 移除额外的维度以添加到序列中
    return torch.stack(y_seq, dim=0)      # 将所有输出堆叠成一个序列
```

因此，离散 SSM 不仅能够捕捉动态系统的内部状态，还能根据这些状态生成相应的输出序列。这使得离散 SSM 在处理时间序列数据、控制系统建模以及预测等问题上非常有用。同时，由于其与 RNN 的相似性，我们可以利用深度学习框架来高效地实现和训练离散 SSM，从而进一步拓展其应用范围。

4.1.4　状态空间模型 SSM 的 PyTorch 实现

为了整合前面介绍的状态空间模型的解释，作者定义了一个完整的状态空间模型（SSM）的 PyTorch 实现，并通过一系列函数来模拟这个模型的行为。

● random_SSM(N)：用于生成 SSM 的三个主要矩阵：状态转移矩阵 A、输入矩阵 B 以

及输出矩阵 *C*。这些矩阵的尺寸由参数 *N*（状态空间的维度）来决定，并且它们的元素都是从标准正态分布中随机抽取的。

- discretize(A, B, C, step)：用于将连续的 SSM 转换为离散的 SSM。这是通过将连续时间 SSM 的矩阵进行离散化处理来实现的，以便能够在离散的时间步长上模拟系统的行为。这个函数首先创建一个单位矩阵 *I*，然后计算(I - (step/2) * *A*)的逆矩阵。接着，使用这个逆矩阵来计算离散化后的状态转移矩阵 *Ab* 和输入矩阵 *Bb*，而输出矩阵 *C* 保持不变。

- scan_SSM(Ab, Bb, Cb, x_tensor, hidden)：该函数模拟了离散 SSM 在给定的输入序列 x_tensor 下的行为。它初始化隐藏状态 *h(t)*（即系统的内部状态），然后在每个时间步上根据离散化的 SSM 方程更新这个状态，并计算出对应的输出 *y(t)*。这个过程是通过循环遍历输入序列的每个元素来完成的，最后将所有输出堆叠成一个序列并返回。

- run_SSM(A, B, C, x_tensor)：该函数是整个模拟过程的主函数。它首先调用 discretize 函数来获取离散化的 SSM 矩阵，然后初始化隐藏状态为 0 向量，并调用 scan_SSM 函数来模拟 SSM 的行为。最后，返回模拟的输出序列。

完整代码如下：

```python
import torch

def random_SSM(N):
    A = torch.randn(size=(N,N))
    B = torch.randn(size=(N,1))
    C = torch.randn(size=(1,N))
    return A,B,C

def discretize(A, B, C, step):
    I = torch.eye(A.size(0), dtype=A.dtype, device=A.device)  # 创建单位矩阵
    BL = torch.inverse(I - (step / 2.0) * A)     # 计算逆矩阵
    Ab = BL.mm(I + (step / 2.0) * A)             # 矩阵乘法
    Bb = (BL * step).mm(B) # 注意这里先对 BL 的每个元素乘以 step，再进行矩阵乘法
    return Ab, Bb, C

def scan_SSM(Ab, Bb, Cb, x_tensor, hidden):
    h_t = hidden.unsqueeze(1)                    # 确保 h 是一个列矩阵
    y_seq = []
    for x_t in x_tensor:
        x_t = x_t.unsqueeze(0)                   # 确保 u_k 也是一个列矩阵
        h_t = torch.mm(Ab, h_t) + torch.mm(Bb, x_t)
        y_t = torch.mm(Cb, h_t)
        y_seq.append(y_t.squeeze(0))             # 移除额外的维度以添加到序列中
    return torch.stack(y_seq, dim=0)

def run_SSM(A, B, C, x_tensor):
L = x_tensor.shape[1]
N = A.shape[1]
```

```
        Ab, Bb, Cb = discretize(A, B, C, step=1.0 / L)

        # 初始化隐藏状态为 0 向量
        h0 = torch.zeros((N,), dtype=A.dtype, device=A.device)

        # 调用 scan_SSM 并接收返回值
        y_seq = scan_SSM(Ab, Bb, Cb, x_tensor, h0)
        return y_seq

if __name__ == '__main__':
        # 设置随机种子以获得可重复的结果
        torch.manual_seed(0)

        # 随机生成一个 SSM 模型
        N = 2  # 状态空间的维度
        A, B, C = random_SSM(N)

        # 创建一个输入张量 x_tensor，假设有 5 个时间步
        x_tensor = torch.randn(2, 5)  # 输入为 2×5 的张量

        # 运行 SSM 模型并获取输出序列
        y_seq = run_SSM(A, B, C, x_tensor)
        print(y_seq.shape)
```

　　在程序执行部分，代码首先设置了随机种子以确保结果的可重复性，然后生成了一个随机的 SSM 模型（通过调用 random_SSM 函数）。接着，创建了一个随机的输入序列 x_tensor，这个序列有 2 个时间步和 5 个特征（这可能与多个输入信号或并行模拟有关）。最后，调用 run_SSM 函数来模拟 SSM 在这个输入序列下的行为，并打印出输出序列的形状。

　　总的来说，这段代码的作用是模拟一个随机生成的离散状态空间模型在给定的随机输入序列下的行为，并输出模拟的结果。需要注意的是，代码中的 N 应该在调用 random_SSM 之前被定义或作为参数传入，以避免在 run_SSM 函数中出现未定义变量的错误（在当前代码片段中，N 是在 __main__ 部分定义的）。此外，输入张量 x_tensor 的形状可能需要根据具体的 SSM 模型和模拟需求进行调整。

　　另外，需要注意的是，代码中 x_tensor 的形状是 $(2, 5)$，这意味着有两个特征在 5 个时间步上的值，而不是两个并行的输入数据。在每个时间步上，系统接收一个 5 维的输入向量，并产生一个一维的输出向量（由于 C 是 $(1, N)$ 维度的矩阵）。torch.stack 的作用是将这些输出向量重新整合，形成一个完整的输出向量。

4.1.5　HiPPO 算法初始化状态矩阵

　　前面我们完成了对 SSM 基本模型的介绍，在状态转移方面，我们采用以下实现方式：

```
def random_SSM(N):
```

```
A = torch.randn(size=(N,N))
B = torch.randn(size=(N,1))
C = torch.randn(size=(1,N))
return A,B,C
```

然而，仅通过随机初始化矩阵的方式往往可能无法有效地使模型学会捕捉长距离的依赖关系。相比之下，HiPPO 算法专门设计用来弥补序列建模中远距离依赖的不足。HiPPO 算法的核心思想在于它生成了一个隐藏状态，该状态能够记住序列前部的历史信息。

HiPPO 算法指定了一类特殊的矩阵 A，当这些矩阵被纳入 SSM 的方程中时，可以使状态 $x(t)$ 能够记住输入 $u(t)$ 的历史信息。这些特殊矩阵被称为 HiPPO 矩阵，它们具有特定的数学形式，可以有效地捕捉长期依赖关系。

修改后的代码如下：

```
import torch

def SSM(N):
    A = make_HiPPO(N)
    B = torch.randn(size=(N,1))
    C = torch.randn(size=(1,N))
    return A,B,C


def make_HiPPO(N):
    # 使用 torch.arange 创建一个 0~N-1 的一维张量
    P = torch.sqrt(torch.tensor(1.0) + 2 * torch.arange(N, dtype=torch.float32))

    # 使用 torch.unsqueeze 增加维度以创建列向量和行向量
    P_col = P.unsqueeze(1)  # 列向量
    P_row = P.unsqueeze(0)  # 行向量

    # 使用广播机制计算 A 矩阵
    A = P_col * P_row

    # 使用 torch.tril 获取下三角矩阵，并减去对角线上的值
    A = torch.tril(A) - torch.diag_embed(torch.arange(N, dtype=torch.float32))

    # 返回负矩阵
    return -A
```

读者可以自行将其代入 4.1.4 节的模型部分进行替换和比较。

4.1.6 基于 S4 架构的 Mamba 模型

通过对前面内容的讲解，可以看到 SSM+HiPPO=S4。其主要工作是将 HiPPO 中的矩阵 A（称为 HiPPO 矩阵）转换为正规矩阵（正规矩阵可以分解为对角矩阵）和低秩矩阵的和，以此

提高计算效率。S4 通过这种分解将计算复杂度降低了，其中 N 是 HiPPO 矩阵的维度，L 是序列的长度。

在处理长度为 16 000 的序列的语音分类任务中，S4 模型将专门设计的语音卷积神经网络（Speech CNN）的测试错误率降低了一半。相比之下，所有的循环神经网络和 Transformer 基线模型都无法学习，错误率均在 70% 以上。

4.2　基于状态空间模型模拟弹簧振子动力学

为了获得更多直观感受并测试我们的状态空间模型实现，我们暂时从机器学习领域抽身，实现一个来自力学的经典例子。

经典的弹簧-阻尼系统是一个标准的经典力学模型，主要由弹簧、阻尼器和质量块组成。这个系统通常用于描述物体在受到外力作用时的动态响应，如图 4-3 所示。

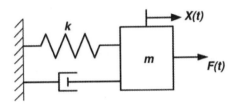

图 4-3　经典的弹簧-阻尼系统

其主要构成如下：

- 弹簧：提供恢复力，使系统具有回到平衡位置的趋势。
- 阻尼器：消耗系统的能量，减小振动幅度，使系统更快地达到稳定状态。
- 质量块：代表系统中的物体，其运动会受到弹簧和阻尼器的影响。

当系统受到外力作用时，质量块会开始振动，而弹簧的恢复力会使质量块有回到平衡位置的趋势，同时阻尼器会消耗系统的能量，从而减小振动的幅度和持续时间。

该系统的动态行为可以通过微分方程来描述。微分方程中通常包含质量、弹簧常数和阻尼常数等参数。通过求解微分方程，可以预测系统在不同初始条件和外力作用下的动态响应。

4.2.1　加速度的求解：详细讲解的经典弹簧-阻尼系统公式

弹簧-阻尼系统是标准的经典力学方面的一个例子，我们考虑一个通过弹簧连接到墙上的物体的位置 $y(t)$。随着时间的推移，会有不断变化的力 $x(t)$ 作用于这个物体上。该系统由质量（m）、弹簧常数（k）和阻尼常数（b）等参数组成。我们可以通过以下微分方程将这些参数联系起来：

$$my''(t) = x(t) - by'(t) - ky(t)$$

其中，加速度 $y''(t)$ 为求解目标，该公式的作用是将参数组合在一起。这个方程将作用于物体的外部力、物体的质量、阻尼系数以及弹簧刚度联系在一起。下面是对这个微分方程各部分的详细解释：

1. $my''(t)$

- m：代表物体的质量。
- $y''(t)$：是物体位置 $y(t)$ 关于时间 t 的二阶导数，表示物体的加速度。
- $my''(t)$：表示物体的惯性力，即物体由于其质量而产生的抵抗加速度变化的力。

2. $x(t)$

- 代表外部施加在物体上的力，这个力可能随时间变化。
- 在这个方程中，$x(t)$ 是驱动系统动态行为的输入。

3. $-by'(t)$

- b：阻尼常数，表示阻尼器对系统动态行为的影响。
- $y'(t)$：物体位置 $y(t)$ 关于时间 t 的一阶导数，表示物体的速度。
- $-by'(t)$：表示阻尼力，其方向与物体速度相反，大小取决于物体的速度和阻尼系数。阻尼力用于消耗系统能量，减少振动幅度。

4. $-ky(t)$

- k：表示弹簧常数，反映了弹簧的刚度。
- $y(t)$：表示物体相对于平衡位置的位移。
- $-ky(t)$：表示弹簧的恢复力，其方向与物体位移相反，大小与位移成正比。恢复力试图将物体拉回到平衡位置。

可以看到，$my''(t) = x(t) - by'(t) - ky(t)$ 描述了物体在受到外部力、阻尼力和弹簧恢复力的共同作用下的动态行为。这个方程是弹簧-阻尼系统动态分析的基础，通过求解这个方程，我们可以了解物体在不同外部力和系统参数下的运动情况。

接下来，讨论的是状态变量的选择问题。在选择状态变量时，我们的目标是选择能够完全描述系统动态行为的最小变量集。对于弹簧-阻尼系统，物体的位置 $y(t)$ 和速度 $y'(t)$ 是描述系统动态行为的两个关键变量。

- 位置 $y(t)$：表示物体相对于平衡位置的偏移量，它反映了物体在空间中的具体位置。
- 速度 $y'(t)$：位置对时间的导数，表示物体运动的快慢和方向。

这两个变量足以描述系统在任意时刻的状态，因为：

- 位置 $y(t)$：给出了物体当前的位置信息。
- 速度 $y'(t)$：提供了物体运动的状态，包括它是静止的、正向移动的还是反向移动的，以及移动的速度有多快。

通过这两个状态变量，我们可以推导出系统的其他动态特性，如加速度（通过速度的变化率得到）。因此，选择物体的位置 $y(t)$ 和速度 $y'(t)$ 作为状态变量是因为它们能够全面地描述弹簧-阻尼系统的动态状态，并且这两个变量是系统微分方程中自然出现的，便于建立数学模型和进行分析。

此外，将二阶微分方程转换为一阶微分方程组可以简化问题的复杂性，使得数学处理和数值求解更为方便。

4.2.2　弹簧-阻尼微分方程的 SSM 分解与 PyTorch 实现

要将弹簧-阻尼系统的微分方程（状态转移方程）改写为状态空间模型的矩阵形式，首先需要定义状态变量。定义的原微分方程是：

$$my''(t) = x(t) - by'(t) - ky(t)$$

> **注意**　这里仅仅是状态转移方程。

根据上面对模型变量的拆解，此时有两个状态变量，可以组成一个状态转移向量：

$$\boldsymbol{h}(t) = \begin{bmatrix} y(t) \\ y'(t) \end{bmatrix}$$

根据微分性质得到：

$$\boldsymbol{h}'(t) = \begin{bmatrix} y'(t) \\ y''(t) \end{bmatrix}$$

接下来，我们将原微分方程拆分为两个一阶微分方程，为了将其转换为标准的一阶微分方程组形式，我们可以将上述方程重写为：

$$y''(t) = \frac{1}{m}x(t) - \frac{b}{m}y'(t) - \frac{k}{m}y(t)$$

现在，我们可以将这两个一阶微分方程组合成状态方程的形式。根据我们定义的状态方程可以表示为：

状态方程：$\boldsymbol{h}'(t) = \boldsymbol{A}\boldsymbol{h}(t) + \boldsymbol{B}x(t)$。

> **注意**　这里的参数沿袭 SSM 经典公式。

其中，$\boldsymbol{A}$ 是状态转移矩阵，$\boldsymbol{B}$ 是输入矩阵。在下面新的公式中，我们定义输入信号为 $y(t)$，即位置变量。下面对比一阶方程组，经过变换可以得到：

$$\begin{bmatrix} y'(t) \\ y''(t) \end{bmatrix} = \begin{bmatrix} 0 & 1 \\ -\dfrac{k}{m} & -\dfrac{b}{m} \end{bmatrix} \begin{bmatrix} y(t) \\ y'(t) \end{bmatrix} + \begin{bmatrix} 0 \\ \dfrac{1}{m} \end{bmatrix} y(t)$$

因此，我们可以确定：

矩阵 A 描述了系统状态如何随时间变化。在弹簧-阻尼系统中，A 表达了位置和速度如何相互影响以及它们如何随时间演变。

$$A = \begin{bmatrix} 0 & 1 \\ -\dfrac{k}{m} & -\dfrac{b}{m} \end{bmatrix}$$

关于矩阵 A，第一行第一列的 0 表示位置不会直接影响位置的变化（位置不会自己改变自己），而第一行第二列的 1 表示速度会直接影响位置的变化（速度越快，位置变化越快）。第二行则描述了速度和位置的相互关系，受到弹簧常数 k、阻尼常数 b 和质量 m 的影响。

实际上，这个矩阵描述了隐藏状态（位置和速度）如何随时间演变，以及它们之间如何相互影响。那么可以认为，第一行表示位置的变化率与速度有关，而第二行则表示速度的变化率受到当前位置（通过弹簧常数 k）和速度（通过阻尼常数 b 和质量 m）的影响。

矩阵 B 描述了外部输入如何影响系统状态。在这个系统中，外部输入是力 $x(t)$，它主要影响物体的速度。

$$B = \begin{bmatrix} 0 \\ \dfrac{1}{m} \end{bmatrix}$$

这里，第一行的 0 表示外部力不直接影响位置，而第二行的 $\dfrac{1}{m}$ 表示外部力会影响速度，且影响程度与物体的质量成反比。

最后，还需要一个输出方程来描述我们关心的输出量（在这个例子中是物体的位置 $y(t)$）：

$$y(t) = \begin{bmatrix} 1 & 0 \end{bmatrix} \begin{bmatrix} y(t) \\ y'(t) \end{bmatrix}$$

> 注意 这个是输出方程。

这表明输入信号 $y(t)$ 直接影响隐藏状态的第二维度，也就是速度，影响的程度由系统参数（如质量 m）决定。

因此，这里输出矩阵 C 是：

$$C = \begin{bmatrix} 1 & 0 \end{bmatrix}$$

综上所述，我们成功地将原微分方程改写为状态空间模型的形式，其 PyTorch 实现如下：

```python
import torch

def example_mass(k, b, m):
    A = torch.tensor([[0, 1], [-k / m, -b / m]])
    B = torch.tensor([[0], [1.0 / m]])
```

```
C = torch.tensor([[1.0, 0]])
return A, B, C
```

下面我们对输入的不断变化的力 x(t)进行建模，在这里使用一个正弦的计算方程，代码如下：

```
def example_force(t):
    t = torch.tensor(t)
    x = torch.sin(10 * t)
    return x * (x > 0.5)
```

4.2.3　使用空间状态方程模拟弹簧-阻尼方程

使用空间状态方程模拟弹簧-阻尼方程的完整代码如下：

```
import torch

def example_mass(k, b, m):
    A = torch.tensor([[0, 1], [-k / m, -b / m]])
    B = torch.tensor([[0], [1.0 / m]])
    C = torch.tensor([[1.0, 0]])
    return A, B, C

def example_force(t):
    t = torch.tensor(t)
    x = torch.sin(10 * t)
    return x * (x > 0.5)

if __name__ == '__main__':
    import ssm_model

    ssm = example_mass(k=40, b=5, m=1)

    L = 100
    step = 1.0 / L
    ks = torch.arange(L)
    x_t = example_force(ks * step)
    x_t = torch.unsqueeze(x_t,dim=0)

    y = ssm_model.run_SSM(*ssm, x_t)

    import matplotlib.pyplot as plt
    plt.plot(ks,y.squeeze(0))
    plt.show()
```

上述代码定义了一系列函数，旨在模拟和可视化一个简单状态空间模型对特定输入信号的响应。以下是对主要函数的详细说明。

首先，example_mass 函数根据质点弹簧阻尼系统的物理参数（弹簧常数 k、阻尼系数 b 和质量 m）来构建 SSM 的系统矩阵 A、输入矩阵 B 和输出矩阵 C。这些矩阵描述了系统动态行为的数学关系。

discretize 函数负责将连续状态空间模型离散化，以便进行数字模拟。离散化是通过将连续时间模型近似为一系列离散时间步长上的差分方程来实现的。该函数接受系统矩阵 A、B、C 和离散化步长 step 作为输入，并返回离散化后的系统矩阵 Ab、Bb 和输出矩阵 C（在此离散化过程中，矩阵 C 保持不变）。

最后，run_SSM 函数是整个模拟过程的核心。它首先调用 discretize 函数来获取离散化的系统矩阵，然后初始化系统的隐藏状态为 0 向量。接下来，使用 scan_SSM 函数来模拟 SSM 对输入信号 x_tensor 的响应。

scan_SSM 函数通过迭代方式更新系统的隐藏状态，并计算每个时间步的输出。最后，run_SSM 函数返回模拟的输出序列 y_seq，该序列表示 SSM 在给定输入信号下的动态响应。

4.2.4 阻尼微分方程参数的物理解释（选学）

首先让我们回到输出矩阵 C，其作用是完成输出方程。从对其的定义来看，矩阵的第一个维度与位置 $y(t)$ 结合，而第二个维度与速度结合。

$$y(t) = C \begin{bmatrix} y(t) \\ y'(t) \end{bmatrix}$$
$$C = \begin{bmatrix} 1 & 0 \end{bmatrix}$$

这意味着，当我们从隐藏状态中提取输出 $y(t)$ 时，只关心第一个维度，即位置，而忽略第二个维度，即速度。

1. 输入矩阵 B

输入矩阵 B 在状态空间模型中起着至关重要的作用，因为它描述了外部输入（或控制信号）如何影响系统的内部状态。在弹簧-阻尼系统的例子中，这个外部输入可能是一个施加在物体上的力，用 $x(t)$ 表示。

$$B = \begin{bmatrix} 0 \\ \dfrac{1}{m} \end{bmatrix}$$

这个矩阵有两行，分别对应系统的两个状态变量：位置和速度。

- 第一行是 0：这表示外部输入（力）不直接影响物体的位置。换句话说，仅仅对物体施加一个力，并不会立刻改变其位置。
- 第二行是 $\dfrac{1}{m}$：这表示外部输入（力）会直接影响物体的速度，影响的程度与物体的质量成反比。这是符合物理直觉的，因为根据牛顿的第二定律，力会导致加速度，而加速度是速度的变化率。所以，当一个力作用在物体上时，物体的速度会改变，改变的速度取决于力的大小和物体的质量。

2. 状态转移矩阵 A

状态转移矩阵 A 描述了系统状态变量之间的动态关系，以及它们如何随时间演变。在弹簧-阻尼系统中，这主要涉及位置和速度两个状态变量。

$$A = \begin{bmatrix} 0 & 1 \\ -\dfrac{k}{m} & -\dfrac{b}{m} \end{bmatrix}$$

这个矩阵的每一行和每一列都对应着系统的一个状态变量，揭示了这些变量之间的相互作用。

- 第一行：第一行第一列的 0 表示位置不会因自身而改变（即位置不会自己移动），而第一行第二列的 1 表示速度会直接影响位置的变化。这是显而易见的，因为速度是位置随时间的变化率。
- 第二行：第二行描述了速度如何随时间变化。
- 第二行第一列的 $-\dfrac{k}{m}$：表示速度会受到当前位置的影响，这通常是由于弹簧的恢复力造成的。弹簧会尝试将物体拉回到其平衡位置，因此当物体偏离平衡位置时，会产生一个恢复力，导致物体加速或减速。
- 第二行第二列的 $-\dfrac{b}{m}$：表示速度还会受到自身当前值的影响，这通常是由于阻尼力的作用。阻尼力会阻碍物体的运动，导致物体所受合力减小，从而减缓物体的加速度，使物体所受速度逐渐减小。

可以看到，输入矩阵 B 和转移矩阵 A 共同描述了弹簧-阻尼系统的状态变化行为。B 显示了外部输入如何影响系统的速度，而 A 则揭示了系统内部状态变量之间的相互作用和随时间的演变。

4.3　基于 SSM 的模拟弹簧振子输出的神经网络实战

现在我们已经具备了构建基本 SSM 神经网络层所需的所有要素。如前所述，离散 SSM 定义了一个一维序列映射。我们假设将要学习参数 B、C，以及步长 $\varDelta$ 和一个标量 D 参数（D 矩阵通常用于描述输入信号如何直接影响输出信号）。转换矩阵 A 使用的是 HiPPO 矩阵。我们将在对数空间中学习步长。

有了这些参数和矩阵，我们就可以构建一个 SSM 神经网络层。这个层可以接收一维序列作为输入，然后通过 SSM 进行转换，输出另一个一维序列。在学习过程中，我们将通过优化算法不断调整参数 *B*、*C*、*Δ* 和 *D*，以使网络的输出与期望的输出尽可能接近。

4.3.1　数据的准备

前面我们模拟了弹簧振子加速度的计算方法，公式如下：

$$y''(t) = x(t) - by'(t) - ky(t)$$

在这里，为了简化起见，省略了质量常数 *m*，基于此公式，我们将其以 PyTorch 函数的形式进行复现，代码如下：

```python
import torch

def euler_method_torch(x, t_span, dt, k, b, y0=[0, 0]):
    """
    使用欧拉法求解二阶常微分方程 y''(t) = x(t) - b*y'(t) - k*y(t)

    参数和返回值与原始函数相同，但使用 PyTorch 张量
    """
    t0, tf = t_span
    ts = torch.arange(t0, tf + dt, dt, requires_grad=False)  # 时间点张量
    ys = torch.zeros(len(ts), dtype=torch.float32)  # 位移张量
    vs = torch.zeros(len(ts), dtype=torch.float32)  # 速度张量

    ys[0], vs[0] = torch.tensor(y0, dtype=torch.float32)

    for i in range(len(ts) - 1):
        v = vs[i]
        y = ys[i]

        # 计算下一个时间步的力和速度
        force = x(ts[i])  # 注意：这里假设 x 函数可以接受 Python 标量
        v_next = v + dt * (force - b * v - k * y)
        y_next = y + dt * v

        # 更新位移和速度数组
        vs[i + 1] = v_next
        ys[i + 1] = y_next

    # 手动计算加速度（即速度的变化率）
    accs = (vs[1:] - vs[:-1]) / dt
    # 为了与 ts 的长度匹配，我们在加速度数组前添加一个与 vs[0] 相同的元素（假设没有加速度变化）
    accs = torch.cat((vs[0].unsqueeze(0), accs), dim=0)

    return ts, ys, vs, accs
```

```
# 示例输入力函数（例如简谐力），现在接受 PyTorch 张量并返回 Python 标量
def x_t_torch(t):
    return torch.cos(2 * torch.pi * t)  # 注意这里返回的是一个张量，而不是标量


# 调用函数并获取结果
if __name__ == '__main__':
    import time

    a = time.time()

    ts, ys, vs, accs = euler_method_torch(x_t_torch, t_span=(0, 3), dt=0.01,
k=1.0, b=0.2, y0=[1, 0])
    b = time.time()
    print(f"Time taken: {b - a} seconds")

    print(ys.shape)       # ys 已经是二维的，因为 PyTorch 张量通常至少有一个批处理维度
    print(accs.shape)     # accs 现在是与 ys 和 vs 相同长度的二维张量
```

这段代码实现了一个基于 PyTorch 的张量运算版本的欧拉方法，用于求解二阶常微分方程 $y''(t) = x(t) - by'(t) - ky(t)$。它首先根据给定参数得到时间点的张量 ts，位移 ys 和速度 vs 的初始张量。同时还定义了一个示例力函数 x_t_torch。

在欧拉法迭代过程中，使用力函数 x 计算每个时间步的力和速度，并更新位移和速度张量。此外，它还手动计算了每个时间步的加速度，并将结果存储在一个张量 accs 中。最后调用了该函数，并输出了执行时间、位移和加速度张量的形状。通过 PyTorch 张量运算，代码能够利用 GPU 加速（如果可用）并提高数值计算的效率。

4.3.2　对数空间中切分步数的准备

在前面的模拟弹簧输出的例子中，我们对 step 的处理采用了简单的线性生成方法。具体来说，我们通常在对数空间内学习分解后的步长表示，采用的公式如下：

$$\log\_step = rand(0,1) \times (\log(dt\_max) - \log(dt\_min)) + \log(dt\_min)$$

其中：

- log_step：表示在对数空间中的步长（step size）。
- rand(0,1)：表示一个在 [0, 1) 范围内的随机数。
- $\log(dt\_max)$ 和 $\log(dt\_min)$：分别是最大步长 dt_max 和最小步长 dt_min 的自然对数。

这个公式用于初始化对数空间中的步长，以便在神经网络训练过程中进行优化。通过对数变换，可以使得步长在优化过程中更加稳定，并且能够处理不同数量级的步长值。

```
def init_step(size=None, dt_min=0.01, dt_max=0.01):
    """
```

```
初始化步长参数

:param size: 步长参数的维度, 默认为(1,)
:param dt_min: 步长的最小值
:param dt_max: 步长的最大值
:return: 初始化的步长参数
"""
if size is None:
    size = (1,)

# 使用随机数和对数变换来初始化步长参数
_init = torch.randn(size=size) * (math.log(dt_max) - math.log(dt_min)) +
math.log(dt_min)
    return _init
```

顺便讲一下，我们之所以要在对数空间中学习步长，是因为对数空间可以提供更平稳和连续的优化过程。这有以下几个好处。

- 优化稳定性：步长通常是一个正数，直接优化这个参数可能会导致优化器在搜索过程中产生剧烈的波动，尤其是当步长的数量级发生较大变化时。通过对数变换，我们可以将步长的搜索空间从正实数域变换到整个实数域，从而允许优化器在更广泛的范围内进行更平稳的搜索。
- 更好的数值特性：对数空间中的梯度更新可以提供更好的数值稳定性。当步长值很小时，直接更新可能会导致数值不稳定，而对数变换可以使得更新过程更加平滑，减少这种不稳定性。
- 易于处理不同数量级的步长：在物理模拟或某些动态系统中，步长的合适值可能会跨越几个数量级。对数空间允许模型更容易地探索这些不同的数量级，因为在对数尺度上，数量级的变化是线性的。
- 符合实际物理过程：在某些应用中，如物理模拟，时间尺度可能呈指数级变化。在这些情况下，使用对数空间中的步长可以更好地反映实际物理过程的时间尺度变化。

因此，可以说，通过对数变换来学习步长，我们可以实现更稳定、更高效的优化过程，特别是在步长可能跨越多个数量级或涉及指数级时间尺度变化的应用中。

4.3.3 基于 SSM 的模型构建

下面我们将开启 SSM 模型的建模任务。

对于 SSM 层的应用，通过调整其内部参数和配置，我们可以将其应用于各种序列建模任务中。例如，在自然语言处理领域，SSM 层可以用于文本生成、机器翻译等任务；在时间序列分析中，它可以用于预测股票价格、气象数据等。

此外，当我们选择将 SSM 层作为 RNN 使用时，通过缓存先前的隐藏状态，我们能够捕捉到序列数据中的时间依赖性，这对于许多序列预测任务至关重要。

SSM 层凭借其高度的灵活性和强大的建模能力，在深度学习领域展现出了巨大的潜力。随着研究的深入进行，我们相信 SSM 层将在更多领域发挥其独特的优势。

1. 建立 SSM 层

首先通过已有的分析，创建一个符合状态转移方程的层，代码如下：

```python
import torch
import math

class SSMLayer(torch.nn.Module):
    """
    SSMLayer 类代表一个状态空间模型（SSM）层
    该层接收一个输入信号，并通过 SSM 进行转换，输出转换后的信号
    """

    def __init__(self, N = 128):
        """
        初始化 SSMLayer
        :param N:状态变量的维度
        """
        super().__init__()

        # 初始化状态变量 x_k_1
        self.x_k_1 = torch.zeros((N,))

        # 初始化 SSM 的参数 A、B、C、D
        self.A = torch.nn.Parameter(torch.randn(size=(N, N)),
requires_grad=True)
        self.B = torch.nn.Parameter(torch.randn(size=(N, 1)),
requires_grad=True)
        self.C = torch.nn.Parameter(torch.randn(size=(1, N)),
requires_grad=True)
        # D 矩阵通常用于描述输入信号如何直接影响输出信号
        self.D = torch.nn.Parameter(torch.randn(size=(1,)),
requires_grad=True)

        # 初始化步长参数 log_step，并通过指数函数转换为实际步长
        self.log_step = torch.nn.Parameter(self.init_step(size=(1,)),
requires_grad=True)
        step = torch.exp(self.log_step)

        # 对 SSM 进行离散化
        self.ssm = self.discretize(self.A, self.B, self.C, step=step)

    def forward(self, x_t):
        """
```

```
        前向传播函数

        :param x_t: 输入信号
        :return: SSM 处理后的输出信号
        """
        # 将输入信号增加一个维度，以适应 SSM 的输入格式
        if x_t.ndim == 1:
            x_t = torch.unsqueeze(x_t,dim=0)

            # 通过 SSM 处理输入信号，并获取输出信号和更新后的状态变量
            x_k, y_s = self.scan_SSM(*self.ssm, x_t, self.x_k_1)
            # 返回处理后的输出信号，注意将输出信号调整为正确的形状，并加上 D*x_t 项
            return y_s.view(-1) + self.D * x_t.squeeze(0)

        elif x_t.ndim == 2:
            # y_s.shape = [2,17]
            x_k, y_s = self.scan_SSM(*self.ssm, x_t, self.x_k_1)

            # 返回处理后的输出信号，注意将输出信号调整为正确的形状，并加上 D*x_t 项
            return y_s + self.D *(x_t.squeeze(0))

        else:
            # y_s.shape = [2,17]
            x_k, y_s = self.scan_SSM(*self.ssm, x_t, self.x_k_1)

            # 返回处理后的输出信号，注意将输出信号调整为正确的形状，并加上 D*x_t 项
            return y_s + self.D *(x_t.squeeze(0))


    def init_step(self, size=None, dt_min=0.01, dt_max=0.01):
        """
        初始化步长参数

        :param size: 步长参数的维度，默认为(1,)
        :param dt_min: 步长的最小值
        :param dt_max: 步长的最大值
        :return: 初始化的步长参数
        """
        if size is None:
            size = (1,)

        # 使用随机数和对数变换来初始化步长参数
        _init = torch.randn(size=size) * (math.log(dt_max) - math.log(dt_min)) + math.log(dt_min)
        return _init
```

```python
def scan_SSM(self, Ab, Bb, Cb, x_tensor, hidden):
    """
    通过 SSM 扫描输入信号
    :param Ab: 离散化后的 A 矩阵
    :param Bb: 离散化后的 B 矩阵
    :param Cb: C 矩阵
    :param x_tensor: 输入信号张量
    :param hidden: 初始状态变量
    :return: 更新后的状态变量和输出信号
    """
    h_t = hidden.unsqueeze(1)  # 确保 h 是一个列矩阵
    y_seq = []  # 用于存储输出信号的列表

    # 遍历输入信号，并通过 SSM 进行处理
    for x_t in x_tensor:
        x_t = x_t.unsqueeze(0)    # 确保 x_t 也是一个列矩阵
        h_t = torch.mm(Ab, h_t) + torch.mm(Bb, x_t)  # 更新状态变量
        y_t = torch.mm(Cb, h_t)  # 计算输出信号
        y_seq.append(y_t.squeeze(0))  # 将输出信号添加到列表中，并移除额外的维度

    # 将输出信号列表堆叠成一个张量，并返回更新后的状态变量和输出信号张量
    return h_t.squeeze(1), torch.stack(y_seq, dim=0)

def discretize(self, A, B, C, step):
    """
    对 SSM 进行离散化
    :param A: A 矩阵
    :param B: B 矩阵
    :param C: C 矩阵
    :param step: 步长
    :return: 离散化后的 A、B、C 矩阵
    """
    I = torch.eye(A.size(0), dtype=A.dtype, device=A.device) # 创建单位矩阵

    # 计算 (I-(step/2)*A)的逆矩阵，然后与(I+(step/2)*A)相乘得到离散化后的 A 矩阵
    # 注意：这里直接计算逆矩阵可能不是最稳定的方法，但在大多数情况下是可行的。对于大规
    模或病态问题，可能需要使用更稳定的算法
    BL = torch.inverse(I - (step / 2.0) * A)
    Ab = BL.mm(I + (step / 2.0) * A)

    # 计算离散化后的 B 矩阵
    Bb = (BL * step).mm(B)

    # C 矩阵不需要离散化

    return Ab, Bb, C
```

```
if __name__ == '__main__':
    ssm_layer = SSMLayer()  # 创建一个 SSMLayer 实例，状态变量的维度为 5

    # 创建一个随机的输入信号张量（例如，长度为 10 的一维信号）
    input_signal = torch.randn(17)
    output_signal= ssm_layer(input_signal)  # 注意这里需要逐元素处理，因为 SSMLayer
保留了内部状态
    print(output_signal.shape)

    # 创建一个随机的输入信号张量（例如，长度为 10 的一维信号）
    input_signal = torch.randn(size=(2,17))
    output_signal= ssm_layer(input_signal)  # 注意这里需要逐元素处理，因为 SSMLayer
保留了内部状态
    print(output_signal.shape)
```

在这里，我们首先创建了一个 SSMLayer 实例，它实现了前面讲解的离散时间状态空间模型（SSM）。SSM 是一种用于描述动态系统的统计模型，其中系统状态随时间演变，并且可以通过观测值进行观测。该层接收输入信号，并通过 SSM 的状态转移方程和观测方程进行处理，输出转换后的信号。

SSM 的参数（A、B、C、D 矩阵）和步长参数（通过指数化的对数步长表示）都是可学习的，可以通过梯度下降等方法进行优化。此外，代码还包含 SSM 的离散化过程，以处理离散时间信号。在 forward 函数中，输入信号通过 SSM 进行扫描处理，并返回输出信号。代码还提供了示例用法，展示了如何创建 SSMLayer 实例并处理随机生成的输入信号。

2. 建立 SSM 模型 Block

下面建立 SSM 模型堆积使用的 Block 模块，我们将定义一个名为 SequenceBlock 的 PyTorch 模块，它包含一个 SSMLayer、一个层归一化层（LayerNorm）以及一个线性变换层（Linear）。在 forward 函数中，输入 x 首先被保存为 skip 用于残差连接，然后经过 SSMLayer 处理，并添加一个丢弃率为 0.1 的 Dropout 层（失活层）来防止过拟合。接着，输出通过层归一化进行标准化，并通过线性层进行变换。代码如下：

```
class SequenceBlock(torch.nn.Module):
    def __init__(self):
        super().__init__()
        self.seq = ssmlayer.SSMLayer()
        self.norm = torch.nn.LayerNorm(cfg.hidden_num)
        self.out = torch.nn.Linear(cfg.hidden_num,cfg.hidden_num)

    def forward(self,x):
        skip = x
        x = self.seq(x)
        x = torch.nn.Dropout(0.1)(x)
        x = self.out(self.norm(x))
```

```
return skip + x
```

将处理后的输出与原始的 skip 输入相加，实现残差连接，并返回最终的结果。这种结构常用于深度学习中的序列建模任务，如自然语言处理或时间序列分析，在加深网络层数的同时，保持梯度传播的稳定性。

3. SSM 模型的搭建

最后，我们将构建一个完整的 SSM 模型，在这里我们采用 3 层 SSMBlock 进行特征抽取，并且包含一个编码器（Encoder）、一个解码器（Decoder）和多个 SequenceBlock 层（Layers）。在初始化时，编码器将输入特征映射到隐藏层特征，解码器则将隐藏层特征映射回与输入相同的维度。模型还根据配置（cfg.n_layers）堆叠了多个 SequenceBlock 层。在前向传播过程中，输入 x 先通过编码器进行线性变换和非线性激活（ReLU），然后依次通过每个 SequenceBlock 层进行进一步处理。

```python
class StackedModel(torch.nn.Module):
    def __init__(self,d_model = cfg.d_model,):
        super().__init__()
        self.encoder = torch.nn.Linear(in_features = d_model,out_features=
cfg.hidden_num,bias=False)
        self.decoder = torch.nn.Linear(in_features =
cfg.hidden_num,out_features= d_model,bias=False)
        self.layers = [SequenceBlock() for _ in range(cfg.n_layers)]

    def forward(self,x):
        embedding = self.encoder(x)
        embedding = torch.nn.ReLU()(embedding)

        for i in range(cfg.n_layers):
            embedding = self.layers[i](embedding)

        logits = self.decoder(embedding)
        return logits
```

最后，通过解码器得到输出 logits 并返回。这种结构常用于深度学习中的序列建模任务，通过堆叠多个处理块来增强模型的表达能力。

4.3.4　SSM 模型的训练实战

下面我们将完成基于 SSM 模型的训练实战。前面我们对数据进行了准备，并建立了相应的模型，接下来我们将进入 SSM 模型实战的阶段。完整代码如下：

```python
import get_data

model = StackedModel()
```

```
# 定义损失函数和优化器
criterion = torch.nn.MSELoss()
learning_rate = 2e-5
optimizer = torch.optim.Adam(model.parameters(), lr=learning_rate)

num_epochs = 102400
for epoch in range(num_epochs):

    _, ys, _, accs = get_data.euler_method_torch(get_data.x_t_torch, t_span=(0,
3), dt=0.01, k=1.0, b=0.2, y0=[1, 0])
    x_train = torch.unsqueeze((ys), dim=0).float()
    y_train = torch.unsqueeze((accs), dim=0).float()

    # 前向传播
    outputs = model(x_train)
    loss = criterion(outputs, y_train)

    # 反向传播和优化
    optimizer.zero_grad()
    loss.backward(retain_graph=True)
    optimizer.step()

    if (epoch + 1) % 100 == 0:
        print('Epoch [{}/{}], Loss: {:.4f}'.format(epoch + 1, num_epochs,
loss.item()))
```

我们定义了随机数据生成模块，之后使用 MSELoss 作为损失函数进行模型的损失计算，Adam 为优化器，每进行 100 轮的 epoch 就打印一次损失值。部分结果如下：

```
Epoch [900/102400], Loss: 0.0774
Epoch [1000/102400], Loss: 0.0370
Epoch [1100/102400], Loss: 0.0737
Epoch [1200/102400], Loss: 0.0951
```

可以看到，随着训练的进行，损失值在降低，这也符合我们对模型设计的预期。

4.3.5 使用 HiPPO 算法初始化状态转移矩阵

为了优化 SSM 模型的训练过程，HiPPO 初始化算法被提出，其理论的核心思想是通过设计特殊的 SSM 结构，使得模型在记忆长序列信息时能够保持稳定的梯度。这种结构通常具有某种形式的递归或循环，以便在不同时间步之间传递信息。

通过调整模型参数和结构，HiPPO 模型能够在长时间序列上保持有效的梯度传播，从而避免了梯度消失或爆炸的问题，如图 4-4 所示。

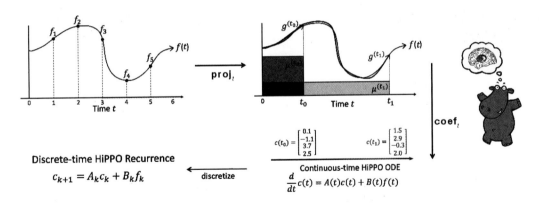

图 4-4　使用 HiPPO 算法优化状态转移矩阵

这里具体实现了采用 HiPPO 初始化的状态转移矩阵，代码如下：

```python
import torch
import math

class SSMLayer(torch.nn.Module):
    """
    SSMLayer 类代表一个状态空间模型（SSM）层。该层接收一个输入信号，
    并通过 SSM 进行转换，输出转换后的信号
    """

    def __init__(self, N = 128):
        """
        初始化 SSMLayer。

        :param N: 状态变量的维度
        """
        super().__init__()

        # 初始化状态变量 x_k_1
        self.x_k_1 = torch.zeros((N,))

        # 初始化 SSM 的参数 A、B、C、D
        self.A = torch.nn.Parameter(self.make_HiPPO_pytorch(N),
requires_grad=True)
        self.B = torch.nn.Parameter(torch.randn(size=(N, 1)),
requires_grad=True)
        self.C = torch.nn.Parameter(torch.randn(size=(1, N)),
requires_grad=True)
        # D 矩阵通常用于描述输入信号如何直接影响输出信号
        self.D = torch.nn.Parameter(torch.randn(size=(1,)),
requires_grad=True)

        # 初始化步长参数 log_step，并通过指数函数转换为实际步长
```

```python
        self.log_step = torch.nn.Parameter(self.init_step(size=(1,)),
requires_grad=True)
        step = torch.exp(self.log_step)

        # 对 SSM 进行离散化
        self.ssm = self.discretize(self.A, self.B, self.C, step=step)

    def forward(self, x_t):
        """
        前向传播函数

        :param x_t: 输入信号
        :return: SSM 处理后的输出信号
        """
        # 将输入信号增加一个维度，以适应 SSM 的输入格式
        if x_t.ndim == 1:
            x_t = torch.unsqueeze(x_t,dim=0)

            # 通过 SSM 处理输入信号，并获取输出信号和更新后的状态变量
            x_k, y_s = self.scan_SSM(*self.ssm, x_t, self.x_k_1)
            # 返回处理后的输出信号，注意将输出信号调整为正确的形状，并加上 D*x_t 项
            return y_s.view(-1) + self.D * x_t.squeeze(0)

        elif x_t.ndim == 2:
            # y_s.shape = [2,17]
            x_k, y_s = self.scan_SSM(*self.ssm, x_t, self.x_k_1)

            # 返回处理后的输出信号，注意将输出信号调整为正确的形状，并加上 D*x_t 项
            return y_s + self.D *(x_t.squeeze(0))

        else:
            # y_s.shape = [2,17]
            x_k, y_s = self.scan_SSM(*self.ssm, x_t, self.x_k_1)

            # 返回处理后的输出信号，注意将输出信号调整为正确的形状，并加上 D*x_t 项
            return y_s + self.D *(x_t.squeeze(0))


    def init_step(self, size=None, dt_min=0.01, dt_max=0.01):
        """
        初始化步长参数
        :param size: 步长参数的维度，默认为(1,)
        :param dt_min: 步长的最小值
        :param dt_max: 步长的最大值
        :return: 初始化的步长参数
        """
```

```
        if size is None:
            size = (1,)

        # 使用随机数和对数变换来初始化步长参数
        _init = torch.randn(size=size) * (math.log(dt_max) - math.log(dt_min))
+ math.log(dt_min)
        return _init

    def scan_SSM(self, Ab, Bb, Cb, x_tensor, hidden):
        """
        通过 SSM 扫描输入信号
        :param Ab: 离散化后的 A 矩阵
        :param Bb: 离散化后的 B 矩阵
        :param Cb: C 矩阵
        :param x_tensor: 输入信号张量
        :param hidden: 初始状态变量
        :return: 更新后的状态变量和输出信号
        """
        h_t = hidden.unsqueeze(1)  # 确保 h 是一个列矩阵
        y_seq = []  # 用于存储输出信号的列表

        # 遍历输入信号，并通过 SSM 进行处理
        for x_t in x_tensor:
            x_t = x_t.unsqueeze(0)    # 确保 x_t 也是一个列矩阵
            h_t = torch.mm(Ab, h_t) + torch.mm(Bb, x_t)  # 更新状态变量
            y_t = torch.mm(Cb, h_t)  # 计算输出信号
            y_seq.append(y_t.squeeze(0))  # 将输出信号添加到列表中，并移除额外的维度

        # 将输出信号列表堆叠成一个张量，并返回更新后的状态变量和输出信号张量
        return h_t.squeeze(1), torch.stack(y_seq, dim=0)

    def discretize(self, A, B, C, step):
        """
        对 SSM 进行离散化
        :param A: A 矩阵
        :param B: B 矩阵
        :param C: C 矩阵
        :param step: 步长
        :return: 离散化后的 A、B、C 矩阵
        """
        I = torch.eye(A.size(0), dtype=A.dtype, device=A.device)  # 创建单位矩阵

        # 计算(I-(step/2)*A)的逆矩阵，然后与(I+(step/2)*A)相乘得到离散化后的 A 矩阵
        # 注意：这里直接计算逆矩阵可能不是最稳定的方法，但在大多数情况下是可行的。对于大规
模或病态问题，可能需要使用更稳定的算法
        BL = torch.inverse(I - (step / 2.0) * A)
```

```
        Ab = BL.mm(I + (step / 2.0) * A)

        # 计算离散化后的 B 矩阵
        Bb = (BL * step).mm(B)

        # C 矩阵不需要离散化

        return Ab, Bb, C

    def make_HiPPO_pytorch(self,N):
        # 使用 torch.arange 创建一个 0~N-1 的一维张量
        P = torch.sqrt(torch.tensor(1.0) + 2 * torch.arange(N,
dtype=torch.float32))

        # 使用 torch.unsqueeze 增加维度以创建列向量和行向量
        P_col = P.unsqueeze(1)   # 列向量
        P_row = P.unsqueeze(0)   # 行向量

        # 使用广播机制计算 A 矩阵
        A = P_col * P_row

        # 使用 torch.tril 获取下三角矩阵，并减去对角线上的值
        A = torch.tril(A) - torch.diag_embed(torch.arange(N,
dtype=torch.float32))

        # 返回负矩阵
        return -A
```

相比前面的内容，本章新增了一个函数 make_HiPPO_pytorch，其作用是生成一个按 HiPPO 算法构建的状态转移矩阵。在实际使用时，只需将其初始化的状态转移矩阵 A 直接代入模型中即可。

4.4　本章小结

状态空间模型作为一种强大的时间序列分析工具，近年来在深度学习领域引起了广泛关注。其中，HiPPO 方法尤为突出，它不仅能够有效处理远程依赖关系，捕捉数据中的长期记忆效应，还通过独特的数学运算，为处理长序列数据提供了新的视角。

在神经网络架构设计中，远程依赖关系的处理一直是一个挑战。传统的循环神经网络（RNN）在处理长序列时，往往会面临梯度消失或梯度爆炸问题，导致模型无法有效学习远距离的信息。而 HiPPO 方法为解决这一问题提供了新的思路。

除了 HiPPO 外，离散化方法在处理状态空间模型中也扮演着重要的角色。通过将连续时间的状态空间模型转换为离散时间模型，我们能够更方便地在神经网络中实现这些模型，并利用

现有的深度学习框架进行优化。

　　基于这些先进的概念和技术，我们提出了一种新的神经网络架构——Mamba。Mamba 架构充分利用了 HiPPO 方法在处理远程依赖关系方面的优势，并结合了离散化方法的高效性，构建了一个既能够捕捉长期记忆效应，又具备高效计算能力的神经网络。

　　Mamba 架构不仅在处理时间序列数据方面表现出色，还可应用于各种需要捕捉远程依赖关系的场景，如自然语言处理、语音识别等。我们相信，随着深度学习技术的不断发展，Mamba 架构将在未来发挥越来越重要的作用。

第5章

Mamba 文本情感分类实战

Mamba 是一个基于状态空间模型（SSM）的架构，展示了在处理连续序列方面的显著潜力。然而，在一些更复杂的应用场景中，如序列处理、语音识别和图像识别等，Mamba 的表现仍有提升空间。特别是在需要关注或忽略特定输入的任务中，例如选择性复制和归纳头部，SSM（包括 S4）因其线性和时间不变性质，存在一定的局限性。这些任务要求模型根据输入内容做出不同的响应，而 SSM 中固定的 A、B 和 C 矩阵限制了模型在内容感知推理上的能力。

相比之下，Transformer 模型因其动态变化的注意力机制，能够选择性地关注序列的不同部分，因此在这些任务上表现得更为出色。由此可见，SSM 的静态性质揭示了其在内容感知方面的潜在局限性，为未来的研究提供了改进的方向。

本章将讲解词嵌入的相关内容，并完成基于 SSM 架构的 Mamba 实战项目。为了帮助读者逐步深入理解并应用 Mamba，作者特别准备了一份精心挑选的文本数据集，旨在利用 Mamba 强大的文本分析能力，对文本内容进行情感分类。

5.1　有趣的词嵌入

前面我们在学习循环神经网络时第一次接触了 PyTorch 的 Embedding（即词嵌入）。通过实际使用，我们发现，Embedding 的作用是将输入的离散性文字 token 以矩阵的形式表示。本节将具体讲解这部分内容。

为什么要进行词嵌入（Word Embedding）？在深入了解其原因之前，先来看几个例子：

- 在购买商品或入住酒店后，会邀请顾客填写相关的评价，以表明对服务的满意程度。
- 使用几个关键词在搜索引擎上进行搜索。
- 有些博客网站会在文章下方标记一些相关标签。

那么，问题来了，这些是怎么做到的呢？

或者说，当读者阅读文章或评论时，可以准确地说出文章的大致内容及评论的倾向，那么计算机系统是如何做到这一点的呢？计算机可以匹配字符串并告诉你是否与输入的字符串相同，但如何才能让计算机在你搜索"梅西"时，提供有关足球或世界杯的信息呢？

Embedding 的作用就是映射。Word Embedding 因此应运而生，它的功能是将文本信息映射到另一维度的空间，其中不仅仅是数字矩阵空间。因此，通过 Word Embedding 映射后，一句文本通过其表示和计算，很容易使计算机得到类似如下公式：

$$葡萄 - 紫色 + 红色 = 提子$$

本节将着重介绍 Word Embedding 的相关内容，首先通过多种计算 Word Embedding 的方式，循序渐进地讲解如何获取对应的 Word Embedding，之后再讲解使用 Word Embedding 进行文本分类。

另外，需要注意的是，Embedding 是一个外来词汇，并没有一个统一的翻译，因此有的地方将其称作"词映射"，而本书统一使用"词嵌入"这一术语。

5.1.1　什么是词嵌入

词嵌入是指在高维向量空间中对单个字或词进行精准表示的过程。在实现这一映射的过程中，有多种方法和策略。其中，最简单且直观的方法之一是采用所谓的 one-hot 表示。具体而言，我们将每一个字或词与序列集中的一个独一无二的序列相对应。这个序列集的长度和宽度均等于类别的总数，从而确保每一个字或词都能清晰且独立地表示。那么，这种表示方法是否适用呢？

答案是：适用。

例如，假如词汇表包含 5 个词，其中词"Queen"的序号为 2，它的词向量就是 (0,1,0,0,0)(0,1,0,0,0)。同样的道理，词"king"的词向量就是 (0,0,0,1,0)(0,0,0,1,0)。这种词向量的编码方式一般叫作 1-of-N 表示法或者 one-hot（独热编码）。

虽然 one-hot 表示词向量非常简单，但存在很多问题。最大的问题是，词汇表通常都非常庞大，可能达到百万级别，但每个词都用百万维的向量表示是不现实的。而且，这样的向量除了一个位置是 1 外，其余位置全为 0，效率较低，而且将其应用于卷积神经网络中，可能导致网络难以收敛。

词嵌入（Embedding）正是一种可以解决使用 one-hot 构建词库时向量长度过长、数值过于稀疏问题的方法。它的思路是通过训练，将每个词都映射到一个较短的词向量。所有这些词向量构成了向量空间，进而可以用普通的统计学方法来研究词与词之间的关系。

词嵌入可以将高维的稀疏向量映射到低维的稠密向量，使得语义上相近的单词在向量空间中距离较近。词嵌入是自然语言处理中的一种常见技术，可以将文本数据转换为计算机可以处理的数字形式，方便进行后续的处理和分析，如图 5-1 所示。

单词	长度为 3 的词向量		
我	0.3	-0.2	0.1
爱	-0.6	0.4	0.7
我	0.3	-0.2	0.1
的	0.5	-0.8	0.9
祖	-0.4	0.7	0.2
国	-0.9	0.3	-0.4

图 5-1　词嵌入

从图 5-1 可以看到，对于每个单词，我们可以设定一个固定长度的向量参数，并用这个向量来表示该词。这样做的好处是，它可以通过一个低维向量来表达文本，而不像 one-hot 表示那么冗长。语义相似的词在向量空间中会相对接近，这种方法具有较强的通用性，可以应用于不同任务。

5.1.2　PyTorch 中词嵌入处理函数详解

在 PyTorch 中，词嵌入的处理方法是使用 torch.nn.Embedding 类。该类可以将离散变量映射到连续向量空间，将输入的整数序列转换为对应的向量序列，这些向量可以用于后续的神经网络模型中。例如，可以使用以下代码创建一个包含 5 个大小为 3 的张量的 embedding_layer 层：

```
import torch
embedding_layer = torch.nn.Embedding(num_embeddings=6, embedding_dim=3)
```

其中，num_embeddings 表示 embedding_layer 层所代表的词典大小（字库大小），embedding_dim 表示嵌入向量的维度大小。在训练过程中，embedding_layer 层中的参数会自动更新。

对于定义的 embedding_layer 层的使用，可以用如下方式完成：

```
embedding = embedding_layer(torch.tensor([3]))
print(embedding.shape)
```

其中，数字 3 代表字库中序号为 3 的索引所对应的字符，而这个字符的向量表示是通过嵌入层（embedding_layer）来读取的。下面是一个完整的例子：

```
import torch

text = "我爱我的祖国"
vocab = ["我","爱","的","祖","国"]
embedding_layer = torch.nn.Embedding(num_embeddings=len(vocab),
embedding_dim=3)
token = [vocab.index("我"),vocab.index("爱"),vocab.index("我"),vocab.index("
的"),vocab.index("祖"),vocab.index("国")]
```

```
token = torch.tensor(token)
embedding = embedding_layer(token)
print(embedding.shape)
```

首先，通过全文本提取对应的字符，组成一个字库。之后，根据字库的长度设定 num_embeddings 的大小。对于待表达文本中的每个字符，根据其在字库中的位置建立一个索引序列，并将其转换为 torch 的 tensor 格式。然后，通过对 embedding_layer 进行计算，得到对应的参数矩阵，并打印其维度。请读者自行尝试。

5.2　基于进阶 SSM 架构的情感分类 Mamba 实战

本节将探索 Mamba 模型在实际应用中的具体情况。在进行文本情感分类之前，我们会对这份数据集进行预处理，以确保数据的准确性和有效性。预处理步骤包括但不限于去除无关字符、标准化文本格式以及进行必要的文本清洗。随后，我们将运用 Mamba 的自然语言处理能力提取文本中的关键情感特征。

借助 Mamba 的深度学习算法，我们将对这些特征进行训练和学习，以构建一个高效的情感分类模型。这个模型将能够自动识别文本中所表达的情感倾向，无论是积极、消极还是中立，都能进行精准的判断。

同时，我们将介绍进阶版本的 SSM 架构，即 S6（Selective State Space Model，选择性状态空间模型）架构的构建过程，如图 5-2 所示。

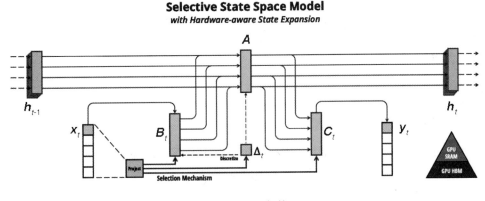

图 5-2　S6 架构

通过这个过程，读者不仅能够深入了解 Mamba 在 SSM 架构中的实际应用，还能掌握如何有效利用文本数据进行情感分析。此外，这个项目将为读者提供宝贵的实践机会，使读者能够亲身体验大数据和机器学习在文本分析中的强大潜力。

随着项目的推进，我们将逐步展示如何使用 Mamba 完成从数据预处理到模型训练的全过程，并最终实现对文本情感的精准分类。无论是对于初学者还是有一定经验的开发者，这个项目都是一个富有挑战性且教育意义深远的实战案例。

5.2.1 数据的准备

首先是数据集的准备。在这里，我们完成的是中文数据集的情感分类。因此，作者准备了一套已完成情感分类的数据集，读者可以参考本章自带的数据集文件 chnSenticrop.txt 进行确认。读者需要掌握这份数据的读取和准备工作，以下是读取数据的代码：

```
max_length = 64          # 设置获取的文本长度为80
labels = []              # 用以存放 label
context = []             # 用以存放汉字文本
vocab = set()
with open("../dataset/cn/ChnSentiCorp.txt", mode="r", encoding="UTF-8") as
emotion_file:
    for line in emotion_file.readlines():
        line = line.strip().split(",")

        # labels.append(int(line[0]))
        if int(line[0]) == 0:
            labels.append(0)        # 由于后面直接采用 PyTorch 自带的 crossentroy 函数，因
此直接输入 0，否则输入[1,0]
        else:
            labels.append(1)
        text = "".join(line[1:])
        context.append(text)
        for char in text: vocab.add(char)     # 建立 vocab 和 vocab 编号

vocab_list = list(sorted(vocab))
# print(len(vocab_list))
token_list = []
# 以下代码对 context 内容根据 vocab 进行 token 处理
for text in context:
    token = [vocab_list.index(char) for char in text]
    token = token[:max_length] + [0] * (max_length - len(token))
    token_list.append(token)
```

在这里，我们首先读取情感文本数据集，接着使用 vocab 建立字库，将文本中出现的每一个字都单独分配一个编号，为后续的词嵌入做准备。

Label 的作用是对文本的属性进行标注，这里我们采用 1 和 0 分别进行标注，即将文本情感分类为二分类数据集。

5.2.2 SSM 进阶的 S6 架构的设计与手把手实现

对于 Mamba 模型来说，最重要的部分之一是 SSM 计算模块的设计。在本项目中，我们采用的是基于选择性状态空间模型（S6 架构）。与经典 SSM 相比，其算法的差异如图 5-3 所示。

Algorithm 1 SSM (S4)	Algorithm 2 SSM + Selection (S6)
Input: $x : (B,L,D)$	**Input:** $x : (B,L,D)$
Output: $y : (B,L,D)$	**Output:** $y : (B,L,D)$
1: $A : (D,N) \leftarrow$ Parameter	1: $A : (D,N) \leftarrow$ Parameter
▷ Represents structured $N \times N$ matrix	▷ Represents structured $N \times N$ matrix
2: $B : (D,N) \leftarrow$ Parameter	2: $B : (B,L,N) \leftarrow s_B(x)$
3: $C : (D,N) \leftarrow$ Parameter	3: $C : (B,L,N) \leftarrow s_C(x)$
4: $\Delta : (D) \leftarrow \tau_\Delta($Parameter$)$	4: $\Delta : (B,L,D) \leftarrow \tau_\Delta($Parameter$+s_\Delta(x))$
5: $\overline{A},\overline{B} : (D,N) \leftarrow$ discretize(Δ, A, B)	5: $\overline{A},\overline{B} : (B,L,D,N) \leftarrow$ discretize(Δ, A, B)
6: $y \leftarrow$ SSM$(\overline{A},\overline{B},C)(x)$	6: $y \leftarrow$ SSM$(\overline{A},\overline{B},C)(x)$
7: **return** y	7: **return** y

图 5-3　S6 架构 SSM 与经典 SSM 算法比较

可以看到，相较于经典的 SSM 算法，S6 架构对 B、C 和 Δ 做了较为细致的修改，如图 5-4 所示。

$$s_B(x) = \text{Linear}_N(x), \ s_C(x) = \text{Linear}_N(x), \ s_\Delta(x) = \text{Broadcast}_D(\text{Linear}_1(x)), \text{ and } \tau_\Delta = \text{softplus}$$

图 5-4　S6 架构计算演示

简单来说，B、C 和 Δ 是通过线性计算得到的。

1. 对于 A 的处理

在经典的 SSM 中，模型参数是通过参数化方法计算得到的，代码如下：

```
A = einops.repeat(torch.arange(1, state_size + 1, dtype=torch.float32,
device=device), "n -> d n",d=d_model)
self.A_log = torch.nn.Parameter(torch.log(A)).to(device)
...
A = -torch.exp(self.A_log.float())
```

这里的负号 "–" 是因为在状态空间模型中，矩阵 A 通常表示的是一个离散时间系统的转换矩阵，它描述了系统状态随时间的演变。在许多情况下，矩阵 A 的元素应该是负数，以确保系统的稳定性。这是因为在离散时间系统中，我们希望系统的状态随着时间推移而衰减或稳定，而非增长，从而避免系统不稳定或发散。

2. 参数 B、C 和 Δ 的来源

原本模型使用参数化方法设定参数，现在改为根据输入变量 x 动态生成这些参数，代码如下：

```
x_dbl = self.x_proj(x) # (b, l, d_model + 2 * state_size)

# 让 delta、B、C 都与输入相关
 (delta, B, C) = torch.split(x_dbl,split_size_or_sections=
[self.d_model,self.state_size,self.state_size],dim=-1)
delta = F.softplus(self.dt_proj(delta)) # (b, l, d_model)
```

3. $\overline{A}$ 与 $\overline{B}$ 离散化的处理

$\overline{A}$ 与 $\overline{B}$ 是使用 Δ 以及 A、B 共同计算得到的，代码如下：

```
# 模型需要的A、B、C都在这里生成
A = -torch.exp(self.A_log.float())
# 每轮开始时，都要重新生成
A_hat = torch.exp(torch.einsum("bld,dn -> bldn", delta, A))
B_x = torch.einsum( 'bld, bln, bld -> bldn',delta, B, x)
```

4. 循环计算任务

最后完成 SSM 的循环计算任务。首先创建一个隐参数 h，为了遵循公式的说明，隐参数是从 0 开始的，之后按流程对其进行更新，代码如下：

```
ys = []
h = torch.zeros(size=(b,self.d_model, self.state_size), device=x_device)

for i in range(l):
    h = A_hat[:, i] * h + B_x[:,i]
    y = torch.einsum("bdn ,bn -> bd", h, C[:,i,:])
    ys.append(y)
y = torch.stack(ys, dim=1)  # shape (b, l, d)
```

这两行代码根据当前时间步的转换矩阵 delta$A$ 和输入影响 $B(x)$ 更新状态向量 x，然后计算状态向量 x 和输出矩阵 C 的点乘，得到当前时间步的输出 y。这个过程是状态空间模型中的核心计算步骤，它允许模型动态地处理序列数据并生成响应。

$$h = \text{delta}A[:, i] * x + B(x) [:, i]$$

delta$A$ 是一个四维张量，其形状为(batch_size, sequence_length, d_in, n)。这里，delta$A[:, i]$ 表示我们选择了 delta$A$ 张量中第 i 个时间步的切片，形状变为(batch_size, d_in, n)。

h 是状态向量，其形状为(batch_size, d_in, n)，代表当前时间步的状态。

$B(x)$ 是一个四维张量，其形状也为(batch_size, sequence_length, d_in, n)，它是通过 delta、B 和输入 u 计算得到的，代表输入对状态的直接影响。

这行代码首先执行 delta$A[:, i] * x$，这是一个逐元素的乘法操作，它根据当前时间步的转换矩阵更新状态向量 x。由于 delta$A[:, i]$ 的形状是(batch_size, d_in, n)，因此它可以直接与形状相同的 x 进行逐元素相乘。

接着，代码执行 $+ B(x) [:, i]$，将输入的影响加到更新后的状态向量 h 上。这里的 delta$B\_u[:, i]$ 是 $B(x)$ 张量中第 i 个时间步的切片，形状也是(batch_size, d_in, n)。

```
y = torch.einsum("bdn ,bn -> bd", h, C[:,i,:])
```

这行代码使用 einsum 函数来计算输出 y。einsum 是 PyTorch 中的一个非常强大的函数，用于执行复杂的张量运算。h 是当前的状态向量，其形状为(batch_size, d_in, n)。

$C[:, i, :]$ 是从输出参数矩阵 C 中取出的第 i 个时间步的切片，形状为(batch_size, n, d_in)。结果 y 的形状是(batch_size, d_in)，它是模型在当前时间步对输入序列的响应。

下面我们定义一个名为 SSMLayer 的 PyTorch 模块，它代表一个状态空间模型 SSM（S6）层。其完整代码如下：

```
import torch
import torch.nn.functional as F
import einops


d_model = 128
class SSMLayer(torch.nn.Module):
    def __init__(self,d_model = d_model,state_size = 16,device = "cuda"):
        super().__init__()

        self.d_model = d_model
        self.state_size = state_size        # 这里的 N 就是 state_size

        A = einops.repeat(torch.arange(1, state_size + 1, dtype=torch.float32,
device=device), "n -> d n",d=d_model)
        self.A_log = torch.nn.Parameter(torch.log(A))

        self.x_proj = torch.nn.Linear(d_model, (d_model + state_size +
state_size), bias=False,device=device)
        self.D = torch.nn.Parameter(torch.ones(d_model,device=device))

    def forward(self,x):
        y = self.ssm(x)  # 输入 [b,l,d]
        y = y + x * self.D
        return y

    def ssm(self,x):
        (b, l, d) = x.shape
        x_device = x.device

        x_dbl = self.x_proj(x)  # (b, l, d_model + 2 * state_size)

        # 这样做的话，可以让 delta、B、C 都与输入相关
        (delta, B, C) =
torch.split(x_dbl,split_size_or_sections=[self.d_model,self.state_size,self.sta
te_size],dim=-1)
        delta = F.softplus((delta))  # (b, l, d_model)

        "------------下面实现 discretization 部分 ZOH 算法------------"
        A = -torch.exp(self.A_log.float())
        A_hat = torch.exp(torch.einsum("bld,dn -> bldn", delta,A))  # 每轮开始时,
都要重新生成
        B_x = torch.einsum( 'bld, bln, bld -> bldn',delta, B, x)
        "------------结束 discretization 部分------------"

        "------------下面进行 ZOH 计算部分------------"
        ys = []
```

```
        h = torch.zeros(size=(b,self.d_model, self.state_size),
device=x_device)

        for i in range(l):
            h = A_hat[:, i] * h + B_x[:,i]
            y = torch.einsum("bdn ,bn -> bd", h, C[:,i,:])
            ys.append(y)
        y = torch.stack(ys, dim=1)  # shape (b, l, d)

        return y

if __name__ == '__main__':

    embedding = torch.rand(size=(2,96,d_model)).to("cuda")

    SSMLayer()(embedding)
```

以上代码定义了一个名为 **SSMLayer** 的 **PyTorch** 模块，它实现了一个状态空间模型 SSM 层。该模块通过一系列线性变换、卷积、激活函数和自定义的状态更新规则来处理输入数据。

在前向传播过程中，输入数据首先通过一个线性层进行投影，然后经过 1D 卷积和 SiLU 激活函数处理。接下来，数据通过 SSM 进行处理，其中包括与多个可学习参数的交互和一系列张量操作。

最后，SSM 的输出与原始输入相结合，并乘以一个可学习的参数 D，以产生最终的输出。这个 SSM 层可能是某种更复杂模型的一部分，用于处理序列数据或时间序列预测等任务。

5.2.3　Mamba 堆叠 Block 的设计与完整实现

下面我们将完成 Mamba 堆叠 Block 的设计与完整实现。首先，对于 Mamba 架构的模型来说，其结构示意图如图 5-5 所示。

在这个实现中，我们通过组合 SSM 模块以及常规的卷积和全连接层来完成 Mamba 模块的堆叠，代码如下：

```
import copy

import torch
import einops
import math

import torch
import torch.nn
```

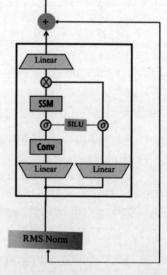

图 5-5　使用 SSM 构建的 Mamba 模块

```python
# 定义一个名为 RMSNorm 的类，它继承自 torch.nn.Module，是一个 PyTorch 模型
class RMSNorm(torch.nn.Module):
    # 初始化函数
    def __init__(self, d_model: int, eps: float = 1e-5, device: str = 'cuda'):
        # 调用父类的初始化函数
        super().__init__()
        # 设置一个很小的正数，用于防止分母为零
        self.eps = eps
        # 创建一个可学习的权重参数，初始化为全 1，形状为 [d_model]，并指定运行设备
        self.weight = torch.nn.Parameter(torch.ones(d_model, device=device))

    # 前向传播函数

    def forward(self, x):
        # 计算 x 的平方，然后沿着最后一个维度求均值，保持维度不变，加上 eps 防止分母为零
        # 之后取平方根的倒数，再与 x 和权重相乘，得到输出
        output = x * torch.rsqrt(x.pow(2).mean(-1, keepdim=True) + self.eps) * self.weight
        return output

    # 导入 ssm 库



import ssm
# 定义一个名为 MambaBlock 的类，继承自 torch.nn.Module
class MambaBlock(torch.nn.Module):
    # 初始化函数
    def __init__(self, d_model=128, state_size=32, device="cuda"):
        # 调用父类的初始化函数
        super().__init__()
        # 设置模型的维度和状态大小
        self.d_model = d_model

        self.norm = RMSNorm(d_model=d_model)
        # 定义一个线性层，输入和输出维度都是 d_model，用于产生残差连接的一部分
        self.lin_pro = torch.nn.Linear(d_model, d_model * 2, device=device)
        # 定义一个 1D 卷积层，输入和输出通道数都是 d_model，卷积核大小为 3，步长为 1，填充为 1
        self.conv = torch.nn.Conv1d(d_model, d_model, kernel_size=3, stride=1,
padding=1, device=device)
        # 定义一个 SSM 层，使用 ssm 库中的 SSMLayer
        self.ssm_layer = ssm.SSMLayer(d_model=d_model, state_size=state_size,
device=device)
        # 定义一个线性层，输入和输出维度都是 d_model
        self.out_pro = torch.nn.Linear(d_model, d_model, device=device)
```

```python
        # 前向传播函数

    def forward(self, x):
        """
        Mamba block 的前向传播。这与 Mamba 论文[1]中 3.4 节的图 3 看起来相同

        参数：
            x: 形状为(b, l, d)的张量（b 表示批量大小，l 表示序列长度，d 表示特征维度）

        返回：
            output: 形状为(b, l, d)的张量
        """
        # 通过线性层产生一个形状为(b,l,2d)的张量，然后将其拆分为两个形状为(b,l,d)的张量
    x_inp = copy.copy(x)
    x = self.norm(x)
        x_residual = self.lin_pro(x)
        (x, residual) = torch.split(x_residual,
split_size_or_sections=self.d_model, dim=-1)

        # 对 x 进行转置、卷积和再次转置的操作，然后应用 SiLU 激活函数
        x = self.conv(x.transpose(1, 2)).transpose(1, 2)
        x = torch.nn.functional.silu(x)
        # 通过 SSM 层处理 x
        x_ssm = self.ssm_layer(x)

        # 对 residual 应用 SiLU 激活函数
        x_residual = torch.nn.functional.silu(residual)
        # 将激活后的 x_act 与 x_residual 逐元素相乘
        x = x_ssm * x_residual
        # 通过线性层处理 x，得到最终输出
        x = self.out_pro(x)
        return x + x_inp
```

这里的代码注释已经提供了对每个步骤的详细解释，帮助理解代码的功能和目的。

MambaBlock 类实现了一个包含多个层的复杂模块，其中包括线性层、卷积层和 SSM 层。这个模块的设计可能受到某种特定架构或应用的启发，需要根据具体的应用场景来理解其设计的合理性。

5.2.4 完整 Mamba 的实现

最后，我们需要实现完整的 Mamba 模型，完整的 Mamba 模型架构如图 5-6 所示。

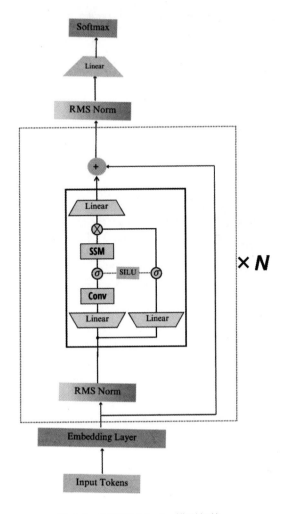

图 5-6　完整的 Mamba 模型架构

　　在这里，我们使用 Embedding 层来完成输入 Token 的转换。之后，将转换好的向量发送到
Mamba Block 模块中进行循环计算，再将结果输出进行分类，代码如下：

```python
import copy

import torch
import einops
import math

import torch
import torch.nn


# 定义一个名为RMSNorm的类，它继承自torch.nn.Module，是一个PyTorch模型
class RMSNorm(torch.nn.Module):
    # 初始化函数
```

```python
    def __init__(self, d_model: int, eps: float = 1e-5, device: str = 'cuda'):
        # 调用父类的初始化函数
        super().__init__()
        # 设置一个很小的正数, 用于防止分母为零
        self.eps = eps
        # 创建一个可学习的权重参数, 初始化为全 1, 形状为[d_model], 并指定运行设备
        self.weight = torch.nn.Parameter(torch.ones(d_model, device=device))

        # 前向传播函数

    def forward(self, x):
        # 计算 x 的平方, 然后沿着最后一个维度求均值, 保持维度不变, 加上 eps 防止分母为零
        # 之后取平方根的倒数, 再与 x 和权重相乘, 得到输出
        output = x * torch.rsqrt(x.pow(2).mean(-1, keepdim=True) + self.eps) *
self.weight
        return output


    # 导入 ssm 库



import ssm
# 定义一个名为 MambaBlock 的类, 继承自 torch.nn.Module
class MambaBlock(torch.nn.Module):
    # 初始化函数
    def __init__(self, d_model=128, state_size=32, device="cuda"):
        # 调用父类的初始化函数
        super().__init__()
        # 设置模型的维度和状态大小
        self.d_model = d_model

        self.norm = RMSNorm(d_model=d_model)
        # 定义一个线性层, 输入和输出维度都是 d_model, 用于产生残差连接的一部分
        self.lin_pro = torch.nn.Linear(d_model, d_model * 2, device=device)
        # 定义一个 1D 卷积层, 输入和输出通道数都是 d_model, 卷积核大小为 3, 步长为 1, 填充为 1
        self.conv = torch.nn.Conv1d(d_model, d_model, kernel_size=3, stride=1,
padding=1, device=device)
        # 定义一个 SSM 层, 使用 ssm 库中的 SSMLayer
        self.ssm_layer = ssm.SSMLayer(d_model=d_model, state_size=state_size,
device=device)
        # 定义一个线性层, 输入和输出维度都是 d_model
        self.out_pro = torch.nn.Linear(d_model, d_model, device=device)

        # 前向传播函数


    def forward(self, x):
        """
```

Mamba block 的前向传播。这与 Mamba 论文[1]中 3.4 节的图 3 看起来相同

参数：
　　x：形状为(b，l，d)的张量（b 表示批量大小，l 表示序列长度，d 表示特征维度）

返回：
　　output：形状为(b，l，d)的张量
"""

```
# 通过线性层产生一个形状为(b,l,2d)的张量，然后将其拆分为两个形状为(b,l,d)的张量
x_inp = copy.copy(x)

x = self.norm(x)
x_residual = self.lin_pro(x)
(x, residual) = torch.split(x_residual,
split_size_or_sections=self.d_model, dim=-1)

# 对 x 进行转置、卷积和再次转置的操作，然后应用 SiLU 激活函数
x = self.conv(x.transpose(1, 2)).transpose(1, 2)
x = torch.nn.functional.silu(x)
# 通过 SSM 层处理 x
x_ssm = self.ssm_layer(x)

# 对 residual 应用 SiLU 激活函数
x_residual = torch.nn.functional.silu(residual)
# 将激活后的 x_act 与 x_residual 逐元素相乘
x = x_ssm * x_residual
# 通过线性层处理 x，得到最终输出
x = self.out_pro(x)

return x + x_inp


class Mamba(torch.nn.Module):
    def __init__(self,d_model = 128,state_size = 64 ,vocab_size =
1024,num_layers = 1,device = "cuda"):
        super().__init__()

        self.embedding_layer = torch.nn.Embedding(num_embeddings=vocab_size,
embedding_dim=d_model, device=device)
        self.mamba_blocks = [MambaBlock(d_model = d_model, state_size =
state_size,device=device) for _ in range(num_layers)]

        self.norm = RMSNorm(d_model=d_model,device=device)

    def forward(self,x):
        embedding = self.embedding_layer(x)
```

```
        for block in self.mamba_blocks:
            embedding = block(embedding)

        embedding = self.norm(embedding)

        return embedding

if __name__ == '__main__':

    token_inp = torch.randint(0,1024,size=(2,96)).to("cuda")
    mamba = Mamba().to("cuda")
    mamba(token_inp)
```

在这里，我们简化了输出部分。由于我们希望将 Mamba 作为完整的编码器，在具体使用时，还需要将其与分类模块结合在一起。

5.2.5 基于 Mamba 的情感分类实战

下面的代码实现了一个文本情感分类任务。首先，从文件中读取并预处理数据，然后定义一个基于自定义模块 moudle.Mamba 的文本分类模型 TextClassic。接着，设置训练过程，包括实例化模型、定义优化器和损失函数，并进行多轮训练。在每轮训练中，通过计算损失和反向传播来更新模型参数。最后，在代码中评估模型在验证集上的性能：

```
# 导入必要的库
import numpy as np
import torch
import moudle    # 假设这是正确的模块名，其中包含 Mamba 模型的定义

# 初始化一些全局变量
labels = []      # 用于存储标签
context = []     # 用于存储文本内容
vocab = set()    # 用于存储词汇表

# 设置文本的最大长度和设备（CPU 或 GPU）
max_length = 80
device = "cuda"

# 从文件中读取数据，并进行预处理
with open("ChnSentiCorp.txt", mode="r", encoding="UTF-8") as emotion_file:
    for line in emotion_file.readlines():
        line = line.strip().split(",")  # 按逗号分隔每行数据

        # 根据第一个元素设置标签（0 或 1）
        if int(line[0]) == 0:
```

```
                labels.append(0)
            else:
                labels.append(1)

            # 拼接剩余的文本内容，并更新词汇表
            text = "".join(line[1:])
            context.append(text)
            for char in text:
                vocab.add(char)

            # 将词汇表转换为排序后的列表
    vocab_list = list(sorted(vocab))

    # 将文本转换为索引序列，并进行填充或截断
    token_list = []
    for text in context:
        token = [vocab_list.index(char) for char in text]# 将字符转换为词汇表中的索引
        token = token[:max_length] + [0] * (max_length - len(token))  # 截断或填充
序列
        token_list.append(token)

    # 设置随机种子，并打乱数据顺序
    seed = 17
    np.random.seed(seed)
    np.random.shuffle(token_list)
    np.random.seed(seed)
    np.random.shuffle(labels)

    # 划分训练集和验证集
    dev_list = np.array(token_list[:170])
    dev_labels = np.array(labels[:170])

    token_list = np.array(token_list[170:])
    labels = np.array(labels[170:])


    # 定义 TextClassic 模型类，继承自 torch.nn.Module
    class TextClassic(torch.nn.Module):
        # 初始化函数，定义模型结构和参数
        def __init__(self, seq_len=max_length, d_model=128, state_size=312,
    classic_num=2, num_layers=1, vocab_size=len(vocab_list), device=device):
            super().__init__()
            self.mamba_basic_model = moudle.Mamba(d_model=d_model,
    state_size=state_size, vocab_size=vocab_size, device=device,
    num_layers=num_layers)
            self.layer_norm = torch.nn.LayerNorm(d_model)
```

```python
        self.flatten = torch.nn.Flatten()
        self.logits_layer = torch.nn.Linear(seq_len * d_model, classic_num)

    # 定义前向传播过程
    def forward(self, x):
        embedding = self.mamba_basic_model(x)
        embedding = self.layer_norm(embedding)
        emb = self.flatten(embedding)
        emb = torch.nn.Dropout(0.1)(emb)
        logits = self.logits_layer(emb)
        return logits

    # 主程序入口


if __name__ == '__main__':
    # 实例化模型，并移动到指定的设备上（CPU 或 GPU）
    model = TextClassic(seq_len=max_length).to(device)

    # 定义优化器和损失函数
    optimizer = torch.optim.AdamW(model.parameters(), lr=2e-3)
    loss_func = torch.nn.CrossEntropyLoss()

    # 设置训练参数
    batch_size = 128
    train_length = len(labels)

    # 开始训练过程
    for epoch in range(21):
        train_num = train_length // batch_size
        train_loss, train_correct = 0, 0

        for i in range(train_num):
            start = i * batch_size
            end = (i + 1) * batch_size

            # 准备输入数据和标签
            batch_input_ids = torch.tensor(token_list[start:end]).to(device)
            batch_labels = torch.tensor(labels[start:end]).to(device)

            # 进行前向传播和损失计算
            pred = model(batch_input_ids)
            loss = loss_func(pred, batch_labels.type(torch.long))  # 注意：这里应
该将标签类型转换为 long

            # 进行反向传播和优化
```

```
            optimizer.zero_grad()
            loss.backward(retain_graph=True)
            optimizer.step()

            # 更新训练损失和准确率
            train_loss += loss.item()
            train_correct += (
                        (torch.argmax(pred, dim=-1) ==
batch_labels).type(torch.float).sum().item() / len(batch_labels))

        # 计算并打印每个 epoch 的平均损失和准确率
        train_loss /= train_num
        train_correct /= train_num
        print("epoch: ", epoch, "| train_loss:", train_loss, "train_correct:",
train_correct)

    # 评估模型在验证集上的性能
    model.eval()
    test_pred = model(torch.tensor(dev_list).to(device))
    correct = (torch.argmax(test_pred, dim=-1) ==
torch.tensor(dev_labels).to(device)).type(
        torch.float).sum().item() / len(test_pred)
    print("test_acc:", correct)
    print("-------------------")
```

这段代码的主要功能是从一个文本文件中读取情感分析数据，对数据进行预处理，并使用一个自定义的深度学习模型进行训练。

这段代码设置了文本的最大长度和设备类型（CPU 或 GPU），并从数据库 ChnSentiCorp.txt 文件中读取数据。每一行数据被分隔成标签和文本内容，同时更新词汇表。之后，词汇表被转换为一个排序后的列表，并且文本内容被转换为对应的索引序列，根据最大长度进行填充或截断。数据被打乱顺序后，被划分为训练集和验证集。

TextClassic 模型的作用是作为一个分类模型，该类继承自 torch.nn.Module。该模型包括一个基于 Mamba 的基本模型、层归一化、展平操作以及一个线性层用于输出预测。在主程序部分，模型被实例化并移动到指定的设备上。定义优化器和损失函数后，设置训练参数并开始训练过程。

最后，在每个 epoch 结束时，计算并打印出平均损失和准确率。训练完成后，模型在验证集上进行评估，并打印出验证集上的准确率。

```
epoch: 0 | train_loss: 0.27340542815499386 train_correct: 0.903469279661017
epoch: 1 | train_loss: 0.27027905315665873 train_correct: 0.9075741525423728
...
epoch: 45 | train_loss: 0.26916115011199043 train_correct: 0.9074417372881356
epoch: 46 | train_loss: 0.2673772141589957 train_correct: 0.9087658898305084
epoch: 47 | train_loss: 0.2653778655044103 train_correct: 0.9065148305084746
test_acc: 0.7529411764705882
```

读者可以自行验证学习，并根据需要设置不同层级的 Mamba block，测试不同层数（Num Layer）对准确率的影响。

5.3 本章小结

本章深入探讨了基于 S6 架构的 Mamba 在情感分类任务上的应用。通过这一实战案例，我们不仅学习了情感分类的基本原理和方法，还掌握了一种处理自然语言序列的实战技能。

首先，我们详细介绍了 S6 架构以及 Mamba 模型的特点和优势，这些理论知识为我们后续的实践操作奠定了坚实的基础。S6 架构以其高效、灵活和可扩展性在自然语言处理领域获得了广泛的应用，而 Mamba 模型则是基于该架构的一种重要实现。

接下来，我们通过具体的实战任务展示了如何使用 Mamba 模型进行情感分类。在这个过程中，我们详细解析了数据预处理、模型训练、模型评估等关键步骤，使读者能够清晰地理解并掌握整个流程。

通过本章的学习，我们深刻体会到了理论与实践相结合的重要性。情感分类作为自然语言处理的一个核心任务，不仅具有广泛的应用价值，还是深入理解和掌握自然语言处理技术的关键所在。

最后，通过实现 S6 架构的 Mamba 模型在情感分类任务上的应用，不仅提升了自己的实战能力，还对自然语言处理领域有了更深入的了解。这将为我们未来在这一领域的进一步学习和探索奠定坚实的基础。

可以看到，本章通过讲解基于 S6 架构的 Mamba 在情感分类上的实战任务，旨在帮助读者掌握自然语言序列处理的基本技能，并通过实践操作加深对相关理论知识的理解。

第6章

Mamba 文本转换实战

在第 5 章中，我们从简单的情感分类入手，深入了解了基于 Mamba 的情感文本分类技术。通过学习整个章节，我们已经掌握了最新的循环神经网络架构 Mamba 的构建和编程方法。

从情感分类的示例中可以看出，Mamba 实际上充当了编码器的角色，能够将各种特征融合，并将这些信息输入分类器中，以完成分类任务的设计。

本章将进一步探索 Mamba 的更多功能，实现序列到序列的完整转换。此外，我们还将挑战文本序列的生成任务，展示 Mamba 在处理复杂自然语言处理任务时的强大能力。通过这些实践，我们将更深入地理解 Mamba 的工作原理，并学习如何将其应用于更广泛的自然语言处理场景中。让我们开始这一章的学习之旅，探索 Mamba 的更多可能性。

6.1 基于 Mamba 的拼音汉字转换模型

序列到序列的转换是自然语言处理中的一个重要任务。在这个过程中，模型作为编码器，能够分别对序列中的个体以及整体进行编码。完成编码后，通过解码器，我们可以将这些编码信息转换成目标序列。这种转换不仅要求模型能够准确理解原始序列的语义，还需要它能够生成语法正确、语义连贯的目标序列。

为了实现这一目标，我们将深入探讨 Mamba 如何作为编码器和解码器进行工作，以及如何通过训练优化模型的性能。此外，我们还将讨论如何处理变长序列、如何引入注意力机制以提高转换的准确性，并探索一些先进的序列到序列的转换技术。

6.1.1 拼音汉字数据集详解与实战处理方法

首先进行数据集的准备和处理，在前面注意力机制章节的讲解中，我们已经遇到了拼音汉字数据集，本节将详细介绍这个数据集及其具体的处理方法。

1. 数据集展示

拼音汉字数据集如下：

```
A11_0    lv4 shi4 yang2 chun1 yan1 jing3 da4 kuai4 wen2 zhang1 de di3 se4 si4 yue4
de lin2 luan2 geng4 shi4 lv4 de2 xian1 huo2 xiu4 mei4 shi1 yi4 ang4 ran2   绿 是
阳 春 烟 景 大 块 文 章 的 底 色 四 月 的 林 峦 更 是 绿 得 鲜 活 秀 媚 诗 意 盎 然

A11_1    ta1 jin3 ping2 yao1 bu4 de li4 liang4 zai4 yong3 dao4 shang4 xia4 fan1
teng2 yong3 dong4 she2 xing2 zhuang4 ru2 hai3 tun2 yi1 zhi2 yi3 yi1 tou2 de you1
shi4 ling3 xian1    他 仅 凭 腰 部 的 力 量 在 泳 道 上 下 翻 腾 蛹 动 蛇 行 状 如 海 豚 一
直 以 一 头 的 优 势 领 先

A11_10   pao4 yan3 da3 hao3 le zha4 yao4 zen3 me zhuang1 yue4 zheng4 cai2 yao3
le yao3 ya2 shu1 de tuo1 qu4 yi1 fu2 guang1 bang3 zi chong1 jin4 le shui3 cuan4 dong4
炮 眼 打 好 了 炸 药 怎 么 装 岳 正 才 咬 了 咬 牙 傃 地 脱 去 衣 服 光 膀 子 冲 进 了 水
窜 洞

A11_100 ke3 shei2 zhi1 wen2 wan2 hou4 ta1 yi1 zhao4 jing4 zi zhi3 jian4 zuo3 xia4
yan3 jian3 de xian4 you4 cu1 you4 hei1 yu3 you4 ce4 ming2 xian3 bu4 dui4 cheng1
可 谁 知 纹 完 后 她 一 照 镜 子 只 见 左 下 眼 睑 的 线 又 粗 又 黑 与 右 侧 明 显 不 对
称
```

简单介绍一下数据集中的内容。数据集中的数据分成三部分，每一部分使用特定的空格键隔开：

```
A11_10 … … … ke3 shei2 … … …可 谁 … … …
```

- 第一部分 A11_i 为序号，表示序列的条数和行号。
- 其次是拼音编号，这里使用的是汉语拼音，与真实的拼音标注不同的是，去除了拼音原始标注，使用数字 1、2、3、4 替代，分别代表当前读音的第一声到第四声，这一点请读者注意。
- 最后一部分是汉字的序列，这里与第二部分的拼音部分一一对应。

2. 获取字库和训练数据

获取数据集中字库的个数也是一个非常重要的问题，一个非常好的办法是：使用 set 格式的数据读取全部字库中的不同字符。

创建字库和训练数据的完整代码如下：

```python
max_length = 64
with open("zh.tsv", errors="ignore", encoding="UTF-8") as f:
    context = f.readlines()                              # 读取内容
    for line in context:
        line = line.strip().split(" ")                  # 切分每行中的不同部分
        pinyin = ["GO"] + line[1].split(" ") + ["END"]  # 处理拼音部分，在头尾加上
```

起止符号

```
hanzi = ["GO"] + line[2].split(" ") + ["END"] # 处理汉字部分，在头尾加上起止符号
        for _pinyin, _hanzi in zip(pinyin, hanzi): # 创建字库
            pinyin_vocab.add(_pinyin)
hanzi_vocab.add(_hanzi)
pinyin = pinyin + ["PAD"] * (max_length - len(pinyin))
        hanzi = hanzi + ["PAD"] * (max_length - len(hanzi))
        pinyin_list.append(pinyin)                      # 创建拼音列表
hanzi_list.append(hanzi)                                # 创建汉字列表
```

这里做一个说明，首先context读取了全部数据集中的内容，之后根据空格将其分成3部分。对拼音和汉字部分，将其转换成一个序列，并在前后分别加上起止符 GO 和 END。实际上也可以不加，为了明确地描述起止关系，特意加上了起止标注。

此外，还需要加上一个特定的符号 PAD，用于对单行序列进行补全，最终的数据如下：

```
['GO', 'liu2', 'yong3' , … … … , 'gan1', ' END', 'PAD', 'PAD' , … … …]
['GO', '柳', '永' , … … … , '感', ' END', 'PAD', 'PAD' , … … …]
```

pinyin_list 和 hanzi_list 分别是两个列表，分别用来存放对应的拼音和汉字训练数据。最后不要忘记在字库中加上 PAD 符号。

```
pinyin_vocab = ["PAD"] + list(sorted(pinyin_vocab))
hanzi_vocab = ["PAD"] + list(sorted(hanzi_vocab))
```

3. 根据字库生成 Token 数据

获取的拼音标注和汉字标注的训练数据并不能直接用于模型训练，模型需要转换成 Token 的一系列数字列表，代码如下：

```
def get_dataset():
    pinyin_tokens_ids = []          # 新的拼音 Token 列表
    hanzi_tokens_ids = []           # 新的汉字 Token 列表

    for pinyin,hanzi in zip(tqdm(pinyin_list),hanzi_list):
        # 获取新的拼音 Token
        pinyin_tokens_ids.append([pinyin_vocab.index(char) for char in pinyin])
        # 获取新的汉字 Token
        hanzi_tokens_ids.append([hanzi_vocab.index(char) for char in hanzi])

    return pinyin_vocab,hanzi_vocab,pinyin_tokens_ids,hanzi_tokens_ids
```

代码中创建了两个新的列表，分别对拼音和汉字的 Token 进行存储，并根据字库序号生成新的序列 Token。

6.1.2 Mamba 模型的设计详解

在这里，我们使用 Mamba 架构的编码器来完成模型的设计。在具体使用时，可以采用在

第 5 章设计完成的 Mamba 模型进行模型的整理。代码如下：

```python
import moudle

class Pin2Yin(torch.nn.Module):
    def __init__ (self, d_model=128, state_size=64, num_layers=3,
                vocab_size=vocab_size, device=device):
        super().__init__()
        self.mamba_basic_model = moudle.Mamba(d_model=d_model,
state_size=state_size, vocab_size=vocab_size,device=device,
num_layers=num_layers)
        self.layer_norm = torch.nn.LayerNorm(d_model)
        self.logits_layer = torch.nn.Linear(d_model, vocab_size)

    def forward(self,x):
        embedding = self.mamba_basic_model(x)
        embedding = self.layer_norm(embedding)
        embedding = torch.nn.Dropout(0.1)(embedding)
        logits = self.logits_layer(embedding)
        return logits
```

在这里，我们直接使用 moudle.Mamba 作为编码器，对输入的信号进行编码。编码后的信号经过一个标准化层之后，再通过输出层将 Embedding 转换为输出向量。输出向量的维度要与字符数量相同，这是为了在 softmax 操作时，便于将向量转换为文字。

6.1.3 模型的训练与预测

最后，在使用我们设计的拼音汉字转换模型的基础上，完成最后的模型训练与预测任务，代码如下：

```python
import torch.nn

import get_data

device = "cuda"
max_length = get_data.max_length
vocab_size = get_data.vocab_size

pinyin_tokens_ids,hanzi_tokens_ids = get_data.get_dataset()

import moudle

class Pin2Yin(torch.nn.Module):
    def __init__(self, d_model=128, state_size=64,
num_layers=3,vocab_size=vocab_size, device=device):
        super().__init__()
```

```python
        self.mamba_basic_model = moudle.Mamba(d_model=d_model,
state_size=state_size, vocab_size=vocab_size,
                                          device=device, num_layers=num_layers)
        self.layer_norm = torch.nn.LayerNorm(d_model)
        self.logits_layer = torch.nn.Linear(d_model, vocab_size)


    def forward(self,x):
        embedding = self.mamba_basic_model(x)
        embedding = self.layer_norm(embedding)
        embedding = torch.nn.Dropout(0.1)(embedding)
        logits = self.logits_layer(embedding)

        return logits



if __name__ == '__main__':
    # 实例化模型，并移动到指定的设备上（CPU 或 GPU）
    model = Pin2Yin().to(device)

    # 定义优化器和损失函数
    optimizer = torch.optim.AdamW(model.parameters(), lr=2e-5)
    loss_func = torch.nn.CrossEntropyLoss()

    #model_path = "./saver/modelpara.pt"
    #model.load_state_dict(torch.load(model_path), strict=True)

    # 设置训练参数
    batch_size = 384
    train_length = len(pinyin_tokens_ids)

    # 开始训练过程
    for epoch in range(6):
        train_num = train_length // batch_size
        train_loss, train_correct = 0, 0

        for i in range(train_num):
            start = i * batch_size
            end = (i + 1) * batch_size

            # 准备输入数据和标签
            batch_input_ids =
torch.tensor(pinyin_tokens_ids[start:end],dtype=torch.long).to(device)
            batch_labels =
torch.tensor(hanzi_tokens_ids[start:end],dtype=torch.long).to(device)
```

```
        # 进行前向传播和损失计算
        logits = model(batch_input_ids)

        loss = loss_func(logits.view(-1, logits.size(-1)),
batch_labels.view(-1))

        # 进行反向传播和优化
        optimizer.zero_grad()
        loss.backward(retain_graph=True)
        optimizer.step()

        # 更新训练损失和准确率
        train_loss += loss.item()

    # 计算并打印每个 epoch 的平均损失和准确率
    train_loss /= train_num
    print("epoch: ", epoch, "| train_loss:", train_loss)

    # if (epoch + 1) % 2 == 0:
    torch.save(model.state_dict(), "./saver/modelpara.pt")

model.eval()
vocab = get_data.vocab

batch_input_ids = torch.tensor(pinyin_tokens_ids[19:29],
dtype=torch.long).to(device)
    batch_labels = torch.tensor(hanzi_tokens_ids[19:29],
dtype=torch.long).to(device)

test_pred = model(torch.tensor(batch_input_ids))
pred_label = torch.argmax(test_pred, dim=-1)
for pred,true in zip(pred_label,batch_labels):
    pred = [vocab[idx] for idx in pred]
    true = [vocab[idx] for idx in true]
    print(pred)
    print(true)
    print("--------------------------")
```

结果如下：

```
epoch: 0 | train_loss: 0.34028792977333067
epoch: 1 | train_loss: 0.34051530361175536
epoch: 2 | train_loss: 0.34036597311496736
epoch: 3 | train_loss: 0.33997217416763303
epoch: 4 | train_loss: 0.3397156119346619
epoch: 5 | train_loss: 0.33966816365718844
```

```
    ['马', '晓', '年', '作', '画', '的', '特', '征', '与', '神', '韵', '其', '画', '
风', '区', '别', '于', '文', '人', '画', '和', '年', '画', '可', '谓', '雅', '俗', '
共', '赏', 'PAD', 'PAD', 'PAD', 'PAD', 'PAD', 'PAD', 'PAD', 'PAD', 'PAD', 'PAD', 'PAD', '
'PAD', 'PAD', 'PAD', 'PAD', 'PAD', 'PAD', 'PAD', 'PAD', 'PAD', 'PAD', 'PAD', 'PAD', '
'PAD', 'PAD', 'PAD', 'PAD', 'PAD', 'PAD', 'PAD', 'PAD', 'PAD', 'PAD', 'PAD', 'PAD']
    ['马', '晓', '年', '作', '画', '的', '特', '征', '与', '神', '韵', '其', '画', '
风', '区', '别', '于', '文', '人', '画', '和', '年', '画', '可', '谓', '雅', '俗', '
共', '赏', 'PAD', 'PAD', 'PAD', 'PAD', 'PAD', 'PAD', 'PAD', 'PAD', 'PAD', 'PAD', 'PAD', '
'PAD', 'PAD', 'PAD', 'PAD', 'PAD', 'PAD', 'PAD', 'PAD', 'PAD', 'PAD', 'PAD', 'PAD', '
'PAD', 'PAD', 'PAD', 'PAD', 'PAD', 'PAD', 'PAD', 'PAD', 'PAD', 'PAD', 'PAD', 'PAD']
    ...
    ['鉴', '于', '此', '经', '研', '究', '决', '定', '海', '峡', '情', '专', '栏', '
原', '定', '三', '月', '底', '结', '束', '现', '延', '至', '五', '月', '三', '十', '
一', '日', '特', '此', '告', '知', 'PAD', 'PAD', 'PAD', 'PAD', 'PAD', 'PAD', 'PAD', '
'PAD', 'PAD', 'PAD', 'PAD', 'PAD', 'PAD', 'PAD', 'PAD', 'PAD', 'PAD', 'PAD', 'PAD', '
'PAD', 'PAD', 'PAD', 'PAD', 'PAD', 'PAD', 'PAD', 'PAD', 'PAD', 'PAD', 'PAD', 'PAD']
    ['鉴', '于', '此', '经', '研', '究', '决', '定', '海', '峡', '情', '专', '栏', '
原', '定', '三', '月', '底', '结', '束', '现', '延', '至', '五', '月', '三', '十', '
一', '日', '特', '此', '告', '知', 'PAD', 'PAD', 'PAD', 'PAD', 'PAD', 'PAD', 'PAD', '
'PAD', 'PAD', 'PAD', 'PAD', 'PAD', 'PAD', 'PAD', 'PAD', 'PAD', 'PAD', 'PAD', 'PAD', '
'PAD', 'PAD', 'PAD', 'PAD', 'PAD', 'PAD', 'PAD', 'PAD', 'PAD', 'PAD', 'PAD', 'PAD']
```

　　Pin2Yin 类继承自 torch.nn.Module，并定义了网络结构。它包含一个名为 mamba_basic_model 的基础模型（可能是某种自定义的神经网络结构，来自 moudle 模块）、一个层归一化层（layer_norm）和一个线性层（logits_layer）用于输出预测。在 forward 方法中，输入数据首先通过基础模型进行编码，然后经过层归一化和 Dropout 层（失活层），最后通过线性层输出预测结果。

　　在 __main__ 部分，代码首先实例化 Pin2Yin 模型，并将其移动到指定的设备上（GPU 或 CPU）。然后，定义优化器（AdamW）和损失函数（交叉熵损失）。在训练循环中，代码按照批次处理数据，进行前向传播、损失计算、反向传播和优化步骤。在每个 epoch 结束时，计算并打印平均训练损失，并保存模型参数。

　　最后，代码将模型设置为评估模式，并对一小批数据进行预测。预测结果和真实标签通过词汇表转换为汉字，并打印出来以供比较。整个代码流程覆盖了模型的定义、训练、保存和测试。

6.2　PyTorch 对数据集的封装与可视化训练步骤

　　本节将深入展开基于 Mamba 的实战演练环节。在继续前行，迈向更高阶的学习之前，让我们共同回顾一下之前所学的内容，特别是关于数据封装的部分。

　　在以往的数据处理流程中，我们习惯于直接导入数据集，并借助 for 循环来构建数据批次（batch）以供模型训练。这种处理方式在使用 PyTorch 这样的深度学习框架时是非常有效的，因为它允许我们灵活地控制数据流的迭代和批量处理。然而，随着数据规模和复杂度的不断提升，以及对于更高效、更灵活的数据处理工具的需求日益增长，我们有必要探索更为先进的数据加载和封装方法。

Mamba 作为一款高效且用户友好的数据处理工具，为我们提供了更为便捷的数据封装和加载解决方案。它支持多线程和分布式处理，能够极大地提升数据预处理的效率，并且提供了丰富的 API 接口，方便我们根据自己的需求定制数据处理流程。

在接下来的实战部分，我们将详细介绍如何使用 Mamba 进行数据封装和加载。我们将从数据集的导入开始，逐步演示如何通过 Mamba 的 API 接口定义数据转换、增强和批处理等操作，最终构建出满足模型训练需求的数据批次。此外，我们还将探讨如何利用 Mamba 的并行处理能力来加速数据处理流程，以及如何结合其他工具（如 PyTorch）来构建完整的数据处理流水线。

通过本节的学习，读者将能够熟练掌握基于 Mamba 的数据封装和加载技术，为后续的模型训练和实验打下坚实的基础。同时，也将深刻体会到高效数据处理工具在深度学习项目中的重要性，并学会如何在实际项目中灵活应用这些工具来提升数据处理效率和模型性能。

6.2.1　使用 torch.utils.data. Dataset 封装自定义数据集

我们从自定义数据集开始。在 PyTorch 中，数据集的自定义使用需要继承 torch.utils.data.Dataset 类，之后实现其中的 __getitem__、__len__ 方法。最基本的 Dataset 类架构如下：

```
class CustomerDataset(torch.utils.data.Dataset):
    def __init__ (self, transform=None):
        super(Dataset, self). __init__()

    def __getitem__(self, index):
        pass

    def __len__(self):
        pass
```

可以很清楚地看到，Dataset 除基本的 init 函数外，还需要填充两个额外的函数：__getitem__ 与 __len__。仿照 Python 中数据 list 的写法进行定义，其使用如下：

```
data = Customer(Dataset)[index]        # 打印出 index 序号对应的数据
length = len(Customer(Dataset))        # 打印出数据集总行数
```

下面以前面章节中一直使用的拼音汉字数据集为例来介绍。

1. init 的初始化方法

在输出数据之前，首先将数据加载到 Dataset 类中，加载的方法直接按数据读取的方案使用 NumPy 进行载入。当然，读者也可以使用任何对数据读取的技术获取数据本身。在这里，我们所使用的数据读取代码如下：

```
def __init__ (self, pinyin_list= pinyin_list,hanzi_list =
```

```
hanzi_list,transform=None):
        super(CustomerDataset, self).__init__()

        # 这里截取一部分数据
        self.pinyin_list = pinyin_list[:3200]
        self.hanzi_list = hanzi_list[:3200]
```

2. __getitem__ 与 __len__ 方法

在定义数据集类时，首先需要明确数据的获取方式。__getitem__ 是 Dataset 父类中内置的用于数据迭代和输出的方法。我们只需显式地提供该方法的实现即可。具体代码如下：

```
def __getitem__(self, index):
pinyin_list = (pinyin_list[:3000])
hanzi_list = (hanzi_list[:3000])
self.pinyin_tokens_ids, self.hanzi_tokens_ids =
self.seq2token(pinyin_list,hanzi_list)
```

其中的 seq2token 是一个用于将文本内容转换为 Token 的函数。

__len__ 方法用于返回数据集的长度，在这里直接返回标签的长度即可。具体代码如下：

```
def __len__(self):
    return len(self.hanzi_list)
```

完整地自定义 CustomerDataset 数据输出的代码如下：

```
import torch
class CustomerDataset(torch.utils.data.Dataset):
    def __init__(self, pinyin_list= pinyin_list,hanzi_list =
hanzi_list,transform=None):
        super(CustomerDataset, self).__init__()

        # 这里截取一部分数据
        pinyin_list = (pinyin_list[:3000])
        hanzi_list = (hanzi_list[:3000])
        self.pinyin_tokens_ids, self.hanzi_tokens_ids =
self.seq2token(pinyin_list,hanzi_list)

    def __getitem__(self, index):
        image = (self.pinyin_tokens_ids[index])
        label = (self.hanzi_tokens_ids[index])
        return image, label

    def __len__(self):
        return len(self.hanzi_tokens_ids)

    def seq2token(self,pinyin_list,hanzi_list):
        pinyin_tokens_ids = []
        hanzi_tokens_ids = []
```

```
        for pinyin, hanzi in zip(tqdm(pinyin_list), hanzi_list):
            pinyin_tokens_ids.append([int(vocab.index(char)) for char in pinyin])
            hanzi_tokens_ids.append([int(vocab.index(char)) for char in hanzi])

        pinyin_tokens_ids = torch.tensor(pinyin_tokens_ids)
        hanzi_tokens_ids = torch.tensor(hanzi_tokens_ids)

        return pinyin_tokens_ids, hanzi_tokens_ids
```

读者可以将这里定义的 CustomerDataset 类作为模板，尝试更多的自定义数据集。

6.2.2　批量输出数据的 DataLoader 类详解

对于自定义的 CustomerDataset，为了高效地实现数据的批量输入输出，确实需要设计一个数据加载类。DataLoader 类在 PyTorch 框架中扮演着至关重要的角色，它负责在训练过程中自动、批量地从数据集中加载数据，并提供了多种便利的功能，如多线程/多进程数据加载、随机打乱数据顺序（shuffle）、数据预取（prefetch）等。

一个简单的 DataLoader 使用如下：

```
from torch.utils.data import DataLoader

# 假设已经定义好了 CustomerDataset 类
class CustomerDataset(torch.utils.data.Dataset):
    # 实现__len__和__getitem__方法
    def __len__(self):
        # 返回数据集的大小
        pass

    def __getitem__(self, index):
        # 根据索引返回一条数据
        pass

# 设计 DataLoader 的使用方式
def train_model(model, epochs, batch_size, dataset):
    # 创建 DataLoader 实例
    dataloader = DataLoader(dataset=dataset, batch_size=batch_size,
shuffle=True)

    # 训练模型
    for epoch in range(epochs):
        for batch_data in dataloader:
            # batch_data 现在包含批量数据，可以直接用于模型训练
            inputs, labels = batch_data  # 假设数据集返回的是输入数据和标签
            outputs = model(inputs)
```

```
        loss = criterion(outputs, labels)
        loss.backward()
        optimizer.step()
        optimizer.zero_grad()

# 示例使用
# 假设已经初始化了模型 model、损失函数 criterion 和优化器 optimizer
# 创建一个 CustomerDataset 实例
dataset = CustomerDataset(...)  # 初始化时需要提供必要的数据源等信息

# 使用 DataLoader 训练模型
train_model(model, epochs=10, batch_size=32, dataset=dataset)
```

在这个示例中，DataLoader 类负责在训练循环中自动迭代 CustomerDataset 实例，并返回批量的输入数据和标签。在 train_model 函数中，我们不需要手动编写循环来遍历数据集，因为 DataLoader 已经为我们处理了这些细节。我们只需要关注模型的训练和更新即可。

除此之外，还可以通过设置 num_workers 参数来使用多进程加载数据，或者设置 collate_fn 参数来自定义数据合并的方式等，这里暂时不做讨论。

下面在前面设计的 Mamba 模型基础上完成数据处理，代码如下：

```
model = Pin2Yin().to(device)

    # 定义优化器和损失函数
    optimizer = torch.optim.AdamW(model.parameters(), lr=2e-3)
    lr_scheduler = torch.optim.lr_scheduler.CosineAnnealingLR(optimizer,
T_max=1200, eta_min=2e-6, last_epoch=-1)
    loss_func = torch.nn.CrossEntropyLoss()

    model_path = "./saver/modelpara.pt"
    model.load_state_dict(torch.load(model_path), strict=True)

    # 设置训练参数
    batch_size = 384

    from torch.utils.data.dataloader import DataLoader
    customer_dataset = get_data_pt.CustomerDataset()
    dataloader = DataLoader(customer_dataset, batch_size=batch_size,
shuffle=True)

    from tqdm import tqdm

    # 开始训练过程
    for epoch in range(12):
        # 初始化进度条，用于可视化训练进度
        pbar = tqdm(dataloader, total=len(dataloader))
        for (batch_input_ids,batch_labels) in pbar: # 遍历数据加载器中的每一批数据
```

```
            optimizer.zero_grad()
            batch_input_ids = batch_input_ids.to(device)
            batch_labels = batch_labels.to(device)

            # 进行前向传播和损失计算
            logits = model(batch_input_ids)

            loss = loss_func(logits.view(-1, logits.size(-1)),
batch_labels.view(-1))
            # 进行反向传播和优化
            loss.backward(retain_graph=True)
            optimizer.step()
            lr_scheduler.step()  # 执行优化器学习率更新

            # 更新进度条描述，显示当前 epoch、训练损失和学习率
            pbar.set_description(f"epoch:{epoch +1},
train_loss:{loss.item():.5f}, lr:{lr_scheduler.get_last_lr()[0]*100:.5f}")

        torch.save(model.state_dict(), "./saver/modelpara.pt")

    model.eval()
    vocab = get_data_pt.vocab

    test_pred = model(torch.tensor(batch_input_ids))
    pred_label = torch.argmax(test_pred, dim=-1)
    for pred,true in zip(pred_label,batch_labels):
        pred = [vocab[idx] for idx in pred]
        true = [vocab[idx] for idx in true]
        print(pred)
        print(true)
        print("-----------------------------")
```

模型的训练过程可视化展示如下：

```
    epoch:1, train_loss:0.34560, lr:0.19998: 100%|██████████| 8/8 [00:23<00:00,
2.89s/it]
    epoch:2, train_loss:0.35004, lr:0.19991: 100%|██████████| 8/8 [00:21<00:00,
2.73s/it]
    epoch:3, train_loss:0.32993, lr:0.19980: 100%|██████████| 8/8 [00:21<00:00,
2.73s/it]
    epoch:4, train_loss:0.32667, lr:0.19965: 100%|██████████| 8/8 [00:21<00:00,
2.74s/it]
    epoch:5, train_loss:0.32458, lr:0.19945: 100%|██████████| 8/8 [00:24<00:00,
3.10s/it]
    epoch:6, train_loss:0.32472, lr:0.19921: 100%|██████████| 8/8 [00:22<00:00,
2.82s/it]
    epoch:7, train_loss:0.33001, lr:0.19893: 100%|██████████| 8/8 [00:30<00:00,
```

```
3.86s/it]
    epoch:8, train_loss:0.32959, lr:0.19860: 100%|████████| 8/8 [00:25<00:00,
3.15s/it]
    epoch:9, train_loss:0.31339, lr:0.19823: 100%|████████| 8/8 [00:22<00:00,
2.77s/it]
    epoch:10, train_loss:0.31672, lr:0.19782: 100%|████████| 8/8 [00:26<00:00,
3.32s/it]
    epoch:11, train_loss:0.31455, lr:0.19736: 100%|████████| 8/8 [00:24<00:00,
3.07s/it]
    epoch:12, train_loss:0.31005, lr:0.19686: 100%|████████| 8/8 [00:21<00:00,
2.71s/it]
```

可以看到，相对于前面的模型训练过程，我们除使用数据处理的封装外，还额外添加了模型训练的可视化部分：

```
pbar = tqdm(dataloader, total=len(dataloader)) # 初始化进度条，用于可视化训练进度
for (batch_input_ids,batch_labels) in pbar:      # 遍历数据加载器中的每一批数据
    ...
    pbar.set_description(f"epoch:{epoch +1}, train_loss:{loss.item():.5f},
lr:{lr_scheduler.get_last_lr()[0]*100:.5f}")
```

pbar 条的功能就是创建一个可视化的模型训练进度条来监视过程。

除此之外，为了更好地对模型进行训练，还提供了余弦学习率变换方案，代码如下：

```
lr_scheduler = torch.optim.lr_scheduler.CosineAnnealingLR(optimizer,
T_max=1200, eta_min=2e-6, last_epoch=-1)
...
lr_scheduler.step()  # 执行优化器学习率更新
```

这样确保了在训练过程中学习率的持续更新，从而使模型在训练时能够更好地收敛。

6.3　本章小结

本章深入探讨了使用 Mamba 进行自然语言处理中的文本转换任务。Mamba 作为一款基于 Seq2Seq（序列到序列）的转换模型，展示了其在处理复杂文本转换问题上的卓越能力。通过本章的学习，我们不仅熟练掌握了 Mamba 的使用方法，还深入理解了序列转换的内在机制和实现方式。

此外，在数据处理方面，我们也做了详尽的介绍。特别是针对 PyTorch 框架中的数据工具，我们重点讲解了 Dataset 和 DataLoader 这两个类。这些工具在数据加载、预处理和批处理过程中发挥着关键作用，大大提高了数据处理的效率和灵活性。通过对这些工具的学习，读者能更加高效地处理和分析大规模数据集，为后续的模型训练和评估提供了坚实的基础。

本章不仅传授了具体的技术和工具的使用方法，还通过实例演示了如何将这些技术应用到实际的自然语言处理任务中。无论是初学者还是有一定经验的从业者，都能从本章中获得宝贵的知识和实践经验。

第7章

含有位置表示的双向 VisionMamba 模型图像分类实战

在前面的章节中,我们已经成功地利用基于残差连接的 ResNet 模型完成了 CIFAR-10 图像分类的实战任务。ResNet 以其独特的残差连接设计,有效解决了深度神经网络中的梯度消失和表示瓶颈问题,从而在图像分类任务中取得了显著的成效。

本章将开启新的图像处理之旅,采用基于 Mamba 的模型架构来挑战更复杂的图像处理任务。Mamba 作为一种新兴的模型架构,以其高效、灵活和强大的特征提取能力而备受瞩目。Mamba 模型图标如图 7-1 所示。

在使用 Mamba 模型的过程中,我们不仅需要掌握其基本的使用方法,更需要深入理解其内部的工作机制。特别是 Mamba 中特有的位置编码技术,这是提高模型准确率的关键所在。位置编码能够为模型提供额外的空间位置信息,使得模型

图 7-1　Mamba 图标

在处理图像时能够更准确地捕捉到像素间的相对位置和关系,从而做出更为精准的预测。

因此,本章将深入探讨 Mamba 模型的使用方法,并重点介绍位置编码的原理及其在 Mamba 中的应用。通过理解和掌握这些关键技术,我们将能够进一步提升图像处理任务的准确率,为后续的复杂视觉任务打下坚实的基础。

7.1　使用 PyTorch 自带的图像管理工具与图像增强技术

除可以直接从 CIFAR 官网下载 CIFAR-10 数据集之外,PyTorch 还提供了便捷的数据管理工具,使我们能够轻松下载并使用该数据集。这些工具大幅简化了数据获取流程,提升了我们

在进行图像分类等任务时的效率。

此外，本节还将深入探讨图像增强技术。图像增强是一种重要的数据预处理方法，通过对原始图像应用一系列变换，如旋转、缩放、平移、色彩调整等，生成更多样化的训练样本。这项技术不仅能够扩充数据集，提升模型的泛化能力，还能帮助模型学习更多图像特征，从而提高其在实际应用中的准确性和健壮性。我们将详细介绍各种图像增强方法，并通过实践掌握这些技术的应用。

7.1.1　PyTorch 自带的图像管理工具

我们首先使用 PyTorch 自带的图像管理工具进行数据集的下载与处理。与此前手动从网站下载 CIFAR-10 图像数据集的方式不同，该管理工具可以帮助我们直接从相关网站下载数据并完成后续处理。代码如下：

```
import torch
import torchvision
import matplotlib.pyplot as plt
import numpy as np

# Download CIFAR-10 dataset（下载 CIFAR-10 数据集）
train_dataset = torchvision.datasets.CIFAR10(root='./data', train=True,
download=True)

# Get some sample images（获取一些示例图像）
sample_images = [train_dataset[i][0] for i in range(9)]

# Convert tensor images to numpy arrays for visualization（将 tensor 图像转换为
NumPy 数组以便可视化）
sample_images = [np.array(image) for image in sample_images]

# Plot the sample images（绘制示例图像）
fig, axes = plt.subplots(3, 3, figsize=(8, 8))
for i, ax in enumerate(axes.flat):
    ax.imshow(sample_images[i])
    ax.axis('off')
plt.tight_layout()
plt.show()
```

运行结果如图 7-2 所示。

除简单地对图片进行展示外，还可以对图像添加标签，代码如下：

```
import torch
import torchvision
```

图 7-2　直接下载的 CIFAR-10 图像数据集

```python
import matplotlib.pyplot as plt
import numpy as np

# Download CIFAR-10 dataset（下载 CIFAR-10 数据集）
train_dataset = torchvision.datasets.CIFAR10(root='./data', train=True,
download=True)

# Define the class labels for CIFAR-10（定义 CIFAR-10 的类别标签）
class_labels = ['airplane', 'automobile', 'bird', 'cat', 'deer', 'dog', 'frog',
'horse', 'ship', 'truck']

# Get some sample images and labels（获取一些示例图像和标签）
sample_images = [train_dataset[i][0] for i in range(9)]
sample_labels = [class_labels[train_dataset[i][1]] for i in range(9)]

# Convert tensor images to numpy arrays for visualization（将 tensor 图像转换为
numpy 数组以便可视化）
sample_images = [np.array(image) for image in sample_images]

# Plot the sample images with labels（将 tensor 图像转换为 NumPy 数组以便可视化）
fig, axes = plt.subplots(3, 3, figsize=(8, 8))
for i, ax in enumerate(axes.flat):
    ax.imshow(sample_images[i])
    ax.set_title(sample_labels[i])  # Set the title as the label（设置标题为标签）
    ax.axis('off')
plt.tight_layout()
plt.show()
```

此时展示的图片结果如图 7-3 所示。

图 7-3　添加标签的 CIFAR-10 图像数据集

此时，我们根据原本的分类获取到了每个类别的名称，并将其根据 label 转换成文字对应的部分，从而进行展示。

最后是对数据的批量获取，由于 PyTorch 对图像的管理采用地址的方式进行读取和输出，因此批量获取图像维度的代码如下：

```python
import torch
import torchvision
import matplotlib.pyplot as plt
import numpy as np

# Download CIFAR-10 dataset （下载 CIFAR-10 数据集）
train_dataset = torchvision.datasets.CIFAR10(root='./data', train=True,
download=True)

# Define the class labels for CIFAR-10 （定义 CIFAR-10 的类别标签）
class_labels = ['airplane', 'automobile', 'bird', 'cat', 'deer', 'dog', 'frog',
'horse', 'ship', 'truck']

for i in range(len(train_dataset)):
    image = np.array(train_dataset[i][0])/512. # 正则化处理
    label = train_dataset[i][1]

    print(image)
    print(label)
    print("-----------------")
```

此时打印的 image 是经过正则化处理后的矩阵。读者可以自行打印查看。

7.1.2　图片数据增强

图片数据增强技术在深度学习和机器学习中占据举足轻重的地位。这种在训练过程中对图像进行变换和修改的方法，不仅扩充了训练数据集的大小和多样性，更为关键的是，它强化了模型对于各种图像变化的识别和处理能力。数据增强的实质就是通过一系列精心设计的变换操作，从原始图像中派生出多个变体图像，从而极大地丰富了训练数据的内涵。

这些变换并非随意，而是针对模型可能遇到的实际应用场景进行的有针对性的模拟。例如，随机裁剪可以模拟摄像头捕捉画面的不同视角，使模型在面对非标准视角的图像时仍能准确识别。随机翻转和旋转则是为了应对实际情况中物体可能出现的各种方向和角度。随机缩放更是在模拟现实世界中物体大小和距离的变化，从而增强模型的适应性。

此外，对图像的亮度、对比度和饱和度进行随机调整，是为了让模型在不同的光照条件和图像质量下，依然能够保持稳定的识别性能。这种模拟实际环境中光线和色彩变化的数据增强方法，对于提升模型的健壮性至关重要。

通过这些精心设计的数据增强操作，我们不仅能够生成更多样化的训练样本，更能从根本上提升模型对于现实世界复杂变化的应对能力。这样训练出的模型，在面对各种图像变化和噪声干扰时，将展现出更高的准确性和稳定性，为实际应用场景中的图像识别和处理提供了强有力的支持。

下面是使用数据增强进行图像处理，并进行可视化对比的代码，如下所示：

```python
import torch
import torchvision
import matplotlib.pyplot as plt
import numpy as np

# 载入 CIFAR-10 数据集
transform = torchvision.transforms.Compose([
    torchvision.transforms.ToTensor()
])
train_dataset = torchvision.datasets.CIFAR10(root='./data', train=True,
download=True, transform=transform)
train_loader = torch.utils.data.DataLoader(train_dataset, batch_size=10,
shuffle=True)

# 获取 10 幅示例图像
sample_images, _ = next(iter(train_loader))
sample_images = sample_images.squeeze().numpy()
sample_images = np.transpose(sample_images, (0, 2, 3, 1))

# 将 NumPy 数组转换为 uint8 数据类型
sample_images = (sample_images * 255).astype(np.uint8)

# 将 NumPy 数组转换为 PIL 图像
sample_images = [torchvision.transforms.ToPILImage()(image) for image in
sample_images]

# 定义数据增强变换
augmentation_transforms = torchvision.transforms.Compose([
    torchvision.transforms.RandomHorizontalFlip(),
    torchvision.transforms.RandomRotation(10),
    torchvision.transforms.ColorJitter(brightness=0.2, contrast=0.2,
saturation=0.2, hue=0.1)
])

# 对示例图像应用数据增强
augmented_images = [augmentation_transforms(image) for image in sample_images]

# 将 PIL 图像转换为 numpy 数组以进行可视化
sample_images = [np.array(image) for image in sample_images]
augmented_images = [np.array(image) for image in augmented_images]
```

```
# 可视化原始图像和增强图像
fig, axes = plt.subplots(10, 2, figsize=(8, 20))
for i in range(10):
    axes[i, 0].imshow(sample_images[i])
    axes[i, 0].set_title('原始')
    axes[i, 0].axis('off')
    axes[i, 1].imshow(augmented_images[i])
    axes[i, 1].set_title('增强')
    axes[i, 1].axis('off')
plt.tight_layout()
plt.show()
```

这段代码加载了 CIFAR-10 数据集，并从中获取了 10 幅示例图像。然后，定义了一系列数据增强变换，包括随机水平翻转、随机旋转和颜色抖动，并将这些变换应用到示例图像上。最后，将原始图像和增强后的图像进行了可视化对比。

除此之外，图像还有其他的数据增强方式。以下是更多数据增强技术的代码，有兴趣的读者可以仔细尝试学习：

```
import torch
import torchvision
from torchvision import transforms

# 下载 CIFAR-10 数据集
train_dataset = torchvision.datasets.CIFAR10(root='./data', train=True,
download=True)

# 定义数据增强的转换方法
data_transforms = [
    # 1. 随机水平翻转
    transforms.Compose([transforms.RandomHorizontalFlip(p=1)]),

    # 2. 随机旋转
    transforms.Compose([transforms.RandomRotation(10)]),

    # 3. 随机裁剪
    transforms.Compose([transforms.RandomCrop(32, padding=4)]),

    # 4. 颜色调整
    transforms.Compose([transforms.ColorJitter(brightness=0.2, contrast=0.2,
saturation=0.2, hue=0.1)]),

    # 5. 随机灰度化
    transforms.Compose([transforms.RandomGrayscale(p=0.1)]),
```

```
    # 6. 随机调整大小后裁剪
    transforms.Compose([transforms.RandomResizedCrop(32, scale=(0.8, 1.0))]),

    # 7. 高斯模糊
    transforms.Compose([transforms.GaussianBlur(kernel_size=5)]),

    # 8. 随机仿射变换（包括旋转和剪切）
    transforms.Compose([transforms.RandomAffine(degrees=15, translate=(0.1,
0.1), scale=(0.8, 1.2), shear=10)]),

    # 9. 指定剪切角度的剪切变换
    transforms.Compose([transforms.RandomAffine(degrees=0, translate=(0.1,
0.1), scale=(0.8, 1.2), shear=10)]),

    # 10. 透视变换
    transforms.Compose([transforms.RandomPerspective(
distortion_scale=0.5)]),
    ]

# 将数据增强应用于数据集并可视化增强后的图像
for i, transform in enumerate(data_transforms):
    augmented_dataset = torchvision.datasets.CIFAR10(root='./data', train=True,
download=True, transform=transform)

    # 获取一些示例图像
    sample_images = [augmented_dataset[i][0] for i in range(9)]

    # 将张量图像转换为用于可视化的 NumPy 数组
    sample_images = [np.array(image) for image in sample_images]

    # 绘制示例图像
    fig, axes = plt.subplots(3, 3, figsize=(8, 8))
    for i, ax in enumerate(axes.flat):
        ax.imshow(sample_images[i])
        ax.axis('off')
    plt.tight_layout()
    plt.title(f"增强方法 {i + 1}")
    plt.show()
```

在这里定义了一系列数据增强的转换方法，如随机水平翻转、随机旋转、颜色调整等。然后，将这些数据增强方法逐一应用到数据集上，以获取增强后的示例图像。将图像从张量转换为 NumPy 数组后，可以可视化每种增强方法下的示例图像，比较不同增强方法对图像的影响。有兴趣的读者可以仔细尝试学习。

7.2　基于双向 VisionMamba 的模块讲解

在前面的章节中，我们已经深入探讨了如何利用 PyTorch 工具轻松下载 CIFAR-10 数据集。现在，我们将进一步展开，以 SSM 架构为基础构建 Mamba 的图像分类模型，并将其应用于实战中。

7.2.1　数据的准备

在构建 Mamba 模型之前，我们需要对 CIFAR-10 数据集进行适当的预处理。这包括但不限于数据增强、归一化以及将图像数据转换为模型可以处理的张量格式。预处理步骤对于提高模型的泛化能力和训练效率至关重要。

根据我们在前面章节中学习的基于 PyTorch 的数据集封装与处理，整理数据的代码如下：

```
import torch
import torchvision
import matplotlib.pyplot as plt
import numpy as np
from tqdm import tqdm

# Download CIFAR-10 dataset
train_dataset = torchvision.datasets.CIFAR10(root='./data', train=True,
download=True)

# Define the class labels for CIFAR-10
class_labels = ['airplane', 'automobile', 'bird', 'cat', 'deer', 'dog', 'frog',
'horse', 'ship', 'truck']

image_dataset = []
label_dataset = []
for i in tqdm(range(len(train_dataset))):
    image = np.array(train_dataset[i][0])/512.
    label = train_dataset[i][1]

    image = np.transpose(image,(2,0,1))
    image_dataset.append(image)      # (3, 32, 32)
    label_dataset.append(label)      # 1

import torch
class CustomerDataset(torch.utils.data.Dataset):
    def __init__(self, image_dataset= image_dataset,hanzi_list =
label_dataset):
        super(CustomerDataset, self).__init__()
```

```
        # 这里截取一部分数据
        self.image_dataset = (image_dataset)
        self.label_dataset = (hanzi_list)

    def __getitem__(self, index):
        image = (self.image_dataset[index])
        label = (self.label_dataset[index])
        return image, label

    def __len__(self):
        return len(self.label_dataset)

if __name__ == '__main__':

    from torch.utils.data.dataloader import DataLoader
    customer_dataset = CustomerDataset(image_dataset,label_dataset)
    dataloader = DataLoader(customer_dataset,batch_size=32,shuffle=True)
```

我们首先导入了必要的库，包括 PyTorch、Torchvision（用于数据处理和加载）、NumPy（用于数值计算）以及 tqdm（用于显示进度条）。然后，使用了前面所讲解的 CIFAR-10 数据集并定义了 CIFAR-10 数据集的类别标签。

接下来，通过一个循环将数据集中的每组图像数据转换为 NumPy 数组，进行归一化处理，并调整其维度顺序以符合 PyTorch 的输入要求，同时将每幅图像对应的标签存储起来。这个过程使用了 tqdm 来显示处理进度。

为了便于模型的操作与使用，我们定义并使用了一个名为 CustomerDataset 的自定义数据集类，该类继承自 torch.utils.data.Dataset，用于封装处理后的图像和标签数据，并提供了 __getitem__ 和 __len__ 方法，以便后续可以通过索引访问数据集中的项目，并能够得知数据集的大小。

最后，在 __main__ 部分创建了一个 CustomerDataset 实例，并使用 DataLoader 创建了一个可以批量加载数据、打乱数据顺序的数据加载器，为后续训练和验证模型做准备。整段代码的目的是对 CIFAR-10 数据集进行预处理，并将其封装成一个便于 PyTorch 使用的数据集格式。

当然，为了简化起见，在这里直接使用原始数据进行训练。对于数据增强部分，读者可参考前面讲解的内容自行尝试。

7.2.2　将图像转换为 Mamba 可用的 Embedding 处理方法

在我们将图像数据输入 Mamba 模型之前，一个亟待解决的关键任务是如何将图像特征有效地转换为 Mamba 模型可接受的数据结构。其中，PatchEmbedding 技术发挥了至关重要的作用。

PatchEmbedding 是一种先进的数据转换方法，它能够将图像的局部特征映射到高维空间中，同时保留图像的关键信息。通过这种方法，我们可以将原始的图像数据切分为若干小块，或称为 patches，然后对每个小块进行特征提取和编码，最终将这些编码后的特征整合为 Mamba 模型可以处理的数据格式。

PatchEmbedding 不仅提高了数据处理的效率，还使得模型能够更细致地捕捉图像的局部特征，从而提升模型对图像的识别和理解能力。在将图像数据输入 Mamba 模型之前，通过 PatchEmbedding 技术进行处理，可以确保模型能够充分利用图像信息，进而提升预测和分类的准确性。

此外，PatchEmbedding 还具有一定的灵活性，可以根据具体需求调整 patch 的大小和编码方式，以适应不同的图像特征和模型要求。这使得 PatchEmbedding 成为一种强大而灵活的工具，为 Mamba 模型的高效运行提供了有力支持。

具体来看，PatchEmbedding 又称为图像分块映射。在 Mamba 结构中，输入的数据需要是一个二维矩阵(L,D)，其中 L 是序列（sequence）的长度，D 是序列中每个向量的维度。因此，需要将三维的图像矩阵转换为二维矩阵，如图 7-4 所示。

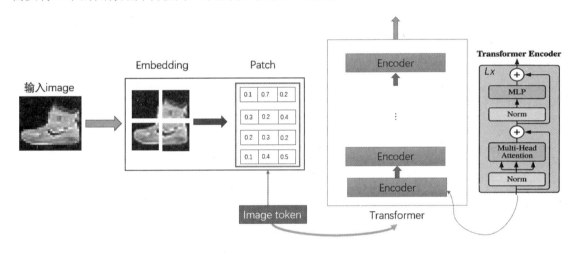

图 7-4　PatchEmbedding 图像转换

图像的输入不是单个字符，而是单个像素。假设每个像素有 C 个通道，图片的宽为 W、高为 H，因此一幅图片的所有数据可以用一个维度为[H,W,C]的张量来无损地表示。例如，在 MNIST 数据集中，数据的大小是 28×28。但将每个像素输入 Transformer 中粒度过细，一幅最小的图片也要 768（28×28）个 Token。因此，通常会将图片切成多个小块（patch），这些小块作为 Token 输入。因此，patch 的大小[h,w]必须能够被图片的宽和高整除。

这些图像的 Token 在意义上等价于文本的 Token，都是原来信息的序列表示。不同的是，文本的 Token 是通过分词算法得到的特定字库中的序号，这些序号就是字典的索引；也就是说，文本的 Token 是一个数字。而图像的 Token（patch）是一个矩阵。

具体来看，如果输入图片的大小为 28×28×1（这是一个单通道的灰度图），则 PatchEmbedding 会将图片分为固定大小的 patch，例如 4×4，则每幅图像会生成 28×28/4×4=49 个 patch。这意味着映射后的序列长度为 49，而每个 patch 的大小为 4×4×1=16。因此，每幅图片完成 PatchEmbedding 映射后的矩阵大小为[49,16]，图片映射为 49 个 Token，每个 Token 的维度为 16。

$$[49,16] \leftrightarrow 28 \times 28 = \left(\frac{28 \times 28}{4 \times 4}\right) \times (4 \times 4) = 49 \times 16$$

对于多通道（通常为 3 通道）的彩色图片，首先对原始输入图像进行切块处理。假设输入的图像大小为 224×224，我们将图像切成一个个固定大小为 16×16 的方块，每个小方块就是一个 patch，那么每幅图像中 patch 的个数为 $(224 \times 224)/(16 \times 16) = 196$ 个。切块后，我们得到了 196 个[16, 16, 3]的 patch，之后把这些 patch 送入 Flattened Patches 层，作用是将输入序列展平。此时输出为 196 个 Token，每个 Token 的维度经过展平后为 $16 \times 16 \times 3 = 768$，所以输出的维度为[196, 768]。

有时，针对项目目标的分类特殊性，还需要加上一个特殊字符 cls，因此最终的维度是[Token 数+1,Token 维度]。到目前为止，已经通过 PatchEmbedding 将一个视觉问题转换为一个序列处理问题

下面以多通道的彩色图片处理为例，完成 PatchEmbedding 的计算。在实际代码实现中，只需通过卷积和展平操作即可实现 PatchEmbedding。使用的卷积核大小为 16×16，步长（stride）为 16，卷积核个数为 768，卷积后再展平，尺寸变化为: [224, 224, 3]→[14, 14, 768]→[196, 768]。代码如下:

```python
class PatchEmbed(torch.nn.Module):
    def __init__(self, img_size=224, patch_size=16, in_c=3, embed_dim=768):
        super().__init__()
        """
        此函数用于初始化相关参数
        :param img_size: 输入图像的大小
        :param patch_size: 一个 patch 的大小
        :param in_c: 输入图像的通道数
        :param embed_dim: 输出的每个 Token 的维度
        :param norm_layer: 指定归一化方式，默认为 None
        """
        patch_size = (patch_size, patch_size)  # 16 -> (16, 16)
        self.img_size = img_size = (img_size, img_size)  # 224 -> (224, 224)
        self.patch_size = patch_size
        self.grid_size = (img_size[0] // patch_size[0], img_size[1] //
img_size[1])  # 计算原始图像被划分为(14, 14)个小块
        self.num_patches = self.grid_size[0] * self.grid_size[1]  # 计算 patch
的个数为 14×14=196 个
        # 定义卷积层
        self.proj = torch.nn.Conv2d(in_channels=in_c, out_channels=embed_dim,
kernel_size=patch_size, stride=patch_size)
        # 定义归一化方式
        self.norm = torch.nn.LayerNorm(embed_dim)

    def forward(self,image):
        """
        此函数用于前向传播
```

```
        :param x: 原始图像
        :return: 处理后的图像
        """
        B, C, H, W = image.shape

        # 检查图像高宽和预先设定是否一致，若不一致则报错
        assert H == self.img_size[0] and W == self.img_size[
            1], f"Input image size ({H}*{W}) doesn't match model
({self.img_size[0]}*{self.img_size[1]})."

        # 对图像依次进行卷积、展平和调换处理: [B, C, H, W] -> [B, C, HW] -> [B, HW, C]
        x = self.proj(image).flatten(2).transpose(1, 2)
        # 归一化处理
        x = self.norm(x)
        return x
```

在这里，使用卷积层完成了 PatchEmbedding 的操作，即将输入的图形格式进行了转换。

图像的每个 patch 和文本一样，也有先后顺序，因此不能随意打乱的，必须为每个 Token 添加位置信息。self.pos_embed 代码如下：

```
self.pos_embed = torch.nn.Parameter(torch.zeros(1, num_patches, mbed_dim))
x = x + self.pos_embed
```

顺便讲一下，有时某些简化的模型还需要添加一个特殊字符 class token。例如，在某些模型中，使用一个可训练的向量作为位置向量的参数添加在图像处理后的矩阵上。对于位置 Embedding 来说，最终要输入模型中的序列维度为[197, 768]。代码如下：

```
self.num_tokens = 1
self.pos_embed = torch.nn.Parameter(torch.zeros(1, num_patches +
self.num_tokens, embed_dim))
x = x + self.pos_embed
```

需要注意的是，这里 self.num_tokens 为额外添加的作为分类指示器的 class token 提供了位置编码。

7.2.3　能够双向计算的 VisionMamba 模型

在深入探讨之前，让我们先对 SSM 架构进行一个简要的回顾。SSM 代表了一种动态系统建模方式，能够通过状态变量的演变来精确地描绘系统的动态特性。在图像分类任务中，SSM 展现出了其独特的价值，能够帮助我们捕捉图像序列中的时间依赖关系，从而显著提升分类精度。

之前，我们成功地构建了 Mamba 模型。Mamba 是一个基于 SSM 架构设计的深度学习模型，专注于图像分类任务。通过将卷积神经网络在特征提取方面的优势与 SSM 在处理序列数据上的优势相融合，Mamba 模型能够更高效地处理图像数据，进而优化分类性能。

与传统的单向文本序列任务相比，图形处理方式更加灵活多变。图像本身以二维结构呈现，这为我们提供了更多的处理选择，如图 7-5 所示。

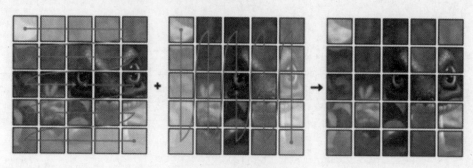

图 7-5　双向图像扫描

除传统的单向处理方法外，我们还可以尝试从多个方向对图像进行逐步分析和处理。这种方法有望挖掘出图像中更多的隐藏信息，从而进一步提高分类的准确性。通过这样的多样化处理方式，我们能够更全面地理解图像内容，为图像分类任务带来更多的可能性。

在实际应用时，使用双向 Mamba 时，我们只需对原有的 Mamba Block 模块应用更多的编码技巧。代码如下：

```
hidden_states = embedding
for i in range(len(self.mamba_blocks) // 2):
    hidden_states = self.rope_layer(hidden_states)
    hidden_states_forward = self.mamba_blocks[i * 2](hidden_states)
    # 第一次计算前向的内容
    hidden_states_backward = self.mamba_blocks[i * 2 +
1](hidden_states.flip([1]))
    hidden_states = hidden_states_forward + hidden_states_backward.flip([1])
    hidden_states = self.mamba_blocks[-1](hidden_states)
```

可以看到，我们首先进行正向计算，然后将输入的向量倒置以完成反向计算。最后，将正向和反向计算的结果叠加，构成一个新的完整的 PatchEmbedding 向量表示。

需要特别了解的是，在 PyTorch 中，flip 函数用于翻转张量的维度。具体来说，flip 函数接收一个表示要翻转的维度的列表。代码中的 hidden_states.flip([1])函数调用意味着要在第二个维度（索引为 1 的维度，因为 PyTorch 的维度索引是从 0 开始的）上翻转 hidden_states 张量。

例如，假设 hidden_states 是一个形状为(batch_size, sequence_length, hidden_dim)的三维张量。flip([1])会沿着 sequence_length 维度翻转这个张量，即原本序列中的第一个元素会被移到最后一个位置，原本序列中的最后一个元素会被移到第一个位置，以此类推。

这种操作在处理某些类型的序列数据时非常有用，比如当需要反向处理一个时间序列或者文本序列时。下面用一个简单的例子来展示 flip 函数的作用：

```
import torch

# 创建一个简单的三维张量
```

```
hidden_states = torch.tensor([[[1, 2], [3, 4], [5, 6]]])
print("Original tensor:")
print(hidden_states)

# 沿着第二个维度（索引为 1 的维度）翻转张量
flipped_states = hidden_states.flip([1])
print("Flipped tensor:")
print(flipped_states)
```

下面是一个完整的 VisionMamba 模型构建的示例。需要注意的是，基础 SSM 计算方案和 Mamba Block 没有变化，直接导入引用即可。

```
class VisionMamba(torch.nn.Module):
    def __init__(self,img_size = 32,embed_dim = 768, patch_size=4,num_layers
= 3,num_classes = 10,
                if_bidirectional = True,if_rope = True,device = "cuda"):
        super().__init__()
        self.num_classes = num_classes
        # embed_dim = 768 是根据输入的 image 大小预先手动计算出来的
        self.d_model = self.num_features = self.embed_dim = embed_dim

        self.if_rope = if_rope
        self.if_bidirectional = if_bidirectional

        self.patch_embedding_layer = PatchEmbed(img_size = img_size).to(device)
        grid_size = (img_size/patch_size) * (img_size/patch_size)

        self.pos_embed =
torch.nn.Parameter(torch.zeros(size=(int(grid_size),embed_dim))).to(device)


        if if_rope:
            half_head_dim = embed_dim // 2
            hw_seq_len = img_size // patch_size
            self.rope_layer = position.VisionRotaryEmbeddingFast(
                dim=half_head_dim,
                pt_seq_len=32,
                ft_seq_len=hw_seq_len
            ).to(device)

        self.head = torch.nn.Linear(768, num_classes,device=device)

        self.mamba_blocks = [moudle.MambaBlock(d_model = embed_dim, state_size
= 32,device=device) for _ in range(num_layers)]
        self.norm_f = torch.nn.LayerNorm(embed_dim,device=device)

    def forward(self,x):
```

```
        x = self.patch_embedding_layer(x) + self.pos_embed
        x += self.pos_embed

        B, M, _ = x.shape
        hidden_states = x
        if self.if_bidirectional:
            for i in range(len(self.mamba_blocks) // 2):
                hidden_states = self.rope_layer(hidden_states)
                # 第一次计算前向的内容
                hidden_states_forward = self.mamba_blocks[i * 2](hidden_states)
                hidden_states_backward = self.mamba_blocks[i * 2 +
1](hidden_states.flip([1]))
                hidden_states = hidden_states_forward +
hidden_states_backward.flip([1])
            hidden_states = self.mamba_blocks[-1](hidden_states)
        else:
            for block in self.mamba_blocks:
                hidden_states = self.rope_layer(hidden_states)
                hidden_states = block(hidden_states)

        hidden_states = self.norm_f(hidden_states)

        hidden_states = hidden_states.mean(dim=1)
        logits = self.head(hidden_states)

        return logits
```

我们在这段代码中定义了一个名为 VisionMamba 的 PyTorch 模型类，该模型基于 SSM 架构且专为图像分类任务而设计。模型包含多个组件，如 patch 嵌入层、位置嵌入、可选的 Rotary Embedding 层（若启用 if_rope），以及一系列的 Mamba 模块。在模型的前向传播过程中，首先将图像通过 patch 嵌入层并添加位置嵌入，然后根据是否启用双向处理，使用 Mamba 模块以不同的方式进行序列处理。最后，对处理后的特征进行层归一化、平均池化，并通过一个线性层输出分类结果。

7.2.4　初始旋转位置编码 RoPE

RoPE（Rotary Position Embedding）是一种旋转位置编码技术，它通过旋转的方式将位置信息编码到每个维度，使模型能够捕捉到序列中元素的相对位置信息。这种编码方式最初是在智谱 ChatGLM 大模型中被提出并使用的，目前已被广泛应用于多个大模型中，如 LLaMA 和 ChatGLM，如图 7-6 所示。

本节将简单介绍 RoPE，在后续的章节中再详细解释。

RoPE 的核心思想是通过复数乘法实现旋转变换，将位置信息融入 Token 表示中。这种旋转机制将位置信息编码到每个维度，与模型中的 Q（查询）和 K（键）深度融合，强化了位置编码信息的作用。

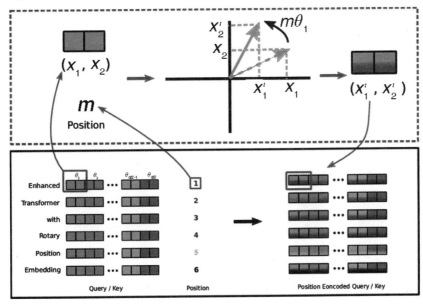

图 7-6　旋转位置编码 RoPE

RoPE 的优点如下：

● 更好的相对位置信息编码：通过旋转变换后的内积，自然地包含了 Token 之间的相对
位置信息。

● 更适用于多维输入：可以灵活地应用于多维输入数据，如图像或视频数据。

● 更善于处理长序列：RoPE 可以减少位置信息的损失，在处理长文本时确保位置信息
被有效保留和利用。

假设我们有一个长度为 4 的输入序列：$[w1, w2, w3, w4]$，每个词 wi 都有一个对应的词嵌入
向量 xi。在没有位置编码的情况下，模型可能无法理解这些词的顺序关系。但是，通过使用 RoPE，
我们可以给每个词嵌入向量添加位置信息。

首先，我们为每个位置生成一个旋转矩阵，这些矩阵会根据位置的不同而有所变化。

然后，我们将这些旋转矩阵应用于对应的词嵌入向量。例如，对于第一个词 $w1$ 的词嵌入
向量 $x1$，我们将其与第一个位置的旋转矩阵相乘，得到新的带有位置信息的词嵌入向量。

同样地，我们对其他词也进行相同的操作。这样，每个词嵌入向量现在都包含其在序列中
的位置信息。

当模型处理这个序列时，由于每个词嵌入向量都包含位置信息，因此模型能够更好地理解
序列的顺序和上下文关系。

在具体实现中，RoPE 通过复数乘法将位置信息融入词嵌入向量中。这种方式不是简单的
加法操作，而是在每一层的自注意力计算中使用旋转变换，以确保位置信息在深层网络中也能
被有效保留。

```python
class VisionRotaryEmbeddingFast(nn.Module):
    def __init__(
        self,
        dim,        pt_seq_len=16,        ft_seq_len=None,        custom_freqs = None,
        freqs_for = 'lang',        theta = 10000,        max_freq = 10,
num_freqs = 1,
    ):

        """
        pt_seq_len 这个参数代表了主要时间序列的长度，可以理解为"原始"或"基准"时间序列
的长度
        在初始化时，这个参数被用来确定如何计算和存储频率（freqs）的余弦和正弦值，这些值将在
forward 方法中使用来转换输入的时间序列 t

        ft_seq_len 这个参数代表了在 forward 方法中将要处理的时间序列 t 的长度
        如果在初始化时没有明确指定 ft_seq_len，那么它将默认为 pt_seq_len 的值
        这意味着，如果你打算处理的时间序列长度与初始化时设定的 pt_seq_len 相同，则不需要显
式设置 ft_seq_len
        在 forward 方法中，输入的时间序列 t 将被转换成一个新的序列，这个新序列的长度由
ft_seq_len 确定
        """
        super().__init__()
        if custom_freqs:
            freqs = custom_freqs
        elif freqs_for == 'lang':
            freqs = 1. / (theta ** (torch.arange(0, dim, 2)[:(dim // 2)].float()
/ dim))
        elif freqs_for == 'pixel':
            freqs = torch.linspace(1., max_freq / 2, dim // 2) * pi
        elif freqs_for == 'constant':
            freqs = torch.ones(num_freqs).float()
        else:
            raise ValueError(f'unknown modality {freqs_for}')

        if ft_seq_len is None: ft_seq_len = pt_seq_len
        t = torch.arange(ft_seq_len) / ft_seq_len * pt_seq_len

        freqs = torch.einsum('..., f -> ... f', t, freqs)
        freqs = repeat(freqs, '... n -> ... (n r)', r = 2)
        freqs = broadcat((freqs[:, None, :], freqs[None, :, :]), dim = -1)

        freqs_cos = freqs.cos().view(-1, freqs.shape[-1])
        freqs_sin = freqs.sin().view(-1, freqs.shape[-1])

        self.register_buffer("freqs_cos", freqs_cos)
        self.register_buffer("freqs_sin", freqs_sin)
```

```
        print('======== shape of rope freq', self.freqs_cos.shape, '========')

    def forward(self, t):
        if t.shape[1] % 2 != 0:
            t_spatial = t[:, 1:, :]
            t_spatial = t_spatial * self.freqs_cos + rotate_half(t_spatial) *
self.freqs_sin
            return torch.cat((t[:, :1, :], t_spatial), dim=1)
        else:
            return  t * self.freqs_cos + rotate_half(t) * self.freqs_sin
```

在具体使用中，我们只需将输入的 Embedding 部分通过 RoPE 计算即可，代码如下：

```
if __name__ == '__main__':

    rope = VisionRotaryEmbeddingFast(
            dim=2,
            ft_seq_len=8
        )
    embedding = torch.rand(size=(2,64,4))
    embedding = rope(embedding)
    print(embedding.shape)
```

这里在计算时，通常认为 VisionRotaryEmbeddingFast 中输入的 dim 为需要计算的 Embedding 最后一个维度的 1/2，而 ft_seq_len 平方的长度和 Embedding 第二个维度应该相同。

7.3　VisionMamba 图像分类实战

本节将完成使用多种 ticket 的 VisionMamba 图像分类实战。首先，我们将构建含有位置表示的双向 VisionMamba 模型构建。在模型训练过程中，我们将使用适当的损失函数和优化器来最小化预测误差，并通过多次迭代来优化模型参数。为了防止过拟合，我们还会采用一些正则化技术，如 Dropout 和权重衰减。

训练完成后，我们将对 Mamba 模型进行评估，通过计算分类准确率、召回率等指标来衡量其性能。此外，我们还会使用混淆矩阵来可视化模型的分类结果，以便更直观地了解模型在各类别上的表现。

7.3.1　VisionMamba 模型的构建

具体来看，对于 VisionMamba 模型的构建，我们可以通过直接堆叠前面加载了增强功能的多个模型来实现，并添加位置编码和双向计算模块，代码如下：

```
import position
import moudle
```

```python
    class VisionMamba(torch.nn.Module):
        def __init__ (self,img_size = 32,embed_dim = 768, patch_size=4,num_layers
= 3,num_classes = 10,
                    if_bidirectional = True,if_rope = True,device = "cuda"):
            super().__init__()
            self.num_classes = num_classes
            # embed_dim = 768 是根据输入的 image 大小预先手动计算出来的
            self.d_model = self.num_features = self.embed_dim = embed_dim

            self.if_rope = if_rope
            self.if_bidirectional = if_bidirectional

            self.patch_embedding_layer = PatchEmbed(img_size = img_size).to(device)
            grid_size = (img_size/patch_size) * (img_size/patch_size)

            self.pos_embed =
torch.nn.Parameter(torch.zeros(size=(int(grid_size),embed_dim))).to(device)


            if if_rope:
                half_head_dim = embed_dim // 2
                hw_seq_len = img_size // patch_size
                self.rope_layer = position.VisionRotaryEmbeddingFast(
                    dim=half_head_dim,
                    pt_seq_len=32,
                    ft_seq_len=hw_seq_len
                ).to(device)

            self.head = torch.nn.Linear(768, num_classes,device=device)

            self.mamba_blocks = [moudle.MambaBlock(d_model = embed_dim, state_size
= 32,device=device) for _ in range(num_layers)]
            self.norm_f = torch.nn.LayerNorm(embed_dim,device=device)

        def forward(self,x):
            x = self.patch_embedding_layer(x) + self.pos_embed
            x += self.pos_embed

            B, M, _ = x.shape
            hidden_states = x
            if self.if_bidirectional:
                # get two layers in a single for-loop
                for i in range(len(self.mamba_blocks) // 2):
                    hidden_states = self.rope_layer(hidden_states)
                    # 第一次计算前向的内容
                    hidden_states_forward = self.mamba_blocks[i * 2](hidden_states)
```

```
                hidden_states_backward = self.mamba_blocks[i * 2 +
1](hidden_states.flip([1]))
                hidden_states = hidden_states_forward +
hidden_states_backward.flip([1])
            hidden_states = self.mamba_blocks[-1](hidden_states)
        else:
            for block in self.mamba_blocks:
                hidden_states = self.rope_layer(hidden_states)
                hidden_states = block(hidden_states)

        hidden_states = self.norm_f(hidden_states)

        hidden_states = hidden_states.mean(dim=1)
        logits = self.head(hidden_states)

        return logits


if __name__ == '__main__':
    device = "cuda"
    image = torch.randn(size=(2,3,32,32)).to(device)
    output = VisionMamba(device=device)(image)
    print(output.shape)
```

7.3.2　VisionMamba 图像分类实战

最后，我们将完成基于 VisionMamba 的图像分类实战，并在可视化训练过程的基础上完成 VisionMamba 图像分类实战。代码如下：

```
import torch
import get_cifar10
import vision_mamba
from tqdm import tqdm


device = "cuda"
model = vision_mamba.VisionMamba().to(device)

# 定义优化器和损失函数
optimizer = torch.optim.AdamW(model.parameters(), lr=2e-3)
lr_scheduler = torch.optim.lr_scheduler.CosineAnnealingLR(optimizer,
T_max=1200, eta_min=2e-6, last_epoch=-1)
loss_func = torch.nn.CrossEntropyLoss()

# 设置训练参数
batch_size = 224
```

```python
from torch.utils.data.dataloader import DataLoader
customer_dataset = get_cifar10.CustomerDataset()
dataloader = DataLoader(customer_dataset, batch_size=batch_size, shuffle=True)

for epoch in range(36):
    pbar = tqdm(dataloader, total=len(dataloader))# 初始化进度条, 用于可视化训练进度
    for (batch_input_images, batch_labels) in pbar:# 遍历数据加载器中的每一批数据
        optimizer.zero_grad()
        batch_input_images = batch_input_images.float().to(device)
        batch_labels = batch_labels.to(device)

        # 进行前向传播和损失计算
        logits = model(batch_input_images)

        loss = loss_func(logits.view(-1, logits.size(-1)),
batch_labels.view(-1))
        # 进行反向传播和优化
        loss.backward(retain_graph=True)
        optimizer.step()
        lr_scheduler.step()  # 执行优化器学习率更新

        accuracy = (logits.argmax(1) == batch_labels).type(torch.float32).sum()
/ batch_size
        # 更新进度条描述, 显示当前 epoch、训练损失和学习率
        pbar.set_description(
            f"epoch:{epoch + 1},
train_loss:{loss.item():.5f},train_accuracy:{accuracy.item():.2f},
lr:{lr_scheduler.get_last_lr()[0] * 100:.5f}")

    torch.save(model.state_dict(), "./saver/modelpara.pt")
```

需要注意的是，由于在硬件资源的差异，训练时的批次大小应根据具体情况进行调整。读者可根据需要自行完成训练和预测部分。

7.4　本章小结

本章成功完成了基于带有旋转位置编码的 VisionMamba 模型的图像分类实战演练。此外，我们还引入了一种创新的 PatchEmbedding 方法，该方法能够高效地将图像矩阵转换为 SSM 可用的数据格式，从而实现了模型对图像特征的精细捕捉与处理。尤为值得一提的是，我们在 VisionMamba 模型中集成了双向计算功能，这一改进显著提升了模型的性能和准确率。通过这些技术手段的综合运用，我们不仅在图像分类任务上取得了令人满意的成果，也为后续更复杂的视觉处理任务奠定了坚实的基础。

第8章

多方案的 Mamba 文本生成实战

在前面的章节中，我们深入探讨了 Mamba 在文本、语音以及图像判别领域的应用，主要围绕特定属性或类别进行分类操作。不过，这些应用都属于判别模型的范畴。

现在，我们将开启新篇章，聚焦于 Mamba 的生成模型。生成模型作为一种能够学习并模拟数据分布的机器学习方法，近年来受到了广泛的关注。与判别模型不同，生成模型不仅仅进行分类或判别，而是能够创造出新的、与原始数据相似的内容。

本章的首要任务是探索基于自定义 Mamba 模型的文本生成。我们将从零开始构建一个能够根据特定上下文或主题生成文本的 Mamba 模型。该过程涉及模型架构设计、训练数据的准备以及训练策略的制定等关键环节。

紧接着，我们将学习如何对现有的 Mamba 模型进行微调。微调作为一种有效的迁移学习方法，可以使我们利用预训练模型的知识，借助少量数据和训练时间，让模型适应新的任务。掌握这项技术将极大地降低实施文本生成模型项目的难度。

此外，本章还将传授文本生成任务中的实用技巧和方法。例如，我们将深入探讨文本的错位输入，这不仅能帮助我们更好地理解模型的健壮性，还能提升我们解决实际问题的能力。同时，还将分享一些提高文本生成质量和效率的策略，如温度采样等。

通过本章的学习，读者不仅可以掌握 Mamba 生成模型的核心技术，还能在实际操作中灵活运用各种技巧，从而更好地驾驭文本生成模型，为自己的项目增光添彩。

8.1 Mamba 的经典文本生成实战

本节将首先完成基于我们自定义的 Mamba 模型的经典文本生成实战。

8.1.1 数据的准备与错位输入方法

首先是数据的准备。在构建文本生成模型之前，我们需要了解生成模型独特的文本输入方法。在文本生成模型中，我们不仅需要提供与前期模型完全一致的输入序列，还需要对它进行关键的错位操作。这一创新步骤的引入，为模型注入了新的活力，使模型在处理序列数据时能够展现出更高的灵活性和效率。

以输入"你好人工智能!"为例，在生成模型中，这段文字将被细致地表征为每个字符在输入序列中占据的特定位置，如图 8-1 所示。在这个过程中，我们深入挖掘每个字符或词的语义含义以及它们在整个序列中出现的位置信息。

通过这种分析方式，模型能够从多个维度捕获输入序列中的丰富信息，从而显著提高模型对自然语言的综合理解和处理能力。这种处理方式使得模型在处理复杂多变的自然语言任务时，表现出更强的灵活性和准确性。

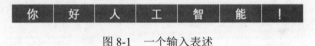

图 8-1 一个输入表述

然而，此时不能将其作为单独的输入端或者输出端直接输入模型中进行训练，而需要对其进行修正，如图 8-2 所示。

图 8-2 输入与输出对比

可以看到，在这种情况下，我们构建的数据输入和输出具有相同的长度，然而在位置上却呈现错位的输出结构。这种设计旨在迫使模型利用前端出现的文本预测下一个位置可能出现的字（或词，取决于切分方法），从而训练模型对上下文信息的捕捉和理解能力。最终，在生成完整的句子输出时，会以自定义的结束符号 SEP 作为标志，标识句子生成的结束。

以我们前期准备的情感分类数据集为例，将所有文本内容经过编码处理后整理成一个完成的 token_list，并根据设定的长度随机截取一段进行错位计算后输出，代码如下：

```python
from tqdm import tqdm
import torch

from dataset import tokenizer
tokenizer_emo = tokenizer.Tokenizer()

token_list = []
with open("./dataset/ChnSentiCorp.txt", mode="r", encoding="UTF-8") as
emotion_file:
    for line in tqdm(emotion_file.readlines()):
        line = line.strip().split(",")
```

```
        text = "".join(line[1:]) + '※'
        if True:
            token = tokenizer_emo.encode(text)
            for id in token:
                token_list.append(id)
token_list = torch.tensor(token_list * 2)

class TextSamplerDataset(torch.utils.data.Dataset):
    def __init__(self, data = token_list, seq_len = 48):
        super().__init__()
        self.data = data
        self.seq_len = seq_len

    def __getitem__(self, index):
        rand_start = torch.randint(0, self.data.size(0) - self.seq_len, (1,))
        full_seq = self.data[rand_start : rand_start + self.seq_len + 1].long()
        return full_seq[:-1],full_seq[1:]

    def __len__(self):
        return self.data.size(0) // self.seq_len
```

可以看到，这段代码首先通过 tqdm 库（用于显示进度条）和自定义的 tokenizer 来从一个文本文件中读取并处理情感数据，将文本转换为一系列的 Token ID，并存储在一个列表中。

随后，这个列表被转换成 PyTorch 张量并重复一遍。然后定义了一个名为 TextSamplerDataset 的 PyTorch 数据集类，该类在初始化时接收处理过的 Token 数据和序列长度作为参数。

该数据集类能够随机生成固定长度的序列对（前一个序列和后一个序列），用于后续训练文本生成模型。注意，我们使用前一个序列作为输入，后一个序列作为预测目标。最后，数据集的长度根据数据总量和序列长度来计算。

需要特别注意的是，当使用经过训练的 Mamba 模型进行下一个真实文本预测时，输出的内容与我们之前学习的编码器文本输出格式可能并没有直接关联，如图 8-3 所示。

图 8-3　GLM 的输入和输出对比

可以看到，这段模型输出的前端部分和输入文本并无直接关联（橙色部分），仅对输出的下一个字符进行预测和展示。

因此，在预测一整段文字时，需要采用不同的策略。例如，可以通过滚动循环的方式，从起始符开始，不断将已预测的内容与下一个字符的预测结果进行黏合，逐步生成并展示整段文字。这样的处理方式可以确保模型在生成长文本时保持连贯性和一致性，从而得到更加准确和自然的预测结果。

8.1.2 基于经典 Mamba 的文本生成模型

根据前面的分析，我们的目标是构建一个基于经典 Mamba 框架的文本生成模型，即语言生成模型（Generator Language Model，GLM）。这一模型将能够根据输入智能地生成连贯的文本内容。

在此，我们将复用前文介绍的 Mamba 模块，利用其强大的功能和灵活性来简化我们的开发工作。为了实现这一目标，我们主要完成两个核心任务：模型的主体构建和输出函数的定义。

对于模型的主体，我们将利用 Mamba 提供的丰富组件和接口，构建一个高效且稳定的文本生成模型。具体步骤包括选择合适的网络结构、配置适当的参数以及优化训练策略等。通过这些步骤，我们确保模型具备强大的文本生成能力，并能够根据输入生成高质量的内容。

输出函数的定义则是将模型的生成结果转换为人类可读的文本格式。我们将设计一个巧妙的输出函数，它不仅能够准确地提取模型生成的文本序列，还能够根据需要进行后处理和格式化，确保输出的文本既符合语法规范又具备可读性。

完整的 GLM 模型如下：

```python
import copy
import torch
import einops.layers.torch as elt
from einops import rearrange, repeat, reduce, pack, unpack

import all_config
model_cfg = all_config.ModelConfig

import moudle
import utils
class GLMSimple(torch.nn.Module):
    def __init__(self,dim = model_cfg.dim,num_tokens =
model_cfg.num_tokens,device = all_config.device):
        super().__init__()
        self.num_tokens = num_tokens
        self.device = device

        self.token_emb = torch.nn.Embedding(num_tokens,dim)
        self.layers = torch.nn.ModuleList([])

        for _ in range(model_cfg.depth):
            block = moudle.MambaBlock(d_model=dim,device=device)
            self.layers.append(block)

        self.norm = torch.nn.LayerNorm(dim)
        self.to_logits = torch.nn.Linear(dim, num_tokens, bias=False)

    def forward(self,x):
```

```
    x = self.token_emb(x)
    for layer in self.layers:
        x = x + layer(x)

    #这个返回的 Embedding 好像没什么用
    embeds = self.norm(x)
    logits = self.to_logits(embeds)
    return logits, embeds


@torch.no_grad()
def generate(
        self, seq_len, prompt=None, temperature=1.,
        eos_token=2, return_seq_without_prompt=True
):
    """
    根据给定的提示（prompt）生成一段指定长度的序列
```

参数：
- seq_len：生成序列的总长度
- prompt：序列生成的起始提示，可以是一个列表
- temperature：控制生成序列的随机性。温度值越高，生成的序列越随机；温度值越低，生成的序列越确定
- eos_token：序列结束标记的 Token ID，默认为 2
- return_seq_without_prompt：是否在返回的序列中不包含初始的提示部分，默认为 True

返回：
- 生成的序列（包含或不包含初始提示部分，这取决于 return_seq_without_prompt 参数的设置）

```
    """

    # 将输入的 prompt 转换为 torch 张量，并确保它在正确的设备上（如 GPU 或 CPU）
    prompt = torch.tensor(prompt).to(self.device)

    # 对 prompt 进行打包处理，以便能够正确地传递给模型
    prompt, leading_dims = pack([prompt], '* n')

    # 初始化一些变量
    n, out = prompt.shape[-1], prompt.clone()

    # 根据需要的序列长度和当前 prompt 的长度，计算出还需要生成多少个 Token
    sample_num_times = max(1, seq_len - prompt.shape[-1])

    # 循环生成剩余的 Token
    for _ in range(sample_num_times):
        # 通过模型的前向传播获取下一个可能的 Token 及其嵌入表示
```

```
        logits, embeds = self.forward(out)
        logits, embeds = logits[:, -1], embeds[:, -1]

        # 使用 Gumbel 分布对 logits 进行采样，以获取下一个 Token
        sample = utils.gumbel_sample(logits, temperature=temperature,
dim=-1)

        # 将新生成的 Token 添加到当前序列的末尾
        out, _ = pack([out, sample], 'b *')

        # 如果设置了结束标记，并且序列中出现了该标记，则停止生成
        if utils.exists(eos_token):
            is_eos_tokens = (out == eos_token)
            if is_eos_tokens.any(dim=-1).all():
                break

    # 对生成的序列进行解包处理
    out, = unpack(out, leading_dims, '* n')

    # 根据 return_seq_without_prompt 参数的设置，决定是否返回包含初始提示的完整序列
    if not return_seq_without_prompt:
        return out
    else:
        return out[..., n:]


if __name__ == '__main__':

    token = torch.randint(0,1024,(2,48)).to("cuda")
    model = GLMSimple().to("cuda")
    result = model.generate(seq_len=20,prompt=token)
print(result)
```

在模型主体部分，我们采用的是与拼音汉字转换模型相同的主体结构，这也是经典的生成模型架构，其目标是根据输入的前一个（一般是多个）Token 输出下一个 Token，即进行"下一个 token"预测。

8.1.3　基于 Mamba 的文本生成模型的训练与推断

下面我们将完成文本生成模型的训练。简单来说，在提供错位数据输入的基础上，文本生成模型可以直接对输出和标签进行交叉熵计算，并计算 Loss，代码如下：

```
import os

from tqdm import tqdm
```

```python
import torch
from torch.utils.data import DataLoader

import glm_model

BATCH_SIZE = 512

import all_config
device = all_config.device

model = glm_model.GLMSimple(num_tokens=3700,dim=384)
model.to(device)

import get_data_emotion
#import get_data_emotion_2 as get_data_emotion
train_dataset =
get_data_emotion.TextSamplerDataset(get_data_emotion.token_list,seq_len=48)
    train_loader = (DataLoader(train_dataset,
batch_size=BATCH_SIZE,shuffle=True))

    save_path = "./saver/glm_text_generator.pth"
    #model.load_state_dict(torch.load(save_path),strict=False)

    optimizer = torch.optim.AdamW(model.parameters(), lr = 2e-5)
    lr_scheduler = torch.optim.lr_scheduler.CosineAnnealingLR(optimizer,T_max =
1200,eta_min=2e-7,last_epoch=-1)
    criterion = torch.nn.CrossEntropyLoss()

    for epoch in range(64):
        pbar = tqdm(train_loader,total=len(train_loader))
        for token_inp,token_tgt in pbar:
            token_inp = token_inp.to(device)
            token_tgt = token_tgt.to(device)
            logits,_ = model(token_inp)
            loss = criterion(logits.view(-1, logits.size(-1)), token_tgt.view(-1))

            optimizer.zero_grad()
            loss.backward()
            optimizer.step()
            lr_scheduler.step()  # 执行优化器
            pbar.set_description(f"epoch:{epoch +1}, train_loss:{loss.item():.5f},
lr:{lr_scheduler.get_last_lr()[0]*1000:.5f}")

        torch.save(model.state_dict(), save_path)
```

训练过程较为复杂，根据设置的文本输入长度与读者的硬件资源，训练时间会有所不同。

这一点请读者自行斟酌。

接下来，主要讲解模型的预测输出，代码如下：

```python
import torch
from torch.utils.data import DataLoader
import glm_model
from dataset import tokenizer
tokenizer_emo = tokenizer.Tokenizer()

import all_config
device = all_config.device

model = glm_model.GLMSimple(num_tokens=3700,dim=512)
model.to(device)
model.eval()
save_path = "./saver/glm_text_generator.pth"
model.load_state_dict(torch.load(save_path),strict=False)

for _ in range(10):
    text = "酒店"
    prompt_token = tokenizer_emo.encode(text)
    prompt_token = torch.tensor(prompt_token).to(device)
    result_token = model.generate(seq_len=32, prompt=prompt_token)
    _text = tokenizer_emo.decode(result_token).split("※")[0]
    print(text + _text)
```

这是 GLM 模型的生成部分。首先，根据需要的序列长度和当前 prompt 的长度，计算出还需要生成多少个 Token。之后，循环生成下一个 Token，并根据参数设置，决定是否返回包含初始提示的完整序列。

8.1.4 生成函数中的注意事项：temperature 与"模型尺寸"

在前面的输出函数中，我们介绍了一个特殊的创造性生成函数 gumbel_sample，其作用是在文本生成阶段能够生成更具有多样性的文本输出。

创造性生成函数所产生的结果主要受到一个参数的影响：创造性参数 temperature。对于生成模型来说，temperature 可视为模型创造性的调节因子。temperature 值越大，模型的创造性越强，但生成的文本可能会变得不够稳定。相反，temperature 值越小，模型的创造性就越弱，而生成的文本会趋于稳定。

生成模型在生成数据时，会通过采样的方法增加文本生成过程中的随机性。模型根据概率分布情况来随机生成下一个单词。例如，已知单词[a, b, c]的生成概率分别是 [0.1, 0.3, 0.6]，那么生成 c 的概率较大，而生成 a 的概率较小。

但是，如果仅按全体词的概率分布来进行采样，还是有可能生成低概率的单词，导致生成的句子出现语法或语义错误。通过在 softmax 函数中加入 temperature 参数，强化顶部词的生成概率，能够在一定程度上缓解这一问题。

$$p(i) = \frac{e^{\frac{z_i}{t}}}{\sum_1^K e^{\frac{z_i}{t}}}$$

在上述公式中，当 $t<1$ 时，将会增加顶部词的生成概率，且 t 越小，越倾向于使用保守的方法生成下一个词；当 $t>1$ 时，将会增加底部词的生成概率，且 t 越大，越倾向于从均匀分布中生成下一个词。图 8-4 模拟了每个字母生成的概率，观察 t 值大小对概率分布的影响。

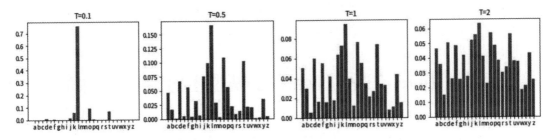

图 8-4 不同 Temperature 的生成结果分布

这样做的好处在于生成的文本具有多样性和随机性，但同时，对 t 值的选择需要依赖于模型设计人员的经验或调参。

下面是一个使用 NumPy 实现的 temperature 值的设置，代码如下：

```
def temperature_sampling(prob, T=0.2):
    def softmax(z):
        return np.exp(z) / sum(np.exp(z))
    log_prob = np.log(prob)
    reweighted_prob = softmax(log_prob / T)
    sample_space = list(range(len(prob)))
    original_sample = np.random.choice(sample_space, p=prob)
    temperature_sample = np.random.choice(list(range(len(prob))),
p=reweighted_prob)
    return temperature_sample
```

创造性参数 temperature 控制了生成文本的创造性程度。在深度学习模型中，模型的创造性通常被视为模型在生成新样本时对已有知识的探索和利用之间的平衡。当 temperature 参数值较大时，模型更倾向于探索新的、可能不准确的样本，因此生成的文本可能更具创造性，但也可能更不稳定和不准确；当 temperature 参数值较小时，模型更倾向于利用已有的知识生成样本，因此生成的文本可能更稳定和准确，但也可能缺乏创造性。

另外，需要读者注意的是，由于我们希望使用生成模型根据提示输出文本内容，因此，相对于前期使用的判别模型，生成模型在维度和层级上都有较大的区别。因此，建议在使用自定义的判别模型时，采用如下（较大尺寸）的参数设置：

```
class ModelConfig:
```

```
num_tokens = vocab_size = 3700
dim = 512          # 注意设置的维度
causal = True
qk_rmsnorm = False


drop_ratio = 0.1


device = "cuda"
depth = 16          # 设置的层数
```

可以看到，此时的 dim 维度被设置成 512，层数 depth 被设置成 16，而在具体训练时，batch_size 也应设置为较小的值。这一点请读者根据本身的硬件资源与条件自行斟酌使用。

8.2 微调：在原有 Mamba 模型上进行重新训练

在经典的 Mamba 模型上进行训练固然可行，但对于普通用户而言，在有限的数据集上进行全新的 Mamba 生成模型训练确实具有挑战性。这不仅需要深厚的专业知识，还需要大量的时间和计算资源，这些因素都增加了训练的难度。

尽管从头开始训练一个 Mamba 生成模型是一项艰巨的任务，但作为深度学习的实践者，我们有一个实用且可靠的方法：在已有一定基础的模型上继续训练我们的生成模型。这种被称为迁移学习或微调的方法，在深度学习领域被广泛应用。通过这种方法，我们可以利用预先训练的模型作为基础，通过在其上继续进行训练，以适应特定任务和数据集。这不仅可以节省大量的时间和计算资源，还能提高模型的性能和准确性。

采用这种训练方法，即使是普通用户也能在有限的数据集上训练出高效的 Mamba 生成模型，从而更好地满足实际应用需求。因此，对于希望在深度学习领域取得成果的用户来说，掌握并应用这种方法至关重要。

8.2.1 什么是微调

微调（Fine-tuning）是深度学习领域的一个重要概念，主要针对预训练模型进行进一步的调整，以适应新的特定任务，如图 8-5 所示。

下面将详细讲解微调的概念、应用及其实现过程。

1. 微调的概念

预训练模型：预先在大规模无标注数据上通过自监督学习得到的模型，这些模型通常具有对一般自然语言结构良好的理解能力。

微调：在预训练模型的基础上，针对具体下游任务（如文本分类、问答系统、命名实体识别等），使用相对规模较小但有标签的目标数据集对该模型的部分或全部参数进行进一步的训练。

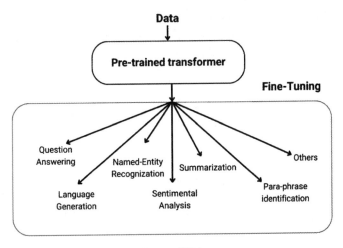

图 8-5　微调

2. 微调的应用

领域适配：通用预训练模型通常在跨领域的大规模数据上训练，但当应用到金融、医疗、法律等特定行业领域时，性能可能会下降。这是因为这些专业领域有自己独特的语言风格、专业术语和语义关系。通过微调，可以使模型更好地捕捉该领域的语言特点，从而提升性能。

任务定制：即使在同一行业领域，不同的任务也可能有差异化的需求。通过针对特定任务进行微调，可以优化模型在该任务上的关键性能指标，如准确率、召回率、F1 值等，以满足实际应用需求，如图 8-6 所示。

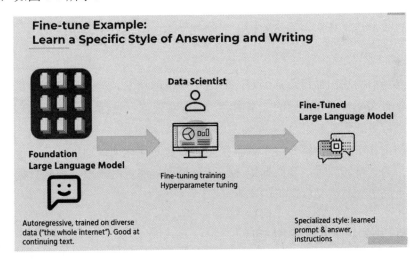

图 8-6　微调的应用实现

3. 微调的实现过程

具体来看，微调的实现通常包括以下几个步骤。

步骤 01 选择预训练模型：根据任务需求选择一个合适的预训练模型作为基础。

步骤**02** 准备目标数据集：收集并标注针对特定任务的数据集。

步骤**03** 微调模型：使用目标数据集对预训练模型进行进一步的训练，调整模型的参数以适应新任务。

步骤**04** 评估与调优：在验证集上评估微调后的模型性能，并根据评估结果进行必要的调优。

步骤**05** 部署与应用：将微调后的模型部署到实际应用场景中，进行预测和服务。

总的来说，微调是一种高效的模型定制化方法，可以最大限度地发挥预训练模型的潜力，使其在特定任务中展现出卓越的性能。

8.2.2 预训练的 Mamba 生成模型

首先我们回忆一下在第 2 章使用的 Mamba 生成模型，代码如下：

```
import model
from model import Mamba

from modelscope import snapshot_download,AutoTokenizer
model_dir =
snapshot_download('AI-ModelScope/mamba-130m',cache_dir="./mamba/")
mamba_model = Mamba.from_pretrained("./mamba/AI-ModelScope/mamba-130m")
tokenizer = AutoTokenizer.from_pretrained('./mamba/tokenizer')

print(model.generate(mamba_model, tokenizer, '酒店'))

print(tokenizer.vocab)
```

此时我们以"酒店"开头，并希望输出后续的文本内容，如下所示：

```
酒店&*……and many others.
```

可以看到，当前的输出显得杂乱无章，缺乏实质性的意义。但是，我们的目标是利用手头的数据集生成具有实际含义和价值的文本内容。为了实现这一目标，我们计划在原有的 Mamba 模型的基础上进行重新训练。

在接下来的工作中，我们将专注于调整模型的参数，优化训练过程，并确保我们的数据集得到有效利用。通过重新训练，我们期望 Mamba 模型能够更准确地捕捉到数据中的内在规律和特征，进而生成更加有意义、连贯的文本。

8.2.3 对预训练模型进行微调

下面我们将使用预训练模型在数据集上进行微调开发。具体来看，一个非常简单的思路是查看预训练模型的结构并按要求进行修正，作者提供的预训练模型 Mamba 的基本结构如下：

```
class Mamba(nn.Module):
    def __init__(self, args: ModelArgs):
        """Full Mamba model."""
```

```
        super().__init__()
        self.args = args

        self.embedding = nn.Embedding(args.vocab_size, args.d_model)
        self.layers = nn.ModuleList([ResidualBlock(args) for _ in
range(args.n_layer)])
        self.norm_f = RMSNorm(args.d_model)

        self.lm_head = nn.Linear(args.d_model, args.vocab_size, bias=False)
        self.lm_head.weight = self.embedding.weight  # Tie output projection to
embedding weights.
    def forward(self, input_ids):
        """
        Args:
            input_ids (long tensor): shape (b, l)    (See Glossary at top for
definitions of b, l, d_in, n...)

        Returns:
            logits: shape (b, l, vocab_size)

        """
        x = self.embedding(input_ids)

        for layer in self.layers:
            x = layer(x)

        x = self.norm_f(x)
        logits = self.lm_head(x)

        return logits
```

可以看到，此时的输出结构和我们自定义的 Mamba 模型基本一致，即输入层经过 Embedding 变换后，再经过多个 SSM 的 block，最终到达 head 层进行输出。

因此，在具体使用时，我们可以在 8.1.3 节的模型训练代码上，仅对提供的模型进行修改即可。部分代码如下：

```
...
from model import Mamba
from modelscope import snapshot_download,AutoTokenizer
model_dir =
snapshot_download('AI-ModelScope/mamba-130m',cache_dir="./mamba/")
mamba_model = Mamba.from_pretrained("./mamba/AI-ModelScope/mamba-130m")
...
model = mamba_model
...
for epoch in range(3):
```

```
pbar = tqdm(train_loader,total=len(train_loader))
for token_inp,token_tgt in pbar:
        token_inp = token_inp.to(device)
    token_tgt = token_tgt.to(device)
    logits = model(token_inp)
torch.save(model.state_dict(), save_path)
```

另外，读者要注意，我们需要保存训练的权重。

8.2.4 使用微调的预训练模型进行预测

最后，使用微调的模型进行训练。这里最为重要的内容是载入我们训练的权重参数，使用方法如下：

```
import model
from model import Mamba
#from transformers import AutoTokenizer
import torch

from modelscope import snapshot_download,AutoTokenizer
model_dir =
snapshot_download('AI-ModelScope/mamba-130m',cache_dir="./mamba/")
mamba_model = Mamba.from_pretrained("./mamba/AI-ModelScope/mamba-130m")
save_path = "./saver/glm_text_generator.pth"
mamba_model.load_state_dict(torch.load(save_path))

tokenizer = AutoTokenizer.from_pretrained('./mamba/tokenizer')
for _ in range(10):
    print(model.generate(mamba_model, tokenizer, '酒店'))
    print(model.generate(mamba_model, tokenizer, '位置'))
print("-------------")
```

此时的部分输出结果如下：

酒店服务还可以。早餐下来也比较好。※酒店
位置在路前，但一开始觉得比较不方便，下次来还真住这里。

酒店的早餐很一般但价格的希望很快早餐的速度还可以到 9 点早不过是怀旧时前台
位置很好，出门右走在饭店饭中往往，有一个很贵的餐馆和客房，不错的，又❖

酒店大堂和藏厨部的设施都很正常，早上起来我很快就到酒店，前台服务员非常热情，提
位置不错，位于闹中取静。酒店的早餐不太好，但在门口等了半个小时还是很齐的。❖

酒店的地毯很脏，其他都不错。※酒店内部环境不好，连地毯都没干净，早餐一般
位置比较好（我住的在 5 楼），早餐还可以※周围环境不错，位置还比较好

可以看到，相较于原有的输出，此时的输出结果已经在一定程度上体现了表达的意义，并

且符合我们的输入引导词。

更多内容请读者仔细查阅。

8.3　低硬件资源微调预训练 Mamba 模型的方法

在前面的章节中，我们详细介绍了基于预训练模型 Mamba 的全参数微调方法，并展示了其在实际应用中的有效性。这种全参数微调确实是一种切实可行的模型训练与预测手段，通过对模型的所有参数进行调整，可以使其更好地适应特定的任务和数据集。然而，微调的方法并非仅限于此。

事实上，除全参数微调外，还存在多种灵活的微调策略，能够在满足我们需求的同时，完成对模型的精细化调整。例如，部分参数微调是一种更加聚焦的调整方式，它只针对模型中的特定层或参数进行调整，而保持其他部分不变。这种方法既能节省计算资源，又能有针对性地提升模型在特定任务上的性能。

此外，还有基于适配器的微调方法，这种方法通过在预训练模型中插入额外的适配器模块，并仅对这些模块进行训练来实现对模型的微调。这种方式能够在保留预训练模型大部分知识的同时，快速适应新的任务。

因此，除了全参数微调外，还有多种微调方法可供选择，以便根据实际情况灵活调整模型，以实现最佳性能。在接下来的章节中，我们将深入探讨这些微调方法的具体实现和应用场景。

8.3.1　使用冻结模型参数的微调方法

我们的目标是利用预训练模型来完成模型微调，以实现更高的适应性和性能。一个直观且实用的策略是，在原有模型的基础上，冻结部分底层参数，而集中训练模型的高层参数。

通常，模型的底层负责抽取基础且相对"粗糙"的特征，这些特征虽然对理解输入数据至关重要，但在不同的任务和领域具有一定的通用性。相对而言，模型的高层更专注于抽取"细粒度"的特征，这些特征对于特定任务的性能提升尤为关键，如图 8-7 所示。

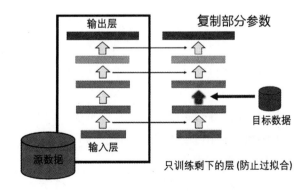

图 8-7　只在部分层上进行训练

基于这一特性，我们可以采用这种策略：冻结模型的底层参数，仅对高层参数进行训练。这种微调方式不仅可以减少训练过程中的计算负担，还能使模型更快地适应新任务，因为高层参数的调整能够更直接地影响模型的最终输出。

通过这种方法，我们可以在保留预训练模型强大特征抽取能力的同时，使模型更好地适应特定任务的需求。在接下来的实验中，我们将验证这种微调策略的有效性，并探索其对模型性能的具体影响。

在具体实现时，我们首先获取所有层的名称，此时 PyTorch 提供了打印所有模型名称的函数，代码如下：

```
# 冻结所有层
for name,param in mamba_model.named_parameters():
    print(name)
param.requires_grad = False
```

可以看到，通过打印层名称，我们使用 param.requires_grad=False 这个函数来冻结所有层。打印结果如下：

```
embedding.weight
layers.0.mixer.A_log
layers.0.mixer.D
...
layers.23.mixer.dt_proj.bias
layers.23.mixer.out_proj.weight
layers.23.norm.weight
norm_f.weight
```

可以看到，这里实际上是根据不同的层号对每个位置进行编号，接下来我们核对原有的 Mamba 的 config 设置参数：

```
{
    "d_model": 768,
    "n_layer": 24,
    "vocab_size": 50277,
    "ssm_cfg": {},
    "rms_norm": true,
    "residual_in_fp32": true,
    "fused_add_norm": true,
    "pad_vocab_size_multiple": 8
}
```

可以很容易地发现，在预训练的 Mamba 层中，层是按照数字顺序从 0~23 排列的。下面我们仅基于名称进行微调，在此基础上对模型进行微调，代码如下：

```
model_dir =
snapshot_download('AI-ModelScope/mamba-130m',cache_dir="./mamba/")
mamba_model = Mamba.from_pretrained("./mamba/AI-ModelScope/mamba-130m")
```

```
# 冻结除目标层外的所有层
for name,param in mamba_model.named_parameters():
    print(name)
    if "23" not in name:
        param.requires_grad = False


BATCH_SIZE = 320

import all_config
device = all_config.device
model = mamba_model
model.to(device)
```

可以看到，此时我们冻结了除目标层（编号 23）外的所有层。在具体的代码编写中，我们通过检查层名称来排除无须冻结的层，同时冻结特定目标层。以下是完整的代码：

```
import os
import math
from tqdm import tqdm
import torch
from torch.utils.data import DataLoader
from model import Mamba
from modelscope import snapshot_download,AutoTokenizer
model_dir =
snapshot_download('AI-ModelScope/mamba-130m',cache_dir="./mamba/")
    mamba_model = Mamba.from_pretrained("./mamba/AI-ModelScope/mamba-130m")

# 冻结所有层
for name,param in mamba_model.named_parameters():
    print(name)
    if "23" not in name:
        param.requires_grad = False


BATCH_SIZE = 320
import all_config
device = all_config.device
model = mamba_model
model.to(device)


import get_data_emotion
train_dataset =
get_data_emotion.TextSamplerDataset(get_data_emotion.token_list)
    train_loader = (DataLoader(train_dataset,
batch_size=BATCH_SIZE,shuffle=True))


save_path = "./saver/glm_text_generator.pth"
```

```
optimizer = torch.optim.AdamW(model.parameters(), lr = 2e-5)
lr_scheduler = torch.optim.lr_scheduler.CosineAnnealingLR(optimizer,T_max =
1200,eta_min=2e-7,last_epoch=-1)
criterion = torch.nn.CrossEntropyLoss()

for epoch in range(12):
    pbar = tqdm(train_loader,total=len(train_loader))
    for token_inp,token_tgt in pbar:
        token_inp = token_inp.to(device)
        token_tgt = token_tgt.to(device)
        logits = model(token_inp)
        loss = criterion(logits.view(-1, logits.size(-1)), token_tgt.view(-1))

        optimizer.zero_grad()
        loss.backward()
        optimizer.step()
        lr_scheduler.step()   # 执行优化器
        pbar.set_description(f"epoch:{epoch +1}, train_loss:{loss.item():.5f},
lr:{lr_scheduler.get_last_lr()[0]*1000:.5f}")

    torch.save(model.state_dict(), save_path)
```

可以看到，我们在原有架构基础上没有进行修改，而是采用了前面讨论的冻结部分层（编号 23）的方式对模型进行微调。此时，我们可以通过载入模型进行预测，并输出结果。读者可参见 8.2.4 节的预训练模型输出方案来打印结果。部分输出结果如下：

酒店里没有讲住这的估计，服务人员的地理位置还好，也不如酒店的优越性价比
位置，但是在海有不合观，另外大型的服务怎么说，服务员也很不错。※房间干净、洗

酒店房间台总经理人员有称客意见，但是本人所说没有态度反映，所以让我先说没有意见，
位置很好。房间有宽带，但晚上睡觉很吵

酒店服务员态度、房间服务员态度都一般，而服务态度都好像不错。入住酒店就在市中心太
位置很高，在我们的五星级酒店，环境也很吵。但酒店环境不太好，所

酒店设施，否则在酒店服务态度很好
位置，没有预定的，不仅因我们自己没有

酒店了，这次我们还在还要去。服务员可以带热的水果
位置比较少。早餐还要 10 元的房价格也不符合星级标准酒店房间太

可以看到，此时的输出结果并不完全符合我们的预期。究其原因，这通常是因为需要微调更多的层。为此，我们可以修改冻结部分层的代码：

```
for name,param in mamba_model.named_parameters():
    print(name)
    if "23" not in name or "22" not in name:
```

```
param.requires_grad = False
```

通过修改冻结层的数目，可以设定可训练的参数数目。读者可根据自有的硬件设备进行调整。

8.3.2　通过替换特定层的方式完成微调

除了冻结部分层并对某些特定层进行微调外，还有一种方法是通过替换一些关键层，以实现预训练模型的微调。首先，打印完整的模型层名称：

```
from model import Mamba
from modelscope import snapshot_download,AutoTokenizer
model_dir =
snapshot_download('AI-ModelScope/mamba-130m',cache_dir="./mamba/")
mamba_model = Mamba.from_pretrained("./mamba/AI-ModelScope/mamba-130m")
print(mamba_model)
```

打印结果如下：

```
Mamba(
  (embedding): Embedding(50280, 768)
  (layers): ModuleList(
    (0-23): 24 x ResidualBlock(
      (mixer): MambaBlock(
        (in_proj): Linear(in_features=768, out_features=3072, bias=False)
        (conv1d): Conv1d(1536, 1536, kernel_size=(4,), stride=(1,), padding=(3,),
groups=1536)
        (x_proj): Linear(in_features=1536, out_features=80, bias=False)
        (dt_proj): Linear(in_features=48, out_features=1536, bias=True)
        (out_proj): Linear(in_features=1536, out_features=768, bias=False)
      )
      (norm): RMSNorm()
    )
  )
  (norm_f): RMSNorm()
  (lm_head): Linear(in_features=768, out_features=50280, bias=False)
)
```

在这里，我们希望替换最后一层 lm_head，并冻结其他所有层，只对这一层进行训练。因此，我们需要根据 lm_head 的大小和架构样式，重新构建一个相同的层来替换原有模型中的该层。具体代码如下：

```
for param in mamba_model.parameters():
    param.requires_grad = False


lm_head_new = torch.nn.Linear(in_features=768, out_features=50280,
bias=False,device=device)
```

```
    model.lm_head = lm_head_new
    train_params = (model.lm_head.parameters())

    optimizer = torch.optim.AdamW(train_params  , lr = 2e-5)
```

可以看到，首先我们把所有的层和参数设置为不再更新，之后使用新的全连接层 lm_head_new = torch.nn.Linear(in_features=768, out_features=50280, bias=False, device=device)替换了原有 Mamba 模型的 lm_head 层。在 torch.optim.AdamW 中，我们只更新这一层的参数，从而完成模型的微调。完整训练代码如下：

```
    import os
    import math
    from tqdm import tqdm

    import torch
    from torch.utils.data import DataLoader

    from model import Mamba
    from modelscope import snapshot_download,AutoTokenizer
    model_dir =
snapshot_download('AI-ModelScope/mamba-130m',cache_dir="./mamba/")
    mamba_model = Mamba.from_pretrained("./mamba/AI-ModelScope/mamba-130m")

    BATCH_SIZE = 512

    import all_config
    device = all_config.device

    model = mamba_model
    model.to(device)

    import get_data_emotion
    train_dataset =
get_data_emotion.TextSamplerDataset(get_data_emotion.token_list)
    train_loader = (DataLoader(train_dataset,
batch_size=BATCH_SIZE,shuffle=True))

    save_path = "./saver/glm_text_generator.pth"
    model.load_state_dict(torch.load(save_path))

    for param in mamba_model.parameters():
        param.requires_grad = False

    lm_head_new = torch.nn.Linear(in_features=768, out_features=50280,
bias=False,device=device)
    model.lm_head = lm_head_new
```

```
train_params = (model.lm_head.parameters())

optimizer = torch.optim.AdamW(train_params , lr = 2e-3)
lr_scheduler = torch.optim.lr_scheduler.CosineAnnealingLR(optimizer,T_max =
1200,eta_min=2e-7,last_epoch=-1)
criterion = torch.nn.CrossEntropyLoss()

for epoch in range(24):
    pbar = tqdm(train_loader,total=len(train_loader))
    for token_inp,token_tgt in pbar:
        optimizer.zero_grad()
        token_inp = token_inp.to(device)
        token_tgt = token_tgt.to(device)
        logits = model(token_inp)
        loss = criterion(logits.view(-1, logits.size(-1)), token_tgt.view(-1))

        loss.backward()
        optimizer.step()
        lr_scheduler.step()  # 执行优化器
        pbar.set_description(f"epoch:{epoch +1}, train_loss:{loss.item():.5f},
lr:{lr_scheduler.get_last_lr()[0]*1000:.5f}")

    torch.save(model.state_dict(), save_path)
```

预测部分请读者参考上面的预测模块进行处理。

8.3.3　对模型参数进行部分保存和载入的方法

在完成模型的微调并设定部分参数可参与梯度更新后，通常大部分原有预训练模型的参数不会发生变化，即只有部分模型参数的值会被更新。在这种情况下，如果按原有全部参数进行保存和处理，显然有些多余。

PyTorch 提供了仅保存和读取部分参数的方法。当我们只需要保存某个特定层的参数时，可以这样做：

```
...
for param in mamba_model.parameters():
    param.requires_grad = False
...
lm_head_new = torch.nn.Linear(in_features=768, out_features=50280,
bias=False,device=device)
model.lm_head = lm_head_new
train_params = (model.lm_head.parameters())
...
torch.save([model.lm_head.state_dict()],"./saver/lm_head.pth")
```

在选定特定层后，直接将参数保存到新的地址（或路径）即可。这里我们只显式地保存了

model.lm_head.state_dict()的内容。需要注意的是，实际上我们可以保存多个层的内容，作者在此使用了列表（list）作为存储目标，感兴趣的读者可以自行尝试。

重新载入这部分参数时，只需在预训练模型加载完成后，载入保存的更新部分存档即可，代码如下：

```
import model
from model import Mamba
import torch

from modelscope import snapshot_download,AutoTokenizer
model_dir =
snapshot_download('AI-ModelScope/mamba-130m',cache_dir="./mamba/")
mamba_model = Mamba.from_pretrained("./mamba/AI-ModelScope/mamba-130m")

save_path = "./saver/lm_head.pth"
mamba_model.load_state_dict(torch.load(save_path) [0],strict=False)

tokenizer = AutoTokenizer.from_pretrained('./mamba/tokenizer')
for _ in range(10):
    print(model.generate(mamba_model, tokenizer, '酒店'))
    print(model.generate(mamba_model, tokenizer, '位置'))
    print("-------------")
```

可以看到，当前的保存地址是前面保存的部分参数，模型参数的载入也仅限于这部分更新后的参数。此外，需要注意的是，当前保存的模型以列表（list）形式存储，因此在载入时需要按要求指定目标。

8.4 本章小结

本章我们成功地实施了基于多个方案的 Mamba 模型文本生成实战，不仅使用了自定义的 Mamba 模型，还引入了预训练的 Mamba 模型来完成生成任务。

显然，相较于从零开始训练 Mamba 模型，利用预训练模型作为基础进行再训练或微调，展现出了更高的效率和优越性。这种做法不仅缩短了训练周期，还提升了模型的性能和泛化能力。

在微调预训练模型的过程中，我们巧妙地结合了全量训练和多种部分训练方法。这种策略旨在使模型能够更快速地适应新数据，同时保留了预训练模型中的有用信息。全量训练确保了模型能够全面学习新数据的特征，而部分训练方法则有助于将模型聚焦于特定方面的优化，两者相得益彰，共同提升了模型的生成效果。

通过这一系列实战操作，我们不仅验证了预训练模型在文本生成任务中的有效性，还探索了如何更有效地利用和微调这些模型。这些经验将对未来的自然语言处理和文本生成研究提供宝贵的参考。

第9章

能够让 Mamba 更强的模块

针对我们已经深入学习的 Mamba 模型，其强大的功能在文本分类、图像识别以及序列生成等多个领域得到了淋漓尽致的展现，毫无疑问，这昭示了它无与伦比的潜力。Mamba 模型在这些领域的应用表现出了卓越的性能和准确性，进一步印证了其先进性和实用性。

然而，这只是 Mamba 模型能力的冰山一角。为了更全面地挖掘和发挥 Mamba 的潜力，本章将进一步深入剖析，从模型的细节入手，详尽讲解那些能够为 Mamba 加分的模块。这些模块的优化与增强，不仅将使得 Mamba 在现有领域的应用更上一层楼，更有望在更多未知领域开疆拓土，实现其能力的全方位提升。

我们将逐一探讨这些模块的工作原理、优化方法和实际应用效果，帮助读者更深入地理解和掌握 Mamba 模型。通过对这些模块的学习和实践，相信读者能够更自如地运用 Mamba 模型，开发出更加高效、准确的智能应用。接下来，让我们一起走进 Mamba 模型的内部世界，探索其更多的可能性。

9.1　What Kan I Do

多层感知器（MLP），也被业界称为全连接前馈神经网络，构成了现今深度学习模型的基石。无论如何强调 MLP 的重要性都不为过，因为它早已成为机器学习中模拟非线性函数的标配方法。

然而，近期来自麻省理工学院（Massachusetts Institute of Technology，MIT）等顶尖机构的研究者揭示了一种颇具潜力的新方法——KAN。这一方法在精确度和可解释性上展现出了超越 MLP 的优势。更值得一提的是，它在参数数量极少的情况下，仍然能够超越那些参数更多的 MLP 模型。

举例来说，研究者利用 KAN 重新探索了结理论中的数学原理，并且以更小的网络规模和更高的自动化水平复制了 DeepMind 的研究成果。具体而言，相较于 DeepMind 使用的约含 300 000 个参数的 MLP，KAN 仅使用大约 200 个参数就达成了相似的效果。

这些令人瞩目的成就让 KAN 迅速受到广泛关注，并激起了众多研究者对其深入探索的兴趣。KAN 的原理如图 9-1 所示。

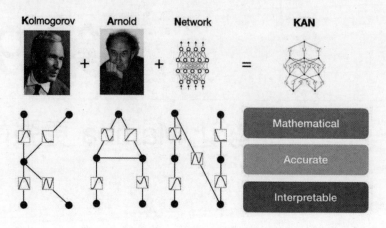

图 9-1　KAN 的原理

9.1.1　从多层感知机的数学原理开始

要理解 KAN 的重要性，必须先重温一下神经网络的传统范式——多层感知器（MLP）。

这些模型在 AI 中至关重要，它们通过分层转换构建计算，可以简化为：

$$f(x) = \sigma(W * x + B)$$

其中：

- σ 表示引入非线性的激活函数（如 ReLU 或 Sigmoid）。
- W 表示定义连接强度的可调权重（Weight）。
- B 代表 Bias 偏置。
- x 是输入（Input）。

可以认为，传统的 MLP 模型通过输入与权重的乘积，加上偏置项，并应用激活函数来处理输入数据。MLP 训练的核心在于寻找最优的权重组合 W，以提升特定任务的执行效果，如图 9-2 所示。

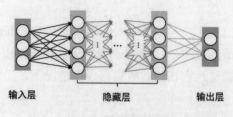

输入层　　　　隐藏层　　　　输出层

图 9-2　多层感知器

MLP 架构的数学基础建立在 Tsybenko 定理（即万能近似定理）之上。在人工神经网络的数学理论中，该定理强调了人工神经网络能够逼近任意函数的能力。通常，这一理论适用于前馈神经网络，并且主要针对的是在欧几里得空间内连续的输入输出函数。此定理证明了神经网络能够以任意精度逼近任何连续函数，但它并未提供如何选取神经网络参数（如权重、神经元数量和神经层数等），以达到目标函数近似的具体指导。

1989 年，George Cybenko 率先提出并论证了具有单一隐藏层、任意宽度并使用 Sigmoid 函数作为激活函数的前馈神经网络的通用近似定理。而在 1991 年，Kurt Hornik 的研究进一步发现，激活函数的选择并非核心因素，前馈神经网络中的多层结构和多神经元设计才是使其成为通用逼近器的关键。

自 Cybenko 的初步证明之后，学界已经在此基础上进行了诸多改进，例如探索不同的激活函数（如 ReLU）或测试具有不同架构（如循环神经网络、卷积神经网络等）的神经网络，以验证通用近似定理的适用性。

9.1.2 KAN 中的样条函数

MLP 纵然有很多优点，但也有明显的缺点。例如，在 Transformer 中，MLP 的参数量巨大，且通常不具备可解释性。为了提升表征能力，一种新的拟合算法 KAN（Kolmogorov-Arnold Network）应运而生。

KAN 本质上是样条（Spline）曲线和 MLP 的结合，吸收了两者的优点。可以近似地认为：

$$KAN = MLP + Spline$$

在数学领域，样条曲线是一种特殊的函数，它由多个多项式分段组合而成。一个常见的样条是某个特定区间内的 3 阶多项式，如图 9-3 所示。

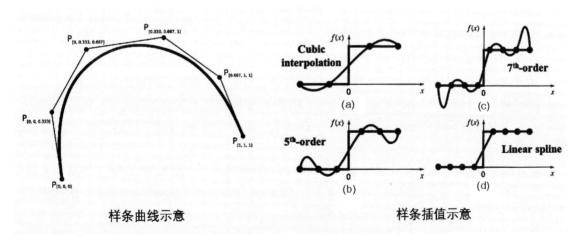

样条曲线示意   样条插值示意

图 9-3 样条曲线

当我们面临插值问题时，样条插值通常比传统的多项式插值更加出色。原因在于，样条插值即使采用较低次数的多项式，也能获得与高阶多项式相似的精确结果。更为关键的是，它有效地规避了高次多项式插值中容易出现的 Runge 现象——这是一种在等距插值点上使用高阶多项式时，区间边缘容易出现的振荡问题。详细说明如下：

- 样条曲线：由多个多项式分段定义的函数。这意味着，整个曲线不是由一个统一的多项式描述的，而是由多个多项式在不同的区间内分别描述的。
- 3 阶多项式：在数学中，多项式是由系数、变量及其整数次幂组成的代数表达式。3 阶多项式即最高次项为 x^3 的多项式。
- 样条插值与多项式插值的比较：插值是一种估算未知值的方法，基于已知的数据点。多项式插值使用单一的多项式来拟合所有数据点，而样条插值则使用多个多项式段。由于样条插值在局部区间内进行拟合，因此它更能适应数据点的局部变化，从而在许多情况下比单一多项式插值更为准确。
- Runge 现象：当使用高阶多项式进行插值时，特别是在等距的插值点上，区间的边缘可能会出现剧烈的振荡，这就是 Runge 现象。样条插值由于其在局部进行拟合的特性，可以有效地避免这一问题。

返回 MLP 中，样条曲线函数与 MLP 的比较如图 9-4 所示。

	缺 点	优 点
MLP	难以优化单变量函数，在低维度的准确度低于样条曲线	方便维度扩展
Spline（样条）	存在严重的维数灾难（Curse of Dimensionality，COD）问题，无法利用组合结构	在低维下精度高，方便提高可解释性

图 9-4　MLP 与样条曲线的优缺点对比

举例来说，假设我们有一组数据点，代表某物体在不同时间的速度。如果我们想估算在给定时间点之间物体的速度，可以使用插值方法。

若使用高阶多项式插值，则可能会发现在数据点的两端，估算的速度值出现剧烈的波动，这就是 Runge 现象。这种波动并不符合物体实际的速度变化，因此会导致错误的预测。

如果我们选择使用样条插值，特别是在每个时间区间内使用 3 阶多项式进行拟合，则会得到更为平滑且符合实际的速度曲线。这样，在任意给定的时间点，我们都能得到一个更为准确的速度估算值。

相比之下，MLP 在节点（神经元）上具有固定的激活函数，而 KAN 在边（权重）上具有可学习的激活函数。在数据拟合和偏微分方程（Partial Differential Equation，PDE）求解中，较小的 KAN 可以比较大的 MLP 获得更高的准确性。

相较于 MLP，KAN 具备更好的可解释性，适合作为数学和物理研究中的辅助模型，帮助发现和寻找更基础的数值规律，如图 9-5 所示。

Model	Multi-Layer Perceptron (MLP)		Kolmogorov-Arnold Network (KAN)	
Theorem	Universal Approximation Theorem		Kolmogorov-Arnold Representation Theorem	
Formula (Shallow)	$f(x) \approx \sum_{i=1}^{N(\varepsilon)} a_i \sigma(w_i \cdot x + b_i)$		$f(x) = \sum_{q=1}^{2n+1} \Phi_q \left(\sum_{p=1}^{n} \phi_{q,p}(x_p) \right)$	
Model (Shallow)	(a)　fixed activation functions on nodes ／ learnable weights on edges		(b)　learnable activation functions on edges ／ sum operation on nodes	
Formula (Deep)	$MLP(x) = (W_3 \circ \sigma_2 \circ W_2 \circ \sigma_1 \circ W_1)(x)$		$KAN(x) = (\Phi_3 \circ \Phi_2 \circ \Phi_1)(x)$	
Model (Deep)	(c)　$MLP(x)$　W_3　σ_2：nonlinear, fixed　W_2　σ_1　W_1：linear, learnable　x		(d)　$KAN(x)$　Φ_3　Φ_2：nonlinear, learnable　Φ_1　x	

图 9-5　MLP 与 KAN 的比较

9.1.3　KAN 的数学原理

受到 Kolmogorov-Arnold 表示定理的启发，KAN（Kolmogorov-Arnold Network）颠覆了传统的多层感知器（MLP）设计。与 MLP 使用的固定激活函数不同，KAN 创新性地采用可学习函数，这不仅取代了固定的激活方式，还彻底消除了对线性权重矩阵的依赖。在 KAN 中，单变量函数既可以作为权重，又兼具激活功能，这些函数会在学习过程中进行动态调整，与 MLP 中那些静态且不可学习的激活函数形成鲜明对比。

举个例子来说明 KAN 的工作原理：假设我们正在处理一个复杂的图像识别任务。在传统的 MLP 中，激活函数如 ReLU 或 Sigmoid 是预定义的，不会随学习过程改变。而在 KAN 中，这些激活函数是可学习的，意味着它们可以根据训练数据的特性进行自我优化，以更好地适应任务需求，如图 9-6 所示。

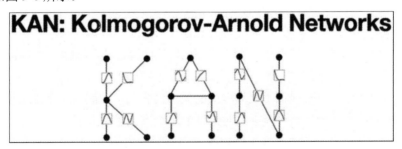

图 9-6　可以自优化的激活函数

KAN 的理论基础源于苏联数学家弗拉基米尔·阿诺德（Vladimir Arnold）和安德烈·科尔莫戈罗夫（Andrey Kolmogorov）的工作。值得一提的是，1957 年，当时还是十几岁少年的阿诺德，在莫斯科国立大学作为安德烈·柯尔莫戈罗夫的学生，成功证明了任何连续多变量函数都可以通过有限数量的双变量函数来构建。这正是 KAN 能够用单变量函数来替代传统神经网络中复杂结构的关键所在。

KAN 的公式和图像如图 9-7 所示。

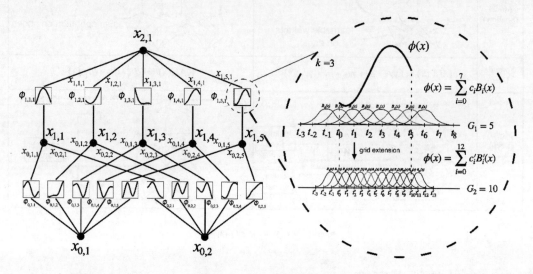

图 9-7　KAN 的公式和图像

我们将公式摘抄下来，其基本形式如下：

$$f(x) = f(x_1, \cdots, x_n) = \sum_{q=1}^{2n+1} \aleph_q \left(\sum_{p=1}^{n} \phi_{q,p}(x_p) \right)$$

在数学上，$\aleph_q$ 称为外部函数（outer functions），$\phi_{q,p}$ 称为内部函数（inner functions）。这表明在实数域上，唯一真正的多元函数是求和，因为所有其他函数都可以使用单变量函数求和来表征。

具体来说，KAN 的激活函数位置在边（edge）上，而不是节点（node）上。激活函数不再是固定不变的，而是可学习的。这允许 KAN 中的每个权重参数被单变量函数替换，通常参数化为样条（Spline），使 KAN 高度灵活，能够以更少的参数和增强的可解释性对复杂函数进行建模。

与标准的线性加非线性方法不同，KAN 层使用一维函数矩阵（例如 b 样条），其中连续层中两个节点之间的每个连接都由一个可以单独调整的单独函数定义。

这种结构为函数逼近过程提供了更高程度的灵活性和局部控制。每个连接学习映射输入到输出的整体特征的特定部分，这可能导致对数据的更细致的理解和表示。

一个具备 n 维输入和无限维（或无特定维数限制）输出的 KAN 层，可以被视作一维函数构成的矩阵，其形式定义如下：

$$\aleph = \left\{ \phi_{q,p} \right\}, p = 1, 2 \cdots, n_{\text{in}}, q = 1, 2 \cdots, n_{\text{out}}$$

与 MLP 不同，KAN 层中的每个连接都由单个 1D 函数定义，该函数直接将输入映射到输出（1 是第 1 层）。这种体系结构不需要矩阵乘法，而是使用一组函数映射，其中每个函数负责将输入的一个组件转换为输出的一个组件。

整个层可以被描述为这些函数的矩阵 ϕ，其中每个函数直接从每个输入节点应用到每个输出节点。这种设置为数据转换提供了更灵活且可定制的方法。

将上述公式进行简化，即只有两个值的输入，公式变为：

$$f\left(x_1, x_2\right) = \aleph_2\left(\varphi_{2,1}\left(\varphi_{1,1}\left(x_1\right) + \varphi_{1,2}\left(x_2\right)\right)\right)$$

其中：

- x_1 和 x_2：是输入（Input）。
- $\varphi_{1,1}$、$\varphi_{1,2}$ 以及 $\varphi_{2,1}$：是每个输入的特定单变量函数，组合在一起，然后在后续层中通过外部函数 $\aleph_2$ 进行处理。

通过上面这个简化公式可以看出，实际上在 KAN 中，核心任务就是找到合适的单变量函数 $\varphi_{1,1}$、$\varphi_{1,2}$ 以及 $\varphi_{2,1}$，以及外部函数 $\aleph_2$。

我们可以采用 B-Spline（B 样条）来解决这一核心任务。B-Spline 是基础样条（Basic Spline）的缩写。样条曲线的灵活性使它能够通过调整形状来自适应地对数据中的复杂关系进行建模，以最大限度地减少近似误差，从而增强网络从高维数据集中学习微妙模式的能力。

在 KAN 中，样条曲线的一般公式可以使用 B 样条表示：

$$\text{spline}(x) = \sum_i c_i B_i(x)$$

这里的 Spline(x) 表示样条函数。c_i 是在训练期间优化的系数，$B_i(x)$ 是在网格上定义的 B 样条基函数。网格点定义每个基函数 B_i 处于活动状态的区间，并显著影响样条曲线的形状和平滑度。我们可以将它们视为影响网络准确性的超参数。更多的网格意味着更多的控制和精度，也导致有更多的参数需要学习。

具体来看，KAN 的实现主要集中在样条函数 B-Spline 的实现，代码如下：

```
def b_splines(self, x: torch.Tensor):
    """
    计算给定输入张量的 B 样条基函数。

    Args:
        x (torch.Tensor): 输入张量，形状为 (batch_size, in_features)。

    Returns:
        torch.Tensor: B 样条基函数张量，形状为 (batch_size, in_features, grid_size
+ spline_order)
    """
```

```python
        # 断言输入张量 x 的维度为 2，且第二维的大小等于类属性 in_features
        assert x.dim() == 2 and x.size(1) == self.in_features

        # 获取预先定义的网格张量 grid，其形状为 (in_features, grid_size + 2 * spline_order
+ 1)
        grid: torch.Tensor = ( self.grid ) # (in_features, grid_size + 2 *
spline_order + 1)

        # 在张量 x 的最后一个维度上增加一个维度，使其形状变为(batch_size, in_features, 1)
        x = x.unsqueeze(-1)

        # 初始化基函数张量 bases，通过比较 x 与 grid 来确定哪些区间内的样条基函数为 1（即 x 位于
该区间内）
        # bases 的形状为 (batch_size, in_features, grid_size + spline_order)，初始时
大部分元素为 0，特定区间内为 1
        bases = ((x >= grid[:, :-1]) & (x < grid[:, 1:])).to(x.dtype)

        # 根据 B 样条的递归定义，计算高阶样条基函数
        for k in range(1, self.spline_order + 1):
            bases = (
                # 计算左半部分，考虑当前区间和前一个区间的权重
                ((x - grid[:, : -(k + 1)]) / (grid[:, k:-1] - grid[:, : -(k + 1)])
* bases[:, :, :-1]) +
                # 计算右半部分，考虑当前区间和后一个区间的权重
                ((grid[:, k + 1:] - x) / (grid[:, k + 1:] - grid[:, 1:(-k)]) *
bases[:, :, 1:])
            )

        # 判定计算后的基函数张量 bases 的形状与预期一致
        assert bases.size() == (
            x.size(0),  # batch_size
            self.in_features,
            self.grid_size + self.spline_order,
        )

        # 返回连续的基函数张量，确保在内存中是连续的，以便后续操作更高效
        return bases.contiguous()
```

此时，我们通过自定义的张量创建了用于计算高阶样条基函数的工具，这也是 KAN 类的核心。

在训练过程中，这些样条曲线被优化以最小化损失函数，从而调整样条曲线的形状，使其最佳拟合训练数据。这种优化通常涉及梯度下降等技术，其中在每次迭代中都会更新样条参数，以减少预测误差。

9.1.4　KAN 的 PyTorch 实现

下面我们将基于 PyTorch 实现 KAN 计算层。代码如下：

```python
import torch
import torch.nn.functional as F
import math

class KANLinear(torch.nn.Module):
    def __init__(
        self,
        in_features,
        out_features,
        grid_size=5,
        spline_order=3,
        scale_noise=0.1,
        scale_base=1.0,
        scale_spline=1.0,
        enable_standalone_scale_spline=True,
        base_activation=torch.nn.SiLU,
        grid_eps=0.02,
        grid_range=[-1, 1],
    ):
        super(KANLinear, self).__init__()
        self.in_features = in_features
        self.out_features = out_features
        self.grid_size = grid_size
        self.spline_order = spline_order

        h = (grid_range[1] - grid_range[0]) / grid_size
        grid = (
            (
                torch.arange(-spline_order, grid_size + spline_order + 1) * h
                + grid_range[0]
            )
            .expand(in_features, -1)
            .contiguous()
        )
        self.register_buffer("grid", grid)

        self.base_weight = torch.nn.Parameter(torch.Tensor(out_features,
in_features))
        self.spline_weight = torch.nn.Parameter(
            torch.Tensor(out_features, in_features, grid_size + spline_order)
        )
        if enable_standalone_scale_spline:
```

```python
        self.spline_scaler = torch.nn.Parameter(
            torch.Tensor(out_features, in_features)
        )

        self.scale_noise = scale_noise
        self.scale_base = scale_base
        self.scale_spline = scale_spline
        self.enable_standalone_scale_spline = enable_standalone_scale_spline
        self.base_activation = base_activation()
        self.grid_eps = grid_eps

        self.reset_parameters()

    def reset_parameters(self):
        torch.nn.init.kaiming_uniform_(self.base_weight, a=math.sqrt(5) *
self.scale_base)
        with torch.no_grad():
            noise = (
                (
                    torch.rand(self.grid_size + 1, self.in_features,
self.out_features)
                    - 1 / 2
                )
                * self.scale_noise
                / self.grid_size
            )
            self.spline_weight.data.copy_(
                (self.scale_spline if not self.enable_standalone_scale_spline
else 1.0)
                * self.curve2coeff(
                    self.grid.T[self.spline_order: -self.spline_order],
                    noise,
                )
            )
            if self.enable_standalone_scale_spline:
                # torch.nn.init.constant_(self.spline_scaler,
self.scale_spline)
                torch.nn.init.kaiming_uniform_(self.spline_scaler,
a=math.sqrt(5) * self.scale_spline)

    def b_splines(self, x: torch.Tensor):
        """
        计算给定输入张量的 B 样条基函数

        Args:
            x (torch.Tensor): 输入张量, 形状为 (batch_size, in_features)。
```

```
        Returns:
            torch.Tensor: B 样条基函数张量, 形状为 (batch_size, in_features,
grid_size + spline_order)
        """

        # 断言输入张量 x 的维度为 2, 且第二维的大小等于类属性 in_features
        assert x.dim() == 2 and x.size(1) == self.in_features

        # 获取预先定义的网格张量 grid, 其形状为 (in_features, grid_size + 2 *
spline_order + 1)
        grid: torch.Tensor = ( self.grid ) # (in_features, grid_size + 2 *
spline_order + 1)

        # 在张量 x 的最后一个维度上增加一个维度, 使其形状变为 (batch_size, in_features, 1)
        x = x.unsqueeze(-1)

        # 初始化基函数张量 bases, 通过比较 x 与 grid 来确定哪些区间内的样条基函数为 1 (即 x
位于该区间内)
        # bases 的形状为 (batch_size, in_features, grid_size + spline_order), 初
始时大部分元素为 0, 特定区间内为 1
        bases = ((x >= grid[:, :-1]) & (x < grid[:, 1:])).to(x.dtype)

        # 根据 B 样条的递归定义, 计算高阶样条基函数
        for k in range(1, self.spline_order + 1):
            bases = (
                    # 计算左半部分, 考虑当前区间和前一个区间的权重
                    ((x - grid[:, : -(k + 1)]) / (grid[:, k:-1] - grid[:, : -(k +
1)]) * bases[:, :, :-1]) +
                    # 计算右半部分, 考虑当前区间和后一个区间的权重
                    ((grid[:, k + 1:] - x) / (grid[:, k + 1:] - grid[:, 1:(-k)]))
* bases[:, :, 1:])
                )

        # 断言计算后的基函数张量 bases 的形状与预期一致
        assert bases.size() == (
            x.size(0),  # batch_size
            self.in_features,
            self.grid_size + self.spline_order,
        )

        # 返回连续的基函数张量, 确保在内存中是连续的, 以便后续操作更高效
        return bases.contiguous()

    def curve2coeff(self, x: torch.Tensor, y: torch.Tensor):
        """
```

```
        Compute the coefficients of the curve that interpolates the given points.

        Args:
            x (torch.Tensor): Input tensor of shape (batch_size, in_features).
            y (torch.Tensor): Output tensor of shape (batch_size, in_features,
out_features).

        Returns:
            torch.Tensor: Coefficients tensor of shape (out_features, in_features,
grid_size + spline_order).
        """
        assert x.dim() == 2 and x.size(1) == self.in_features
        assert y.size() == (x.size(0), self.in_features, self.out_features)

        A = self.b_splines(x).transpose(
            0, 1
        )  # (in_features, batch_size, grid_size + spline_order)
        B = y.transpose(0, 1)  # (in_features, batch_size, out_features)
        solution = torch.linalg.lstsq(
            A, B
        ).solution  # (in_features, grid_size + spline_order, out_features)
        result = solution.permute(
            2, 0, 1
        )  # (out_features, in_features, grid_size + spline_order)

        assert result.size() == (
            self.out_features,
            self.in_features,
            self.grid_size + self.spline_order,
        )
        return result.contiguous()

    @property
    def scaled_spline_weight(self):
        """
        返回缩放后的样条权重

        如果启用了独立的样条缩放（enable_standalone_scale_spline），则使用
spline_scaler 对 spline_weight 进行缩放
        否则，直接返回 spline_weight（不进行缩放）

        Returns:
            torch.Tensor: 缩放后的样条权重张量
        """
        # 如果启用了独立的样条缩放
        if self.enable_standalone_scale_spline:
```

```
        # 使用 unsqueeze 方法在 spline_scaler 的最后一个维度上增加一个维度
        # 使其形状与 spline_weight 相匹配，以便进行逐元素乘法
        scaled_scaler = self.spline_scaler.unsqueeze(-1)
        # 返回缩放后的样条权重
        return self.spline_weight * scaled_scaler
    else:
        # 如果未启用独立的样条缩放，则直接返回原始的样条权重
        return self.spline_weight * 1.0  # 这里乘以 1.0, 实际上不会改变样条权重的
值

    def forward(self, x: torch.Tensor):
        assert x.size(-1) == self.in_features
        original_shape = x.shape
        x = x.view(-1, self.in_features)

        base_output = F.linear(self.base_activation(x), self.base_weight)
        spline_output = F.linear(
            self.b_splines(x).view(x.size(0), -1),
            self.scaled_spline_weight.view(self.out_features, -1),
        )
        output = base_output + spline_output

        output = output.view(*original_shape[:-1], self.out_features)
        return output


class KAN(torch.nn.Module):
    def __init__(
        self,
        layers_hidden,
        grid_size=5,
        spline_order=3,
        scale_noise=0.1,
        scale_base=1.0,
        scale_spline=1.0,
        base_activation=torch.nn.SiLU,
        grid_eps=0.02,
        grid_range=[-1, 1],
    ):
        super(KAN, self).__init__()
        self.grid_size = grid_size
        self.spline_order = spline_order

        self.layers = torch.nn.ModuleList()
        for in_features, out_features in zip(layers_hidden, layers_hidden[1:]):
            print(in_features,out_features)
            self.layers.append(
```

```
                    KANLinear(
                        in_features,
                        out_features,
                        grid_size=grid_size,
                        spline_order=spline_order,
                        scale_noise=scale_noise,
                        scale_base=scale_base,
                        scale_spline=scale_spline,
                        base_activation=base_activation,
                        grid_eps=grid_eps,
                        grid_range=grid_range,
                    )
                )

    def forward(self, x: torch.Tensor, update_grid=False):
        for layer in self.layers:
            if update_grid:
                layer.update_grid(x)
            x = layer(x)
        return x

if __name__ == '__main__':
    KAN([28 * 28, 64, 10])
```

在这个实现中，我们综合了多个 KAN 必需的模块。在 KAN 类中，我们通过输入维度完成
了 KAN 计算层的搭建。在本例中，我们创建了一个双层 KAN 来完成计算并展示结果。

9.1.5　结合 KAN 的 Mamba 文本生成实战

在我们的 Mamba 文本生成实战中，结合 KAN 的文本生成模型可以更有效地完成相应的
生成任务。在这里，我们只需要导入相应的 KAN 层，并替换 Mamba 模型的最终分类层。代
码如下：

```
class Mamba(nn.Module):
    def __init__(self, args: ModelArgs):
        """Full Mamba model."""
        super().__init__()
        self.args = args

        self.embedding = nn.Embedding(args.vocab_size, args.d_model)
        self.layers = nn.ModuleList([ResidualBlock(args) for _ in
range(args.n_layer)])
        self.norm_f = RMSNorm(args.d_model)

        #self.lm_head = nn.Linear(args.d_model, args.vocab_size, bias=False)
        #self.lm_head.weight = self.embedding.weight  # Tie output projection to
```

```
embedding weights.

        self.lm_head = kan.KAN([args.d_model, args.vocab_size])
```

在上述代码中，注释部分是原始的 Mamba 分类层，而我们采用新的 KAN 模块来替代分类层。具体的训练方法可以根据我们在前文的介绍进行讲解。

9.2　xLSTM 让老架构再现生机

xLSTM（Extended Long Short-Term Memory）不仅是对长短时记忆（Long Short-Term Memory，LSTM）思想的复兴，更是对这一概念的深度拓展与增强。LSTM 由 Sepp Hochreiter 和 Jürgen Schmidhuber 在 20 世纪 90 年代提出，作为深度学习领域的一次革命性突破，它通过引入恒定误差轮播和门控机制，成功解决了时序任务中常见的梯度消失问题。这一创新性的架构不仅经受住了时间的考验，更在无数深度学习应用中展现了其强大的潜力，尤其是在构建大型语言模型（LLM）方面，LSTM 发挥了至关重要的作用。

然而，随着人工智能技术的飞速发展，Transformer 技术的出现为深度学习领域带来了新的变革。Transformer 以并行自注意力机制为核心，以其强大的并行计算能力和高效的信息处理能力，在模型规模和性能上超越了 LSTM，开启了一个全新的时代。

在这样的背景下，xLSTM 应运而生，它继承了 LSTM 的精髓，同时融入了现代深度学习技术的最新成果。xLSTM 不仅保持了 LSTM 在处理时序数据方面的优势，还通过引入新的机制和技术，进一步提升了模型的性能。例如，xLSTM 可能结合了 Transformer 的并行自注意力机制，使模型在处理长序列时能够更高效地捕捉全局信息；同时，xLSTM 还可能引入其他先进的深度学习技术，如卷积神经网络（CNN）和图神经网络（Graph Neural Network，GNN），以进一步增强模型的特征提取和表示能力。

xLSTM 作为 LSTM 的扩展和增强版本，不仅继承了 LSTM 的优点，还通过引入新的机制和技术，进一步提升了模型的性能。在深度学习领域不断发展和变革的今天，xLSTM 有望为更多复杂的时序任务提供强有力的支持，推动人工智能技术的进一步发展。

9.2.1　LSTM 背景介绍

LSTM 是一种特殊的循环神经网络，它通过引入常量误差旋转（Constant Error Carousel，CEC）和门控机制（Gating）来解决传统 RNN 中的梯度消失问题。输入向量经过 CEC 完成更新，这一过程由 Sigmoid 门控（通常表示为蓝色）调节，确保更新是适度的。

输入门决定新信息的流入，而遗忘门决定旧信息的保留或遗忘。输出门控制着记忆单元的输出，即隐藏状态，它决定了单元状态如何影响网络的下一步输出。通过激活函数（通常是双曲正切函数 Tanh），单元状态被规范化或压缩到一个较小的范围内，以保持数值的稳定性。

长短时记忆网络（LSTM）自从 20 世纪 90 年代被提出后，在多个领域取得了显著的成功，并在 Transformer 模型（2017 年）出现之前，一直是文本生成等序列任务的主导技术。LSTM 在各种序列处理任务中展现了其强大的能力，包括文本生成、手写模拟、序列到序列翻译、计算机程序评估、图像字幕生成、源代码生成、降雨-径流模拟、洪水预警水文模型等，如图 9-8 所示。

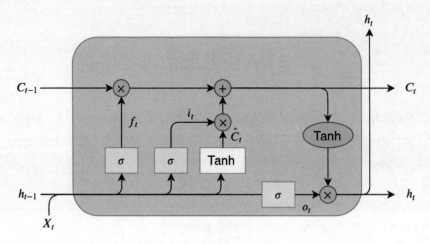

图 9-8　经典的 LSTM

特别在强化学习领域，LSTM 表现卓越，例如 Dota 2 中的 OpenAI Five 模型，以及核聚变磁控制器模型。LSTM 之所以在这些任务中表现出色，归功于其在抽象学习方面的能力，能够有效提取和存储语义信息。例如，通过 LSTM 可以观察到数字、句法、语言和情感神经元的活动。尽管 Transformer 模型在规模化和并行处理方面具有优势，但 LSTM 仍然在许多重要应用中发挥着作用，并持续展现出其时间考验的价值。

然而，随着技术的不断发展和应用需求的日益复杂，LSTM 面临的挑战也逐渐凸显。一方面，在处理大规模和高维度序列数据时，LSTM 的计算效率可能会受到一定限制，导致其在实时性要求较高的场景中应用受限。另一方面，在面对一些复杂的动态环境和多模态信息融合时，LSTM 的适应性和灵活性也有待进一步提升。此外，对于一些特定领域的精细化任务，如医疗影像分析、金融市场预测等，LSTM 可能需要与其他先进技术相结合，以更好地满足精准度和可靠性的要求。

为了应对这些挑战，研究人员正在不断探索和创新。一些新的改进方法和变体正在被提出，例如结合注意力机制的 LSTM 变体，通过引入更灵活的信息聚焦方式来增强模型的表现。同时，与其他深度学习模型的融合和协同应用也成为研究的热点，旨在充分发挥不同模型的优势，实现更强大的功能。未来，我们有理由相信，长短时记忆网络（LSTM）将在不断的改进和发展中，继续在深度学习领域发挥重要作用，为解决各种复杂问题提供有力支持。

9.2.2　LSTM 实战演示

在讲解后续的循环神经网络的理论知识之前，最好的学习方式是通过实例实现并运行相应的项目。这里，我们将带领读者完成循环神经网络的情感分类实战的准备工作，如图 9-9 所示。

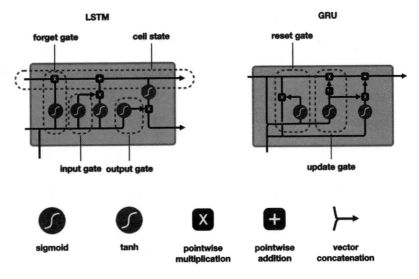

图 9-9　LSTM 与 GRU

另外，请读者注意，本节主要是为了演示循环神经网络的实战应用。为了简化操作，我们采用了 LSTM 的简化版本 GRU，这一点请读者留意。

1. 数据的准备

首先是数据集的准备工作。在这里，我们完成的是中文数据集的情感分类，因此作者准备了一套已完成情感分类的数据集。读者可以参考本书自带的 dataset 数据集中的 chnSenticrop.txt 文件进行确认。此时，读者需要掌握数据的读取和准备工作。具体的读取代码如下：

```
max_length = 80          # 设置获取的文本长度为 80
labels = []              # 用以存放 label
context = []             # 用以存放汉字文本
vocab = set()
with open("./ChnSentiCorp.txt", mode="r", encoding="UTF-8") as emotion_file:
    for line in emotion_file.readlines():
        line = line.strip().split(",")

        # labels.append(int(line[0]))
        if int(line[0]) == 0:
            labels.append(0)      # 由于我们在后面直接采用 PyTorch 自带的 crossentroy 函
数，所以这里直接输入 0，否则输入 [1,0]
        else:
            labels.append(1)
        text = "".join(line[1:])
        context.append(text)
        for char in text: vocab.add(char)    # 建立 vocab 和 vocab 编号
```

```
vocab_list = list(sorted(vocab))
# print(len(vocab_list))
token_list = []
# 下面的内容是对 context 内容根据 vocab 进行 Token 处理
for text in context:
    token = [vocab_list.index(char) for char in text]
    token = token[:max_length] + [0] * (max_length - len(token))
    token_list.append(token)
```

2. 模型的建立

下面根据需求建立模型。这里作者实现了一个带有单向 GRU 和一个双向 GRU 的循环神经网络。代码如下：

```
class RNNModel(torch.nn.Module):
    def __init__(self,vocab_size = 128):
        super().__init__()
        self.embedding_table =
torch.nn.Embedding(vocab_size,embedding_dim=312)
        self.gru = torch.nn.GRU(312,256)  # 注意这里输出有两个：out 和 hidden，这里
的 out 是序列在模型运行后全部隐藏层的状态，而 hidden 是最后一个隐藏层的状态
        self.batch_norm = torch.nn.LayerNorm(256,256)

        self.gru2 = torch.nn.GRU(256,128,bidirectional=True)  # 注意这里输出有
两个：out 和 hidden，这里的 out 是序列在模型运行后全部隐藏层的状态，而 hidden 是最后一个隐藏层的
状态


    def forward(self,token):
        token_inputs = token
        embedding = self.embedding_table(token_inputs)
        gru_out,_ = self.gru(embedding)
        embedding = self.batch_norm(gru_out)
        out,hidden = self.gru2(embedding)

        return out
```

这里需要注意的是，对 GRU 进行神经网络训练时，无论是单向还是双向 GUR，其结果都是输出两个隐藏层状态：out 和 hidden。这里的 out 是序列在模型运行后所有隐藏层的状态，而 hidden 是该序列最后一个隐藏层的状态。

在这个实现中，作者使用了两层 GRU。有读者可能会注意到，在定义第二个 GRU 时，使用了额外的参数 bidirectional，用于定义循环神经网络是单向计算还是双向计算，其具体形式如图 9-10 所示。

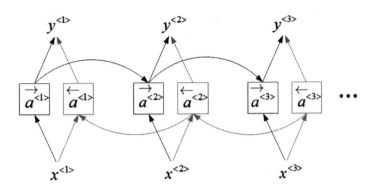

图 9-10　双向 GRU 模型

从图 9-10 中可以很明显看到，左右两个连续的模块并联构成了不同方向的循环神经网络单向计算层。这两个方向同时作用后，最终生成了隐藏层的输出。

下面是完整的中文数据集情感分类的实现，代码如下：

```python
import numpy as np

max_length = 80          # 设置获取的文本长度为 80
labels = []              # 用以存放 label
context = []             # 用以存放汉字文本
vocab = set()
with open("../dataset/cn/ChnSentiCorp.txt", mode="r", encoding="UTF-8") as
emotion_file:
    for line in emotion_file.readlines():
        line = line.strip().split(",")

        # labels.append(int(line[0]))
        if int(line[0]) == 0:
            labels.append(0)     # 由于我们在后面直接采用 PyTorch 自带的 crossentroy 函
数，因此这里直接输入 0，否则输入[1,0]
        else:
            labels.append(1)
        text = "".join(line[1:])
        context.append(text)
        for char in text: vocab.add(char)     # 建立 vocab 和 vocab 编号

vocab_list = list(sorted(vocab))
# print(len(vocab_list))
token_list = []
# 下面对 context 内容根据 vocab 进行 Token 处理
for text in context:
    token = [vocab_list.index(char) for char in text]
    token = token[:max_length] + [0] * (max_length - len(token))
    token_list.append(token)
```

```python
seed = 17
np.random.seed(seed);np.random.shuffle(token_list)
np.random.seed(seed);np.random.shuffle(labels)

dev_list = np.array(token_list[:170])
dev_labels = np.array(labels[:170])

token_list = np.array(token_list[170:])
labels = np.array(labels[170:])

import torch
class RNNModel(torch.nn.Module):
    def __init__(self,vocab_size = 128):
        super().__init__()
        self.embedding_table =
torch.nn.Embedding(vocab_size,embedding_dim=312)
        self.gru = torch.nn.GRU(312,256)  # 注意这里输出有两个：out 与 hidden, 这里
的 out 是序列在模型运行后全部隐藏层的状态，而 hidden 是最后一个隐藏层的状态
        self.batch_norm = torch.nn.LayerNorm(256,256)

        self.gru2 = torch.nn.GRU(256,128,bidirectional=True)  # 注意这里输出有
两个：out 与 hidden, 这里的 out 是序列在模型运行后全部隐藏层的状态，而 hidden 是最后一个隐藏层的
状态

    def forward(self,token):
        token_inputs = token
        embedding = self.embedding_table(token_inputs)
        gru_out,_ = self.gru(embedding)
        embedding = self.batch_norm(gru_out)
        out,hidden = self.gru2(embedding)

        return out

# 这里使用顺序模型的方式建立了训练模型
def get_model(vocab_size = len(vocab_list),max_length = max_length):
    model = torch.nn.Sequential(
        RNNModel(vocab_size),
        torch.nn.Flatten(),
        torch.nn.Linear(2 * max_length * 128,2)
    )
    return model

device = "cuda"
model = get_model().to(device)
model = torch.compile(model)
optimizer = torch.optim.Adam(model.parameters(), lr=2e-4)
```

```
loss_func = torch.nn.CrossEntropyLoss()

batch_size = 128
train_length = len(labels)
for epoch in (range(21)):
    train_num = train_length // batch_size
    train_loss, train_correct = 0, 0
    for i in (range(train_num)):
        start = i * batch_size
        end = (i + 1) * batch_size

        batch_input_ids = torch.tensor(token_list[start:end]).to(device)
        batch_labels = torch.tensor(labels[start:end]).to(device)

        pred = model(batch_input_ids)

        loss = loss_func(pred, batch_labels.type(torch.uint8))

        optimizer.zero_grad()
        loss.backward()
        optimizer.step()

        train_loss += loss.item()
        train_correct += ((torch.argmax(pred, dim=-1) ==
(batch_labels)).type(torch.float).sum().item() / len(batch_labels))

    train_loss /= train_num
    train_correct /= train_num
    print("train_loss:", train_loss, "train_correct:", train_correct)

    test_pred = model(torch.tensor(dev_list).to(device))
    correct = (torch.argmax(test_pred, dim=-1) ==
(torch.tensor(dev_labels).to(device))).type(torch.float).sum().item() /
len(test_pred)
    print("test_acc:",correct)
    print("-------------------")
```

　　在这里，作者使用了顺序方式来构建循环神经网络模型。在使用 GUR 对数据进行计算后，又使用 Flatten 对序列 Embedding 进行了平整化处理。最终的 Linear 是分类器，用于对结果进行分类。具体结果请读者自行测试查看。

9.2.3　xLSTM 简介

　　xLSTM 是对传统 LSTM 的一种拓展，其目标在于化解 LSTM 在应对大模型时所遭遇的若干限制，如图 9-11 所示。

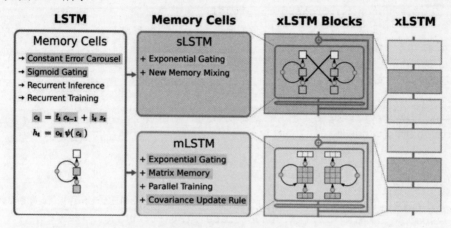

图 9-11　xLSTM 的架构

xLSTM 主要通过两项关键改进来增强 LSTM 的能力：一是引入指数门控（Exponential Gating），二是引入新型的记忆结构。

- 指数门控：这是一种对 LSTM 传统门控机制的优化，能助力模型更高效地更新其内部状态。指数门控借助适当的归一化与稳定技术，使 LSTM 能够更出色地处理信息流，尤其在需要修正存储决策时，表现出色。
- 新型记忆结构：xLSTM 引入了两种全新的记忆单元，即 sLSTM 与 mLSTM。
  - ➢ sLSTM（Scalar LSTM）：具备标量记忆与更新机制，以及全新的记忆混合技术。sLSTM 通过引入多个"头"（heads），并在每个"头"内部进行记忆混合（但不跨越"头"之间），提供了一种崭新的记忆混合模式。
  - ➢ mLSTM（Matrix LSTM）：采用矩阵记忆与协方差（Covariance）更新规则，能够完全并行化。mLSTM 通过矩阵乘法增强了存储容量，成功解决了 LSTM 在处理稀有标记预测时的局限性。这两种新的记忆单元均通过指数门控来进一步增强了 LSTM 的功能。此外，mLSTM 舍弃了记忆混合，以实现并行化处理，而 sLSTM 则保留了记忆混合，但通过引入"头"来形成新的记忆混合方式。

xLSTM 的架构通过将这些新变体（sLSTM、mLSTM）整合到残差块模块中，进而构建成了 xLSTM 块，随后将这些块以残差堆叠的方式塑造出完整的 xLSTM 架构。这种架构不但提升了性能，而且在规模化层面，相较于现有的 Transformer 和状态空间模型，具备显著的优势。

随着研究和应用的持续拓展，xLSTM 所展现出的潜力愈发令人瞩目。在自然语言处理的广阔天地中，xLSTM 能够更精准地抓取语义信息，显著提升文本生成、理解以及翻译的质量。在图像识别和视频处理领域，当 xLSTM 与卷积神经网络等技术融合时，能更有效地处理时间序列信息，增强对动态图像和视频内容的分析能力。

在强化学习等领域，xLSTM 同样为智能体的决策提供了更为强大的支撑，协助其更出色地适应复杂多变的环境与任务。展望未来，我们有理由期待 xLSTM 将在更多领域得到广泛应用，并实现深度发展，持续有力地推动人工智能技术的进步，为解决各类纷繁复杂的问题贡献出更为高效、精准的解决方案。

此外，科研人员还会继续探索如何进一步优化 xLSTM 的性能，比如引入更为先进的门控机制、改进记忆结构的设计等，以应对不断演变的应用需求和技术挑战。同时，也有可能会出现更多与 xLSTM 相关的创新研究方向和应用场景，如与其他先进技术的深度融合，或在特定领域的专门化应用等，这些都将为 xLSTM 的发展开辟更为广阔的空间。

9.2.4　xLSTM 的 PyTorch 实现

在具体实现上，xLSTM 分为以下几个部分、

- 主路径：主路径包含核心的 xLSTM 计算单元，可能是 sLSTM 或 mLSTM 单元，主要负责复杂的序列处理和记忆操作任务。这些单元接收来自前一模块的输入，执行必要的门控和状态更新操作，然后将结果输出到后续处理环节。
- 跳过连接（Skip Connection）：跳过连接将输入直接传送到块的输出端，并与主路径的输出进行相加。如此设计有利于网络在向深层传递时能够确保信息不丢失，同时也能缓解梯度消失这一问题。
- 标准化层（比如层归一化或批归一化）：通常会在残差块的输入或者输出端添加标准化层，用于稳定训练过程中的数据分布，提升模型的训练效率与泛化能力。
- 非线性激活函数：在把主路径输出和跳过连接的输出相加以后，一般会经由一个非线性激活函数，如 ReLU 或者 Tanh，以此来引入必要的非线性处理能力，增强模型的表达能力。

下面我们将实现一个简单的包含上述内容的 xLSTM，具体代码如下。

1. 辅助类的构建

首先需要完成辅助类的构建，代码如下：

```python
import torch
import torch.nn as nn
import torch.nn.functional as F
# 导入了 PyTorch 相关的模块


class CausalConv1D(nn.Module):
    def __init__(self, in_channels, out_channels, kernel_size, dilation=1,
**kwargs):
        super(CausalConv1D, self).__init__()
        # 计算需要添加的填充量，以实现因果卷积（输出只依赖于当前和过去的输入）
        self.padding = (kernel_size - 1) * dilation
        # 创建一个 1D 卷积层
        self.conv = nn.Conv1d(in_channels, out_channels, kernel_size,
padding=self.padding, dilation=dilation, **kwargs)
```

```python
    def forward(self, x):
        # 进行卷积操作
        x = self.conv(x)
        # 移除添加的填充部分，得到因果卷积的结果
        return x[:, :, :-self.padding]
```

可以看到，这里的 CausalConv1D 类定义了一个因果 1D 卷积层。通过计算特定的填充量来实现因果性，在正向传播时先进行卷积，然后移除填充部分。

接下来是 BlockDiagonal 类，它的作用是将输入特征沿着特定维度进行分块处理，并对每个块分别应用线性变换，最后将结果组合起来。

具体来说，它实现了一种分块对角化的操作。这种操作可以将输入按块进行更精细的、处理和变换。通过将输入分解为多个块，并对每个块进行独立的线性变换，可以实现更加灵活的特征处理和模型构建。这种方法适用于需要对输入进行特定分块模式处理的场景，有助于捕捉不同块之间的独立特征和关系，从而更有效地建模和处理数据。

```python
class BlockDiagonal(nn.Module):
    def __init__(self, in_features, out_features, num_blocks):
        super(BlockDiagonal, self).__init__()
        self.in_features = in_features
        self.out_features = out_features
        self.num_blocks = num_blocks

        # 确保输入特征和输出特征能被分块数量整除
        assert in_features % num_blocks == 0
        assert out_features % num_blocks == 0

        # 计算每个块的输入和输出特征数量
        block_in_features = in_features // num_blocks
        block_out_features = out_features // num_blocks

        # 创建一个包含多个线性层的模块列表，每个线性层对应一个块
        self.blocks = nn.ModuleList([
            nn.Linear(block_in_features, block_out_features) for _ in
range(num_blocks)
        ])

    def forward(self, x):
        # 将输入沿着最后一个维度分成多个块
        x = x.chunk(self.num_blocks, dim=-1)
        # 对每个块应用对应的线性层
        x = [block(x_i) for block, x_i in zip(self.blocks, x)]
        # 将处理后的块重新拼接起来
        x = torch.cat(x, dim=-1)
        return x
```

从代码中可以看到，BlockDiagonal 类实现了分块对角的操作。在初始化时，根据输入和输

出特征数量以及分块数量，计算每个块的特征数量，并创建相应的线性层列表。在正向传播时，将输入分块分解后，分别应用各自的线性层，最后将结果拼接起来。

2. sLSTM 与 mLSTM 模块

xLSTM 之所以被称为 xLSTM，正是因为它将 LSTM 扩展为两个 LSTM 的变体，即 sLSTM 和 mLSTM。每种变体都针对特定的性能和功能进行了优化，以处理不同类型的复杂序列数据问题。

1）sLSTM

sLSTM 在传统 LSTM 的基础上增加了标量更新机制。这种设计通过对内部记忆单元进行更细粒度的控制，优化了门控机制，使其更适合处理具有细微时间变化的序列数据。sLSTM 通常采用指数门控和归一化技术，以提升模型在长序列数据处理上的稳定性和准确性。通过这种方式，sLSTM 能够在保持较低计算复杂度的同时，提供与更复杂模型相当的性能，特别适用于资源受限的环境或需要快速响应的应用场景。

```python
class sLSTMBlock(nn.Module):
    def __init__(self, input_size, hidden_size, num_heads, proj_factor=4/3):
        """
        sLSTM 块的初始化

        参数：
        - input_size: 输入的大小
        - hidden_size: 隐藏状态的大小
        - num_heads: 头的数量
        - proj_factor: 投影比例因子
        """
        super(sLSTMBlock, self).__init__()
        self.input_size = input_size      # 保存输入大小
        self.hidden_size = hidden_size    # 保存隐藏状态大小
        self.num_heads = num_heads        # 头的数量
        self.head_size = hidden_size // num_heads  # 每个头的大小
        self.proj_factor = proj_factor    # 投影因子

        # 断言隐藏状态大小能被头的数量整除且投影因子大于 0
        assert hidden_size % num_heads == 0
        assert proj_factor > 0

        self.layer_norm = nn.LayerNorm(input_size)   # 层归一化
        self.causal_conv = CausalConv1D(1, 1, 4)     # 因果卷积

        # 以下是各种权重矩阵，用于计算
        self.Wz = BlockDiagonal(input_size, hidden_size, num_heads)
        self.Wi = BlockDiagonal(input_size, hidden_size, num_heads)
        self.Wf = BlockDiagonal(input_size, hidden_size, num_heads)
```

```python
        self.Wo = BlockDiagonal(input_size, hidden_size, num_heads)

        self.Rz = BlockDiagonal(hidden_size, hidden_size, num_heads)
        self.Ri = BlockDiagonal(hidden_size, hidden_size, num_heads)
        self.Rf = BlockDiagonal(hidden_size, hidden_size, num_heads)
        self.Ro = BlockDiagonal(hidden_size, hidden_size, num_heads)

        self.group_norm = nn.GroupNorm(num_heads, hidden_size)  # 组归一化

        # 上投影和下投影的线性层
        self.up_proj_left = nn.Linear(hidden_size, int(hidden_size *
proj_factor))
        self.up_proj_right = nn.Linear(hidden_size, int(hidden_size *
proj_factor))
        self.down_proj = nn.Linear(int(hidden_size * proj_factor), input_size)

    def forward(self, x, prev_state):
        """
        前向传播

        参数:
        - x: 输入张量
        - prev_state: 前一个状态 (包含 h_prev, c_prev, n_prev, m_prev)
        """
        assert x.size(-1) == self.input_size          # 断言输入大小正确
        h_prev, c_prev, n_prev, m_prev = prev_state       # 分解前一个状态

        x_norm = self.layer_norm(x)  # 对输入进行层归一化
        x_conv = F.silu(self.causal_conv(x_norm.unsqueeze(1)).squeeze(1))  # 经
过因果卷积并激活

        # 计算各种门控值
        z = torch.tanh(self.Wz(x) + self.Rz(h_prev))
        o = torch.sigmoid(self.Wo(x) + self.Ro(h_prev))
        i_tilde = self.Wi(x_conv) + self.Ri(h_prev)
        f_tilde = self.Wf(x_conv) + self.Rf(h_prev)

        # 计算新的记忆单元相关值
        m_t = torch.max(f_tilde + m_prev, i_tilde)
        i = torch.exp(i_tilde - m_t)
        f = torch.exp(f_tilde + m_prev - m_t)

        c_t = f * c_prev + i * z              # 更新细胞状态
        n_t = f * n_prev + i                  # 更新归一化因子
        h_t = o * c_t / n_t                   # 更新隐藏状态
```

```
        output = h_t  # 输出隐藏状态
        output_norm = self.group_norm(output)                # 组归一化
        output_left = self.up_proj_left(output_norm)         # 左投影
        output_right = self.up_proj_right(output_norm)       # 右投影
        output_gated = F.gelu(output_right)                  # 激活右投影
        output = output_left * output_gated                  # 处理后的输出
        output = self.down_proj(output)                      # 下投影到输入大小
        final_output = output + x                            # 加上输入

        return final_output, (h_t, c_t, n_t, m_t)            # 返回输出和新状态
```

通过前面提到的 sLSTM 模块 block 的堆叠，可以构建一个 sLSTM 层，代码如下：

```
class sLSTM(nn.Module):
    # 待添加偏置、丢弃、双向等功能
    def __init__(self, input_size, hidden_size, num_heads, num_layers=1,
batch_first=False, proj_factor=4/3):
        """
        sLSTM 模型的初始化

        参数：
        - input_size: 输入大小
        - hidden_size: 隐藏状态大小
        - num_heads: 头的数量
        - num_layers: 层数
        - batch_first: 是否批次优先
        - proj_factor: 投影因子
        """
        super(sLSTM, self).__init__()
        self.input_size = input_size          # 保存输入大小
        self.hidden_size = hidden_size        # 保存隐藏状态大小
        self.num_heads = num_heads            # 头的数量
        self.num_layers = num_layers          # 层数
        self.batch_first = batch_first        # 是否批次优先
        self.proj_factor_slstm = proj_factor  # 投影因子

        self.layers = nn.ModuleList([sLSTMBlock(input_size, hidden_size,
num_heads, proj_factor) for _ in range(num_layers)])  # 创建多层 sLSTM 块

    def forward(self, x, state=None):
        """
        前向传播

        参数：
        - x: 输入张量
        - state: 可选的初始状态
        """
```

```
            assert x.ndim == 3  # 断言输入维度为 3
            if self.batch_first: x = x.transpose(0, 1)  # 如果批次优先，则转换
            seq_len, batch_size, _ = x.size()  # 获取序列长度、批次大小和输入大小

            if state is not None:
                state = torch.stack(list(state))  # 将状态堆叠
                assert state.ndim == 4  # 断言状态维度为 4
                num_hidden, state_num_layers, state_batch_size, state_input_size =
state.size()
                assert num_hidden == 4   # 断言隐藏信息数量
                assert state_num_layers == self.num_layers  # 层数匹配
                assert state_batch_size == batch_size        # 批次大小匹配
                assert state_input_size == self.input_size   # 输入大小匹配
                state = state.transpose(0, 1)          # 转换状态
            else:
                # 创建零状态
                state = torch.zeros(self.num_layers, 4, batch_size,
self.hidden_size)

            output = []                            # 存储输出
            for t in range(seq_len):
                x_t = x[t]                          # 获取当前时间步的输入
                for layer in range(self.num_layers):
                    x_t, state_tuple = self.layers[layer](x_t,
tuple(state[layer].clone()))                          # 经过每层处理
                    state[layer] = torch.stack(list(state_tuple))  # 更新状态
                output.append(x_t)                  # 添加输出

            output = torch.stack(output)            # 堆叠输出
            if self.batch_first:
                output = output.transpose(0, 1)      # 如果批次优先，则转换回来
            state = tuple(state.transpose(0, 1))     # 转换状态

            return output, state  # 返回输出和状态
```

2）mLSTM

mLSTM 通过将传统的 LSTM 中的向量操作扩展为矩阵操作，极大地增强了模型的记忆能力和并行处理能力。mLSTM 的每个状态不再是单一的向量，而是一个矩阵，这使得它能够在单个时间步内捕获更复杂的数据关系和模式。

同样，我们首先完成 mLSTMBlock 的定义，代码如下：

```
class mLSTMBlock(nn.Module):
    """
    mLSTM 块类
    """
    def __init__(self, input_size, hidden_size, num_heads, proj_factor=2):
```

```python
    """
    初始化方法
    :param input_size: 输入大小
    :param hidden_size: 隐藏状态大小
    :param num_heads: 头的数量
    :param proj_factor: 投影因子
    """
    super(mLSTMBlock, self).__init__()
    self.input_size = input_size                    # 输入大小
    self.hidden_size = hidden_size                  # 隐藏状态大小
    self.num_heads = num_heads                      # 头的数量
    self.head_size = hidden_size // num_heads        # 每个头的大小
    self.proj_factor = proj_factor                  # 投影因子

    # 断言隐藏状态大小能被头的数量整除且投影因子大于 0
    assert hidden_size % num_heads == 0
    assert proj_factor > 0

    self.layer_norm = nn.LayerNorm(input_size)   # 层归一化
    # 左投影线性层
    self.up_proj_left = nn.Linear(input_size, int(input_size * proj_factor))
    self.up_proj_right = nn.Linear(input_size, hidden_size)  # 右投影线性层
    self.down_proj = nn.Linear(hidden_size, input_size)  # 向下投影线性层

    self.causal_conv = CausalConv1D(1, 1, 4)   # 因果卷积
    self.skip_connection = nn.Linear(int(input_size * proj_factor),
hidden_size)    # 跳跃连接线性层

    self.Wq = BlockDiagonal(int(input_size * proj_factor), hidden_size,
num_heads)    # 查询权重
    self.Wk = BlockDiagonal(int(input_size * proj_factor), hidden_size,
num_heads)    # 键权重
    self.Wv = BlockDiagonal(int(input_size * proj_factor), hidden_size,
num_heads)    # 值权重
                    # 输入门权重
    self.Wi = nn.Linear(int(input_size * proj_factor), hidden_size)
    # 遗忘门权重
    self.Wf = nn.Linear(int(input_size * proj_factor), hidden_size)
    # 输出门权重
    self.Wo = nn.Linear(int(input_size * proj_factor), hidden_size)

    self.group_norm = nn.GroupNorm(num_heads, hidden_size)   # 组归一化

def forward(self, x, prev_state):
    """
    前向传播方法
```

```python
    :param x: 输入张量
    :param prev_state: 前一状态
    :return: 输出张量和新状态
    """
    h_prev, c_prev, n_prev, m_prev = prev_state    # 分解前一状态
    assert x.size(-1) == self.input_size    # 断言输入大小与设定的输入大小一致
    x_norm = self.layer_norm(x)             # 对输入进行层归一化
    x_up_left = self.up_proj_left(x_norm)   # 左投影
    x_up_right = self.up_proj_right(x_norm) # 右投影

    # 因果卷积并激活
    x_conv = F.silu(self.causal_conv(x_up_left.unsqueeze(1)).squeeze(1))
    x_skip = self.skip_connection(x_conv)   # 跳跃连接

    q = self.Wq(x_conv)                     # 计算查询向量
    k = self.Wk(x_conv) / (self.head_size ** 0.5)   # 计算键向量并缩放
    v = self.Wv(x_up_left)                  # 计算值向量

    i_tilde = self.Wi(x_conv)               # 计算输入门候选值
    f_tilde = self.Wf(x_conv)               # 计算遗忘门候选值
    o = torch.sigmoid(self.Wo(x_up_left))   # 计算输出门

    m_t = torch.max(f_tilde + m_prev, i_tilde)  # 计算新的记忆候选值
    i = torch.exp(i_tilde - m_t)            # 计算输入门
    f = torch.exp(f_tilde + m_prev - m_t)   # 计算遗忘门

    c_t = f * c_prev + i * (v * k)          # 计算新的细胞状态
    n_t = f * n_prev + i * k                # 计算新的规范化项

    # 计算新的隐藏状态
    h_t = o * (c_t * q) / torch.max(torch.abs(n_t.T @ q), 1)[0]
    output = h_t                            # 输出为新的隐藏状态
    output_norm = self.group_norm(output)   # 组归一化
    output = output_norm + x_skip           # 加上跳跃连接
    output = output * F.silu(x_up_right)     # 激活并乘以右投影
    output = self.down_proj(output)         # 向下投影
    final_output = output + x               # 加上输入

    return final_output, (h_t, c_t, n_t, m_t)  # 返回输出和新状态
```

根据其模组可以完成对 mLSTM 的构建，代码如下：

```python
class mLSTM(nn.Module):
    """
    mLSTM 模型类
    """
    # TODO：添加偏置、丢弃、双向等功能
```

```python
    def __init__(self, input_size, hidden_size, num_heads, num_layers=1,
batch_first=False, proj_factor=2):
        """
        初始化方法
        :param input_size: 输入大小
        :param hidden_size: 隐藏状态大小
        :param num_heads: 头的数量
        :param num_layers: 层数
        :param batch_first: 是否批次优先
        :param proj_factor: 投影因子
        """
        super(mLSTM, self).__init__()
        self.input_size = input_size              # 输入大小
        self.hidden_size = hidden_size            # 隐藏状态大小
        self.num_heads = num_heads                # 头的数量
        self.num_layers = num_layers              # 层数
        self.batch_first = batch_first            # 是否批次优先
        self.proj_factor_slstm = proj_factor      # 投影因子


        self.layers = nn.ModuleList([mLSTMBlock(input_size, hidden_size,
num_heads, proj_factor) for _ in range(num_layers)])  # 创建多层 mLSTM 块


    def forward(self, x, state=None):
        """
        前向传播方法
        :param x: 输入张量
        :param state: 状态（可选）
        :return: 输出和状态
        """
        assert x.ndim == 3                        # 断言输入维度为 3
        if self.batch_first:
            x = x.transpose(0, 1)                 # 如果批次优先，则转换维度
        seq_len, batch_size, _ = x.size()         # 获取序列长度、批次大小和输入维度


        if state is not None:
            state = torch.stack(list(state))   # 将状态堆叠
            assert state.ndim == 4                # 断言状态维度为 4
            num_hidden, state_num_layers, state_batch_size, state_input_size =
state.size()  # 分解状态大小
            assert num_hidden == 4                # 断言隐藏信息数量为 4
            assert state_num_layers == self.num_layers    # 断言层数一致
            assert state_batch_size == batch_size         # 断言批次大小一致
            assert state_input_size == self.input_size    # 断言输入大小一致
            state = state.transpose(0, 1)                 # 转换状态维度
        else:
            # 如果没有状态，则创建全零状态
```

```
            state = torch.zeros(self.num_layers, 4, batch_size,
self.hidden_size)

            output = []               # 输出列表
            for t in range(seq_len):
                x_t = x[t]            # 获取当前时间步的输入
                for layer in range(self.num_layers):
                    x_t, state_tuple = self.layers[layer](x_t,
tuple(state[layer].clone()))     # 各层前向传播
                    state[layer] = torch.stack(list(state_tuple))  # 更新状态
                output.append(x_t)                     # 添加到输出列表

            output = torch.stack(output)               # 将输出堆叠
            if self.batch_first:
                output = output.transpose(0, 1)  # 如果批次优先，则转换输出维度
            state = tuple(state.transpose(0, 1))# 转换状态维度

            return output, state                       # 返回输出和状态
```

值得一提的是，mLSTM 特别适合处理大规模数据集或需要高度复杂数据模式识别的任务。此外，mLSTM 的设计支持高度并行化处理，这不仅提高了计算效率，还使模型更易于扩展到大规模数据集上。

3. xLSTM 的完整构建

最后，我们将完成 xLSTM 的完整构建，sLSTM 和 mLSTM 都可用于完成 xLSTM 的模型构建，代码如下：

```
class xLSTM(nn.Module):
    # 待添加偏置、丢弃和双向等功能

    def __init__(self, input_size, hidden_size, num_heads, layers,
batch_first=False, proj_factor_slstm=4/3, proj_factor_mlstm=2):
        """
        xLSTM 类的初始化方法

        参数：
        - input_size：输入大小
        - hidden_size：隐藏层大小
        - num_heads：头的数量
        - layers：层类型列表
        - batch_first：是否批次优先
        - proj_factor_slstm：与特定类型 LSTM 相关的投影因子
        - proj_factor_mlstm：与另一种特定类型 LSTM 相关的投影因子
        """
        super(xLSTM, self).__init__()
        self.input_size = input_size        # 保存输入大小
```

```
        self.hidden_size = hidden_size          # 保存隐藏层大小
        self.num_heads = num_heads              # 保存头的数量
        self.layers = layers                    # 层类型列表
        self.num_layers = len(layers)           # 计算层的数量
        self.batch_first = batch_first          # 是否批次优先标志
        self.proj_factor_slstm = proj_factor_slstm  # 特定类型的投影因子
        self.proj_factor_mlstm = proj_factor_mlstm  # 另一种特定类型的投影因子

        self.layers = nn.ModuleList()           # 创建层的模块列表
        for layer_type in layers:               # 遍历层类型
            if layer_type =='s':                # 如果是's'类型
                layer = sLSTMBlock(input_size, hidden_size, num_heads,
proj_factor_slstm)                              # 创建对应的块
            elif layer_type =='m':              # 如果是'm' 类型
                layer = mLSTMBlock(input_size, hidden_size, num_heads,
proj_factor_mlstm)                              # 创建对应的块
            else:                               # 其他无效类型
                raise ValueError(f"Invalid layer type: {layer_type}. Choose's' for
sLSTM or'm' for mLSTM.")
            self.layers.append(layer)           # 将层添加到模块列表中


    def forward(self, x, state=None):
        """
        前向传播方法

        参数:
        - x：输入张量
        - state：状态（如果有）
        """
        assert x.ndim == 3                      # 确保输入维度为 3
        if self.batch_first:                    # 如果是批次优先
            x = x.transpose(0, 1)               # 进行转置
        seq_len, batch_size, _ = x.size()       # 获取序列长度、批次大小和其他维度

        if state is not None:                   # 如果有状态
            state = torch.stack(list(state))    # 将状态堆叠
            assert state.ndim == 4              # 确保状态维度为 4
            num_hidden, state_num_layers, state_batch_size, state_input_size =
state.size()                                    # 获取状态的各种维度信息
            assert num_hidden == 4              # 断言隐藏维度数量
            assert state_num_layers == self.num_layers  # 断言层数量一致
            assert state_batch_size == batch_size       # 断言批次大小一致
            assert state_input_size == self.input_size  # 断言输入大小一致
            state = state.transpose(0, 1)       # 转置状态
        else:                                   # 如果没有状态
            # 创建零状态
```

```
        state = torch.zeros(self.num_layers, 4, batch_size,
self.hidden_size)

        output = []                      # 初始化输出列表
        for t in range(seq_len):         # 遍历序列长度
            x_t = x[t]                   # 获取当前时间步的输入
            for layer in range(self.num_layers):  # 遍历层
                x_t, state_tuple = self.layers[layer](x_t,
tuple(state[layer].clone()))          # 进行层的计算
                state[layer] = torch.stack(list(state_tuple))  # 更新状态
            output.append(x_t)           # 添加当前时间步的输出到列表

        output = torch.stack(output)          # 将输出列表堆叠为张量
        if self.batch_first:                  # 如果是批次优先
            output = output.transpose(0, 1)   # 进行转置
        state = tuple(state.transpose(0, 1))  # 转置状态
        return output, state                  # 返回输出和状态
```

9.2.5 基于 xLSTM 的文本生成实战

在本小节中，我们将完成基于 xLSTM 的文本生成实战。首先是模型的设计，在具体设计上，我们可以沿袭同属于循环神经网络的 Mamba 和 GRU 模型架构，完成模型的训练框架搭建与预测。完整的 xLSTM 模型代码如下：

```
class xLSTMModel(torch.nn.Module):
    def __init__(self,vocab_size = 3700,dim = 384,hidden_size = 256,device =
"cuda",layers=["m"] * 6):
        super().__init__()
        self.embedding_layer = torch.nn.Embedding(vocab_size,dim).to(device)
        self.xlstm = xLSTM(input_size=dim,hidden_size=hidden_size,
num_heads=4,layers=layers).to(device)
        self.norm_f = RMSNorm(dim).to(device)
        self.lm_head = nn.Linear(hidden_size, vocab_size,
bias=False).to(device)
        self.lm_head.weight = self.embedding_layer.weight # Tie output
projection to embedding weights.
    def forward(self,x):
        embedding = self.embedding_layer(x)
        output, state = self.xlstm(embedding)
        output = self.norm_f(output)
        logits = self.lm_head(output)

        return logits

    @torch.no_grad()
    def generate(self, prompt=None, n_tokens_to_gen=20, temperature=1., top_k=3,
```

```
sample=False,
                eos_token=2, device="cuda"):
    """
    根据给定的提示（prompt）生成一段指定长度的序列

    参数:
    - seq_len: 生成序列的总长度
    - prompt: 序列生成的起始提示，可以是一个列表
    - temperature: 控制生成序列的随机性。温度值越高，生成的序列越随机；温度值越低，生
成的序列越确定
    - eos_token: 序列结束标记的 Token ID，默认为 2
    - return_seq_without_prompt: 是否在返回的序列中不包含初始的提示部分，默认为
True

    返回:
    - 生成的序列（包含或不包含初始提示部分，取决于 return_seq_without_prompt 参数的
设置）
    """

    # 将输入的 prompt 转换为 torch 张量，并确保它在正确的设备上（如 GPU 或 CPU）
    self.eval()
    prompt = torch.tensor(prompt).to(device)
    input_ids = prompt
    for token_n in range(n_tokens_to_gen):
        with torch.no_grad():
            indices_to_input = input_ids
            next_token_logits = self.forward(indices_to_input)[:, -1]

        probs = F.softmax(next_token_logits, dim=-1)
        (batch, vocab_size) = probs.shape

        if top_k is not None:
            (values, indices) = torch.topk(probs, k=top_k)
            probs[probs < values[:, -1, None]] = 0
            probs = probs / probs.sum(axis=1, keepdims=True)

        if sample:
            next_indices = torch.multinomial(probs, num_samples=1)
        else:
            next_indices = torch.argmax(probs, dim=-1)[:, None]

        input_ids = torch.cat([input_ids, next_indices], dim=1)

    return input_ids
    # output_completions = [tokenizer.decode(output.tolist()) for output in
input_ids][0]
```

```
        # return output_completions
```

可以看到，在模型的构建部分，我们延续了 Mamba 的设计模式，使用 xLSTM 对特征进行提取；在层数配置上，我们使用["m"] * 6 显式地指定了使用 6 层 mLSTM 来构建完整的 xLSTM 计算层。

此时完整的训练代码如下：

```
from tqdm import tqdm

import torch
from torch.utils.data import DataLoader

BATCH_SIZE = 384
device = "cuda"

import xLSTM
model = xLSTM.xLSTMModel()
model.to(device)

import get_data_emotion
#import get_data_emotion_2 as get_data_emotion
train_dataset =
get_data_emotion.TextSamplerDataset(get_data_emotion.token_list)
    train_loader = (DataLoader(train_dataset,
batch_size=BATCH_SIZE,shuffle=True))

    save_path = "./saver/xlstm.pth"
    #mamba_model.load_state_dict(torch.load(save_path))

optimizer = torch.optim.AdamW(model.parameters(), lr = 2e-3)
    lr_scheduler = torch.optim.lr_scheduler.CosineAnnealingLR(optimizer,T_max =
1200,eta_min=2e-7,last_epoch=-1)
    criterion = torch.nn.CrossEntropyLoss()

for epoch in range(24):
    pbar = tqdm(train_loader,total=len(train_loader))
    for token_inp,token_tgt in pbar:
        token_inp = token_inp.to(device)
        token_tgt = token_tgt.to(device)
        logits = model(token_inp)
        loss = criterion(logits.view(-1, logits.size(-1)), token_tgt.view(-1))

        optimizer.zero_grad()
        loss.backward()
        optimizer.step()
        lr_scheduler.step()   # 执行优化器
```

```
        pbar.set_description(f"epoch:{epoch +1}, train_loss:{loss.item():.5f},
lr:{lr_scheduler.get_last_lr()[0]*1000:.5f}")

        torch.save(model.state_dict(), save_path)
```

在训练部分，我们使用情感分类模型对模型进行训练，过程如下：

```
100%|████████████| 7765/7765 [00:19<00:00, 401.05it/s]
epoch:1, train_loss:6.67290, lr:1.97705: 100%|████████████| 82/82
[20:54<00:00, 15.30s/it]
epoch:2, train_loss:5.39643, lr:1.90925: 100%|████████████| 82/82
[20:46<00:00, 15.20s/it]
epoch:3, train_loss:4.89321, lr:1.79970: 100%|████████████| 82/82
[20:47<00:00, 15.21s/it]
epoch:4, train_loss:4.65215, lr:1.65346: 100%|████████████| 82/82
[22:02<00:00, 16.13s/it]
epoch:5, train_loss:4.54970, lr:1.48181:  98%|███████████ | 80/82
[20:54<00:31, 15.84s/it]
```

最终的结果请读者自行完成。在训练过程中，也可以采用预测与解码结合的方式对结果进行输出：

```
from dataset import tokenizer
tokenizer_emo = tokenizer.Tokenizer()

import torch

device = "cuda"
import xLSTM
model = xLSTM.xLSTMModel()
model.to(device)

model.eval()

save_path = "./saver/xlstm.pth"
model.load_state_dict(torch.load(save_path),strict=False)

for _ in range(10):
    text = "酒店"
    prompt_token = tokenizer_emo.encode(text)
    prompt_token = torch.tensor([prompt_token]).to(device)
    result_token =
model.generate(prompt=prompt_token,n_tokens_to_gen=32,top_k=5)[0].cpu().numpy()
    text = tokenizer_emo.decode(result_token).split("※")[0]
    print(text)
```

请读者自行尝试验证生成结果。

9.3　本章小结

在本章中，我们对新模块 KAN 进行了深入的了解，并切实掌握了它。通过合理搭配与运用该新模块，能够在一定程度上增强 Mamba 模型在特征提取和任务聚焦等方面的能力。

同时，本章还详细讲解了 xLSTM 这一全新的循环神经网络架构。该架构具有独特的设计和优势，为我们处理和分析数据提供了新的思路和方法。通过深入研究和理解 xLSTM，我们可以更好地利用其特性来构建更加高效和准确的模型，以应对各种复杂的任务和挑战。无论是在数据预测、模式识别，还是其他相关领域，xLSTM 都展现出了巨大的潜力和应用价值，为推动相关技术的发展和进步贡献了重要力量。

第 10 章

循环神经网络详解与切片时间序列预测

在深度学习领域中，循环神经网络（RNN）是一类专门用于处理序列数据的神经网络架构。它们能够捕捉序列中的时间依赖关系，因此在处理诸如文本、音频等时间序列数据时具有显著优势。在经典的循环神经网络架构中，除前面提到的 Mamba 模型外，还有两种非常常见的模型：长短期记忆网络（LSTM）和门控循环单元（GRU）。

LSTM 是一种特殊的 RNN，旨在解决传统 RNN 在处理长序列时容易出现的梯度消失或梯度爆炸问题。LSTM 通过引入三个"门"结构——遗忘门（forget gate）、输入门（input gate）和输出门（output gate），来控制信息的流动和保存。遗忘门决定哪些信息需要从细胞状态中丢弃，输入门决定哪些新信息需要被加入细胞状态中，而输出门则控制哪些信息需要从细胞状态中输出。这种设计使得 LSTM 能够更有效地学习长期依赖关系。

GRU 是 LSTM 的一种简化形式。与 LSTM 相比，GRU 只有两个门结构：重置门（reset gate）和更新门（update gate）。重置门用于控制前一时刻的隐藏状态中有多少信息需要被遗忘，而更新门则用于控制前一时刻的隐藏状态中有多少信息需要被保留到当前状态，以及有多少新信息需要被加入当前状态中。由于 GRU 的参数较少，其计算效率通常比 LSTM 更高，且在许多应用中表现与 LSTM 相当，甚至更好。

本章将以 GRU 为例，详细讲解循环神经网络的经典架构，并通过一个切片的时间序列预测进行实战。随后，我们将回顾之前学习过的 Mamba 与 KAN 模型，以进行进一步的时间序列预测。

10.1 基于时间序列的温度预测实战

由于循环神经网络（RNN）架构的特殊性，RNN 特别适合处理时间序列数据，因此被较多地应用于时间序列预测任务。RNN 能够捕捉序列中的时间依赖关系，通过隐藏状态在序列的时间步之间传递信息，使得模型能够根据历史数据来预测未来的趋势或结果，比如大气旋涡的预测如图 10-1 所示。

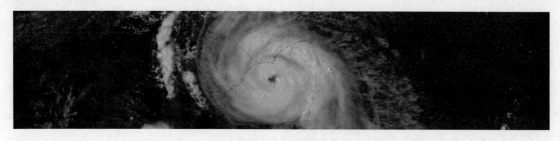

图 10-1　大气旋涡

在时间序列预测中，RNN 可以学习数据中的周期性模式、趋势以及异常值等特征，并根据这些特征进行准确的预测。例如，在金融领域，RNN 可以用于股票价格预测、交易量预测等；在气象领域，RNN 可以用于气温、降雨量等气象指标的预测；在交通领域，RNN 可以用于交通流量、车速等交通参数的预测。

本节将首先通过预测一个现实温度数据来讲解时间序列的预测任务。

10.1.1　时间序列一维数据的准备与切片

这里准备了一份气温数据集，其中包含 2013 年 1 月 1 日至 2017 年 4 月 24 日在印度德里市的数据，如图 10-2 所示。

date	meantemp	humidity	wind_speed	meanpressure
2013/1/1	10	84.5	0	1015.667
2013/1/2	7.4	92	2.98	1017.8
2013/1/3	7.166667	87	4.633333	1018.667
2013/1/4	8.666667	71.33333	1.233333	1017.167
2013/1/5	6	86.83333	3.7	1016.5
2013/1/6	7	82.8	1.48	1018
2013/1/7	7	78.6	6.3	1020
2013/1/8	8.857143	63.71429	7.142857	1018.714
2013/1/9	14	51.25	12.5	1017
2013/1/10	11	62	7.4	1015.667

图 10-2　气温数据集

图 10-2 中的 4 个参数分别是平均温度（meantemp）、湿度（humidity）、风速（wind_speed）和平均气压（meanpressure），以下是其特征描述。

- meantemp：一天中每隔 3 小时的平均温度。
- humidity：一天的湿度值（单位为每立方米空气中的水蒸气克数）。
- wind_speed：风速，以 km/h 为单位。
- meanpressure：天气的压力读数（以大气压为单位）。

为了增强计算效果，新增加一列"湿度压力比"，并将数据集进行可视化展示，代码如下：

```python
# 使用字典来存储数据，其中键是列标题
data = {}

# 打开 CSV 文件
with open(filename, mode='r', newline='', encoding='utf-8') as csvfile:
    # 创建一个 csv 阅读器
    csvreader = csv.reader(csvfile)

    # 读取第一行作为列标题
    headers = next(csvreader)

    # 遍历每一行数据
    for row in csvreader:
        # 遍历每一列
        for i, header in enumerate(headers):
            # 将数据添加到对应的列标题（键）下
            if header not in data:
                data[header] = []
            data[header].append((row[i]))
# 打印结果，验证是否正确读取和存储了数据
# for header, values in data.items():
#     print(f"{header}: {values}")

data["meantemp"] = [float(m) for m in data["meantemp"]]
data["humidity"] = [float(m) for m in data["humidity"]]
data["wind_speed"] = [float(m) for m in data["wind_speed"]]
data["meanpressure"] = [float(m) for m in data["meanpressure"]]

def humidity_pressure_ratio(dict):
    humidity_pressure_ratio = []
    for hd,ms in zip(dict['humidity'] , dict['meanpressure']):
        humidity_pressure_ratio.append(round((hd)/(ms),5))
    return humidity_pressure_ratio

# 新增一列"湿度压力比"
humidity_pressure_ratio = humidity_pressure_ratio(data)

from scipy import stats
import random

# 计算均值和方差
mean = np.mean(humidity_pressure_ratio)
variance = np.var(humidity_pressure_ratio)
# 计算每个值的 Z 分数
z_scores = np.abs(stats.zscore(humidity_pressure_ratio))
# 设置阈值，这里使用 3，意味着去除那些距离均值超过 3 个标准差的值
```

```
threshold = 3
# 过滤掉异常值
filtered_ratios = [x for x, z in zip(humidity_pressure_ratio, z_scores) if z
< threshold]

print(filtered_ratios)
print(len(filtered_ratios))

val_ratios = filtered_ratios[-284:]
train_ratios = filtered_ratios[-260]

if __name__ == '__main__':

    import matplotlib.pyplot as plt
    # 创建一个图形对象，并设置其 DPI
    fig = plt.figure(dpi=400)
    # 在图形对象上绘制数据
    plt.plot(filtered_ratios)
    # 设置图形的尺寸（单位为英寸），这里设置宽度为 6，可能需要根据实际情况调整
    fig.set_size_inches(6, 4)  # 宽度为 6 英寸，高度为 4 英寸，总长度接近 1600 像素（取
决于 DPI）
    # 显示图形
    plt.show()
```

运行结果如图 10-3 所示。

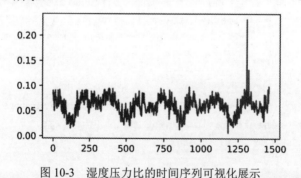

图 10-3   湿度压力比的时间序列可视化展示

图 10-3 中展示的是处理后的湿度压力比的时间序列结果。对于异常值的修正，我们在采样时仅保留了位于 3 个标准差（std）范围内的值进行计算。虽然图中有些特征值呈现凸起状，但它们依然在我们设定的采样范围内。读者可以根据需要设置不同的阈值来进行异常值的修正。

训练集和验证集部分如下：

```
val_ratios = filtered_ratios[-284:]
train_ratios = filtered_ratios[-260]
```

可以看到，我们此时分割了 260 个时间序列点作为训练集，并希望通过前 12 个序列的点数预测下一个会出现的点数值。其中，重叠部分就是训练集与验证集的交叉内容，目标是利用训

练集的数据来预测验证集中的第一个数值。

此时的数据与之前使用的序列相比，是一维数据，仅包括 batch_size 大小和长度为 12 的时间维度。

下面是我们将数据集包装为 PyTorch 模型所使用的输入数据结构，代码如下：

```python
class TimeSeriesDataset(Dataset):
    def __init__(self, sequence = train_ratios,time_step = 12):
        self.sequence = sequence
        self.time_step = time_step
        self.len = len(sequence)

    def __getitem__(self, index):
        subsequence = self.random_subsequence(self.sequence, self.time_step)
        token = torch.tensor(subsequence[:-1])
        label = torch.tensor(subsequence[1])

        return token,label.unsqueeze(dim=-1)

    def __len__(self):
        return self.len

    def random_subsequence(self,sequence, time_step):
        # 确保序列长度足够
        if len(sequence) < time_step + 1:
            raise ValueError("序列长度小于所需的子序列长度")

        # 随机选择一个起始点
        start = random.randint(0, len(sequence) - time_step - 1)

        # 截取子序列
        subsequence = sequence[start:start + time_step + 1]

        return subsequence
```

在这里，我们随机选择一个子区域，使得模型能够在知道前 12 个值的状态下推断出下一个值的内容，即将原有的时间序列内容切分成若干片段供模型学习。而 time_step + 1 的作用是选择前 time_step 位置，而第 time_step + 1 位置的那个值作为预测值输入。

10.1.2 基于 GRU 的时间序列模型设计

GRU（门控循环单元）是一种简化版的循环神经网络模型，我们采用了一个双向时间序列模型进行设计，即一个基于 GRU 的神经网络模型。该模型接收一个参数 kernels，它是一个包含三个整数的列表，分别用于设置模型中不同层的参数。模型如下：

```python
import torch
```

```python
import torch.nn as nn
class GRUModel(nn.Module):
    def __init__(self,kernels = [128,64,8]):
        super().__init__()
        self.lstm = nn.GRU(input_size=12,
                           num_layers=2,
                           hidden_size=kernels[0],
                           batch_first=True,
                           bidirectional=True)

        self.dropout = nn.Dropout(0.2)
        self.linear1 = nn.Linear(kernels[0] * 2, kernels[1])
        self.linear2 = nn.Linear(kernels[1], kernels[2])
        self.output_linear = nn.Linear(kernels[2], 1)

    def forward(self, x):
        x, _ = self.lstm(x)
        x = self.dropout(x)
        x = self.linear1(x)
        x = self.linear2(x)
        x = self.output_linear(x)
        return x
```

模型首先使用了一个双向的 GRU 层，其中输入特征大小为 12，隐藏层大小为 kernels[0]，层数为 2，且设置为 batch_first=True，以便于处理批量数据。

接下来，模型通过一个 Dropout 层来减少过拟合，Dropout 的比例设置为 0.2。之后，模型通过两个全连接层（分别命名为 linear1 和 linear2），它们的输出大小分别由 kernels [1]和 kernels [2]决定。最终，模型使用一个输出层 output_linear，其输出大小设置为 1，以生成最终的预测结果。模型的前向传播过程在 forward 方法中定义。

10.1.3　时间序列模型的训练与预测

在本节中，我们将完成时间序列模型的训练与预测工作。首先，导入必要的库，包括：PyTorch 用于深度学习，torch.utils.data.DataLoader 和 TensorDataset 用于数据加载，tqdm 用于在训练过程中显示进度条，以及一个自定义的 get_dataset 模块用于获取时间序列数据集。接着，加载时间序列数据集，并创建一个数据加载器 train_dataloader，用于批量加载训练数据。完整代码如下：

```python
import torch
from torch.utils.data import DataLoader, TensorDataset
from tqdm import tqdm
import get_dataset


time_series_dataset = get_dataset.TimeSeriesDataset()
```

```
    train_dataloader = DataLoader(time_series_dataset, batch_size=64,
shuffle=True)
    # num_workers：是否使用多线程进行数字加载，默认为 0

    import model
    ts_model = model.GRUModel()
    # 定义优化器和损失函数
    optimizer = torch.optim.AdamW(ts_model.parameters(), lr=2.9e-5)
    loss_func = torch.nn.MSELoss()

    for _ in range(29):
        # 初始化进度条，用于可视化训练进度
        pbar = tqdm(train_dataloader, total=len(train_dataloader))
        for token,label in pbar:
            optimizer.zero_grad()
            loss = loss_func(ts_model(token), label)
            loss.backward()
            optimizer.step()
            pbar.set_description(f'epoch:{_} , loss:
{loss_func(token,label).item()}')

    torch.save(ts_model.state_dict(), "model_parameters.pth")
    ts_model.load_state_dict(torch.load("model_parameters.pth"))

    val_time_series_dataset = get_dataset.TimeSeriesDataset(sequence=
get_dataset.val_ratios)
    val_dataloader = DataLoader(val_time_series_dataset, batch_size=64,
shuffle=True)  # num_workers：是否使用多线程数字加载，默认 0
    # 初始化进度条，用于可视化训练进度
    pbar = tqdm(val_dataloader, total=len(val_dataloader))
    pred_ratio = []
    with torch.no_grad():
        for token,label in pbar:
            ratio = ts_model(token)
            for ra in ratio:
                pred_ratio.append(ra.cpu().numpy()[0])

    import matplotlib.pyplot as plt

    # 创建一个图形对象，并设置其 DPI
    fig = plt.figure(dpi=400)
    # 在图形对象上绘制数据
    plt.plot(get_dataset.val_ratios,"blue")
    plt.plot(pred_ratio,"red")
    # 设置图形的尺寸（单位为英寸），这里设置宽度为 6，可能需要根据实际情况进行调整
    fig.set_size_inches(6, 4)  # 宽度为 6 英寸，高度为 4 英寸，总长度将接近 1600 像素（取决
```

```
于 DPI)
    # 显示图形
    plt.show()
```

以上代码导入了一个自定义的模型模块，并从中实例化了一个 GRUModel 对象作为时间序列预测模型。接着，它定义了优化器 AdamW 和损失函数 MSELoss，用于模型的训练和评估。

在训练阶段，代码通过 29 次迭代（epochs）来训练模型。在每个 epoch 中，遍历训练数据加载器中的每个批次，执行前向传播、计算损失、反向传播和更新模型参数。同时，使用 tqdm 库显示训练进度和当前损失。

在训练完成后，保存模型的参数到 model_parameters.pth 文件中，并立即加载这些参数以验证模型。然后，加载验证数据集，并创建一个数据加载器 val_dataloader，用于批量加载验证数据。

在完成训练后，我们可以将预测数据与实际数据进行可视化比较，结果如图 10-4 所示。

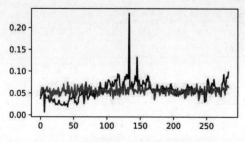

图 10-4　预测数据与实际数据值的比较

从图中可以看到，模型对测试集的数据进行了较好的拟合，但对于一些孤立的峰值部分，拟合结果不尽如人意。这可能是因为在演示中使用的数据量较少。有兴趣的读者可以尝试使用更多的数据集进行进一步的实验和学习。

10.1.4　时间序列常用的损失函数详解

在前面计算时间序列的过程中，我们使用了 MSELoss 作为损失函数进行计算。MSELoss 衡量的是模型预测值与真实值之间差异的平方的平均值。其数学表达式为：

$$MSE = \frac{1}{N} \sum_{i=1}^{n} (\bar{y}_i - y_i)^2$$

其中，n 表示样本数量，y_i 表示第 i 个样本的真实值，$\bar{y}_i$ 表示第 i 个样本的预测值。MSE 的值越小，说明模型的预测结果越准确。

在时间序列中，为了对数值进行预测，MSELoss 作为最常用的时间序列损失函数被广泛使用，这是因为：

● 敏感性：MSE 对异常值较为敏感，因为异常值（即与真实值相差很大的预测值）的平方会被放大，从而在损失函数中占据更大的比重。这可能导致模型在训练过程中过于关注这些异常值，从而影响模型的泛化能力。

- 优化方向：MSELoss 鼓励模型预测出更接近真实值的输出，因为平方误差会随着预测值与真实值之间差异的增大而迅速增大。这种特性使得 MSELoss 成为回归问题中的常用损失函数。
- 梯度计算：MSELoss 的梯度是预测值与真实值之差的两倍，但在优化过程中，常数项通常可以忽略。这使得梯度的大小与预测误差成正比，有助于模型在训练过程中逐步减小预测误差。

在 PyTorch 中，MSELoss 的最常用函数形式如下：

```
# 创建 MSELoss 对象
mse_loss = nn.MSELoss(reduction='mean')
```

其中，MSELoss 在 PyTorch 中通过 torch.nn.MSELoss 类来实现。该类可以接受一个可选参数 reduction，用于指定损失的计算方式。

- reduction='mean'（默认值）：返回损失的平均值。
- reduction='sum'：返回损失的总和。
- reduction='none'：返回每个样本的损失，不进行求和或平均。

可以说，MSELoss 是深度学习中用于回归问题的重要损失函数，它通过计算预测值与真实值之间的均方误差来评估模型的性能。MSELoss 对异常值较为敏感，鼓励模型预测出更接近真实值的输出，并在优化过程中逐步减小预测误差。

10.2　循环神经网络理论讲解

在前面的章节中，我们完成了基于循环神经网络 GRU 的时间序列预测实战。为了帮助读者更好地理解，接下来将深入讲解循环神经网络的理论部分。下面仍以 GRU 为例，向读者详细介绍相关内容。

10.2.1　什么是 GRU

在前面的实战过程中，使用 GRU 作为核心神经网络层。GRU 是循环神经网络的一种，旨在解决长期记忆和反向传播中的梯度等问题。GRU 是一种用于处理序列数据的神经网络。

GRU 更擅长处理序列变化的数据，比如某个单词的意思会因为上文提到的内容不同而有不同的含义，GRU 就能够很好地解决这类问题。

1. GRU 的输入与输出结构

GRU 的输入与输出结构如图 10-5 所示。

通过 GRU 的输入与输出结构可以看到，在 GRU 中有一个当前的输入 x^t，和上一个节点传递下来的隐状态（hidden state）h^{t-1}，这个隐状态包含之前节点的相关信息。

结合 x^t 和 h^{t-1}，GRU 会得到当前隐藏节点的输出 y^t 和传递给下一个节点的隐状态 h^t。

2. 门–GRU 的重要设计

一般认为，"门"是 GRU 能够替代传统 RNN 循环网络并表现更好的关键原因。下面通过上一个传输下来的状态 h^{t-1} 和当前节点的输入 x^t 来获取两个门控状态，如图 10-6 所示。

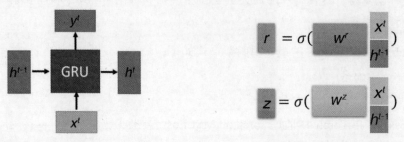

图 10-5　GRU 的输入与输出结构　　　　图 10-6　两个门控状态

其中，r 控制重置的门控（reset gate），z 为控制更新的门控（update gate）。σ 为 Sigmoid 函数，通过这个函数可以将数据变换为 0~1 范围内的数值，从而充当门控信号。

得到门控信号之后，首先使用重置门控来得到"重置"之后的数据 $h^{t-1'}=h^{t-1}*r$，再将 $h^{t-1'}$ 与输入 x^t 进行拼接，通过一个 Tanh 激活函数来将数据放缩到 -1~1 范围内，即得到如图 10-7 所示的 h'。

这里的 h' 主要包含当前输入 x^t 的数据，有针对性地将 h' 添加到当前的隐藏状态，相当于"记忆了当前时刻的状态"。

3. RU 的结构

最后介绍 GRU 最关键的一个步骤，可以称之为"更新记忆"阶段。在这个阶段，GRU 同时进行了遗忘和记忆两个步骤，如图 10-8 所示。

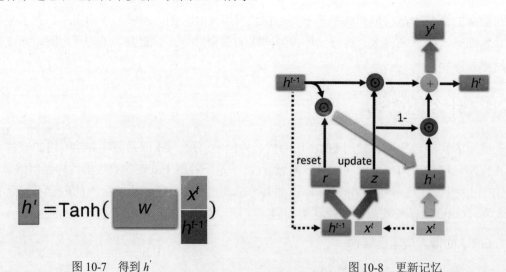

图 10-7　得到 h'　　　　图 10-8　更新记忆

使用先前得到的更新门控 z 来获得新的更新，公式如下：

$$h^t = z * h^{t-1} + (1 - z) * h'$$

公式说明如下。

- $z * h^{t-1}$：表示对原本隐藏状态的选择性"遗忘"。这里的 z 可以想象成遗忘门，忘记 h^{t-1} 维度中一些不重要的信息。

- $(1-z) * h'$：表示对包含当前节点信息的 h' 进行选择性"记忆"。与上面类似，这里的 $(1-z)$ 也会忘记 h' 维度中的一些不重要的信息。或者，这里更应当看作是对 h' 维度中的某些信息进行选择。或者更准确地说，这里是对 h' 中的某些信息进行选择性记忆。

综上所述，整个公式的操作就是忘记传递下来的 h^{t-1} 中的某些维度信息，并加入当前节点输入的某些维度信息。

可以看到，这里的遗忘 z 和选择（$1-z$）是联动的。也就是说，对于传递进来的维度信息，我们会进行选择性遗忘，即遗忘了多少权重（z），我们就会使用包含当前输入的 h' 中所对应的权重来弥补（$1-z$）的量，从而使得 GRU 的输出保持一种"恒定"状态。

10.2.2　单向不行，那就双向

在前面，我们简单介绍了 GRU 中的参数 bidirectional，bidirectional 表示双向传输，其目的是将相同的信息以不同的方式呈现给循环网络，这样可以提高精度并缓解遗忘问题。双向 GRU 是一种常见的 GRU 变体，常用于自然语言处理任务。

GRU 特别依赖于输入数据的顺序或时间，按顺序处理输入序列的时间步。打乱时间步或反转时间步会完全改变 GRU 从序列中提取的表示。正因如此，如果顺序对问题很重要（比如室温预测等问题），GRU 的表现会非常好。

双向 GRU 利用了这种顺序敏感性。每个 GRU 分别沿一个方向处理输入序列（一个沿时间正序，另一个沿时间逆序），然后将它们的表示合并在一起，如图 10-9 所示。通过沿这两个方向处理序列，双向 GRU 能够捕捉到可能被单向 GRU 遗漏的模式。

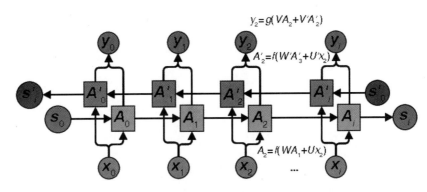

图 10-9　双向 GRU

一般来说，按时间正序排列的模型会优于时间逆序的模型。然而，对于像文本分类这样的任务，一个单词对句子理解的重要性通常并不取决于它在句子中的位置。也就是说，使用正序序列和逆序序列，或者随机打乱"词语"（而非"字"）的位置，分别训练并评估一个 GRU 模型，其性能几乎相同。这验证了一个假设：虽然单词的顺序对语言理解很重要，但具体使用哪种顺序并不重要。

双向循环层还有一个好处是，在机器学习中，如果一种数据表示不同但有用，那么总是值得加以利用。这种表示与其他表示的差异越大越好，它们提供了查看数据的全新角度，抓住了数据中被其他方法忽略的内容，因此可以提高模型在某个任务上的性能。

至于 bidirectional 参数的具体使用，请读者记住作者的使用方法，直接套在 GRU 中显式定义即可。

10.3　融合 Mamba 与 KAN 架构的时间序列预测模型实战

前面我们已经深入探讨了 Mamba 的基本理论、架构以及源码实现。作为一种新兴的循环神经网络模型，Mamba 在处理时间序列数据时展现出了卓越的能力，其独特的设计使其能够精准地捕捉到数据中的时间依赖性和动态变化特征，从而提供准确的预测结果。同样地，KAN 模型作为计算层，也具备出色的预测能力，能够完成对结果的精准预测。

本节将基于前面学习的内容，着手实现同样的时间序列预测任务。我们将运用 Mamba 模型和 KAN 模型的理论知识，结合实际操作，通过编写代码、训练模型、调整参数等一系列步骤，来完成这一预测任务。通过这一过程，我们将进一步加深对时间序列预测的理解，并提升实际操作能力。

10.3.1　适配 2D 时间序列的 MambaBlock 模型设计

对于模型的设计，我们可以采用前面章节讲解并实现的 KAN 与 Mamba 模型，部分复用代码如下：

```python
from mamba_demo.model import *

class MambaTimeSeries(torch.nn.Module):
    def __init__(self,args):
        super().__init__()
        self.layers = nn.ModuleList([ResidualBlock(args) for _ in
range(args.n_layer)])
        self.lm_head = kan.KAN([args.d_model, 1])
    def forward(self,x):
        x = torch.unsqueeze(x,dim=1)    # 需要扩展一个维度

        for layer in self.layers:
            x = layer(x)

        x = torch.squeeze(x,dim=1)      # 重新缩减维度
```

```
        x = self.lm_head(x)
        return x
```

相对于原有的模型构建，由于 Mamba 天然适配于 3D 模型，因此在这里直接对其进行扩展维度操作，即将原本的 2D 数据扩展到 3D，而在计算后，为了便于计算损失函数，将其重新缩减到 2D 矩阵。

此时的 Mamba 的 Block 内容也会去除 Embedding 部分，直接对输入内容进行处理，代码如下：

```
class MambaBlock(nn.Module):
    def __init__(self, args: ModelArgs):
        super().__init__()
        self.args = args

        self.in_proj = nn.Linear(args.d_model, args.d_inner * 2, bias=args.bias)

        self.conv1d = nn.Conv1d(in_channels=args.d_inner,
out_channels=args.d_inner, bias=args.conv_bias, kernel_size=args.d_conv,
groups=args.d_inner, padding=args.d_conv - 1, )

        self.x_proj = nn.Linear(args.d_inner, args.dt_rank + args.d_state * 2,
bias=False)
        self.dt_proj = nn.Linear(args.dt_rank, args.d_inner, bias=True)

        A = repeat(torch.arange(1, args.d_state + 1), 'n -> d n', d=args.d_inner)
        self.A_log = nn.Parameter(torch.log(A))
        self.D = nn.Parameter(torch.ones(args.d_inner))
        self.out_proj = nn.Linear(args.d_inner, args.d_model, bias=args.bias)

    def forward(self, x):
        (b, l, d) = x.shape

        x_and_res = self.in_proj(x)  # shape (b, l, 2 * d_in)
        (x, res) = x_and_res.split(split_size=[self.args.d_inner,
self.args.d_inner], dim=-1)

        x = rearrange(x, 'b l d_in -> b d_in l')
        x = self.conv1d(x)[:, :, :l]
        x = rearrange(x, 'b d_in l -> b l d_in')

        x = F.silu(x)

        y = self.ssm(x)
        y = y * F.silu(res)
        output = self.out_proj(y)
```

```
        return output
...
```

从 MambaBlock 类的 forward 函数中可以看到,此时我们直接输入的 x 是一个 3D 矩阵,实际上也是由 2D 时间序列模型扩展得到的。

对于参数设计部分,代码如下:

```
args = ModelArgs(d_model = 12,n_layer = 3,vocab_size = 0)
inp = torch.randn(size=(2,12))
MambaTimeSeries(args)(inp)
```

在这里,我们将模型的运算层数设置为 3 层。由于 vocab_size 不需要进行嵌入(Embedding)处理,因此将其设置为 0,维度大小设置为 12。这样做是为了适配已知输入数据的长度。

10.3.2　Mamba 架构的时间序列模型训练与预测

对于 Mamba 模型的训练与预测任务,我们可以参照使用 GRU 模型训练的方式,对时间序列模型进行类似的训练与预测。核心代码如下:

```
...
import mamba_time_sequerice
from mamba_demo.model import ModelArgs
args = ModelArgs(d_model = 12,n_layer = 3,vocab_size = 0)
ts_model = mamba_time_sequerice.MambaTimeSeries(args)
...
```

为了节省篇幅,在这里只展示了核心代码部分,相较于原有的 GRU 模型,我们初始化了 MambaTimeSeries 作为模型的训练核心。其他部分读者可以参考前面的讲解自行验证。

10.4　本章小结

本章深入探讨了基于经典循环神经网络(RNN)以及新兴的 Mamba 框架对时间序列数据进行预测的过程。在此过程中,作者精心准备了一套温度预测数据集作为实例,通过应用门控循环单元(GRU)这一特定类型的 RNN,结合最新学习的 Mamba 和 KAN 相关内容,进行了详尽的理论讲解与实战演示。这样的安排旨在全方位地提升读者的能力,不仅使读者能够深入理解理论知识,还能通过实际操作加深对时间序列预测方法的理解与应用能力。

相信读者在完成本章的学习后,将能够更加熟练地运用这些技术和方法,有效解决实际时间序列预测问题。

第11章

明天下雨吗：基于 Jamba 的天气预测实战

在前面的章节中，我们深入探讨了基于循环神经网络架构的 Mamba 模型，并详细解析了经典的循环神经网络，包括其基本使用方法以及各个组件的核心作用。然而，在深度学习的广阔领域中，还有一种同样至关重要且日益受到重视的架构——注意力模型（Attention Model）。

注意力模型，顾名思义，借鉴了人类视觉注意力的机制，使模型在处理大量信息时能够更加专注于对当前任务更为关键的部分。这一机制极大地增强了模型处理复杂问题的能力，尤其是在自然语言处理、图像识别以及多模态融合等领域展现出了非凡的潜力与效果。本章将引入另一个在大模型领域中非常重要的内容——注意力机制。

注意力机制是一种模仿人类视觉和认知系统的方法，它允许神经网络在处理输入数据时集中注意力于相关的部分。通过引入注意力机制，神经网络能够自动学习并选择性地关注输入中的重要信息，从而提高模型的性能和泛化能力。

本章将详细介绍深度学习中的注意力机制及其模型。首先，我们将深入讲解什么是注意力机制，以及它在深度学习中的作用和优势。接着，我们将介绍一些常用的注意力机制，包括自注意力、位置编码等，并详细讲解它们的原理和计算方法。

在理解了注意力机制的基本概念后，我们将探讨如何构建一个有效的注意力模型。这包括注意力的计算方式、参数初始化、前向传播和反向传播等关键步骤。我们还将介绍一些常见的注意力层和模块，并通过代码编程演示其编写过程和步骤。

为了加深对注意力机制的理解和应用能力，我们将基于注意力机制实现一个经典的深度学习模型——编码器。编码器是注意力模型的具体实现，它通过学习输入数据中的依赖关系来生成输出数据。

本章的最后部分，我们将结合注意力机制与 Mamba 架构，构建一种新的模型——Jamba，这种灵活的架构允许在对模型进行整体输出的基础上，关注局部注意力区域，并且在对长序列建模时可以具有更高的效率和吞吐量,这极大地提升了模型的灵活性和可访问性。

最后,我们将使用 Jamba 完成一项时间序列预测任务,即基于时间序列的澳大利亚温度预测。注意,在本章的最后,我们将讲解为什么本章的训练是一个时间序列任务。

11.1 注意力机制与模型详解

注意力机制来自于人类对事物的观察方式。当我们看一幅图片时,并不会同时看清图片的全部内容,而是将注意力集中在图片的焦点上。图 11-1 形象地展示了人类在看到一幅图像时是如何高效分配有限的注意力资源的,其中红色区域表明视觉系统更关注的目标。

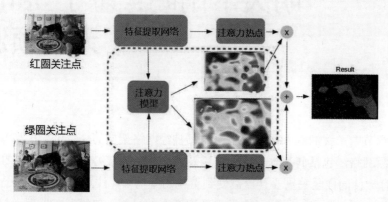

图 11-1 人类在看到一幅图像时的注意力分配

很明显,对于如图 11-1 所示的场景,人们会把注意力更多地投入近景人的穿着、姿势等各个部位的细节,而对远处则更多地关注人的脸部区域。因此,可以认为这种人脑的注意力模型是一种资源分配模型,在某个特定时刻,我们的注意力总是集中在画面中的某个焦点部分,而对其他部分视而不见。这种只关注特定区域的形式被称为注意力(Attention)机制。

11.1.1 注意力机制详解

注意力机制最早在视觉领域被提出是在 2014 年,当时 Google Mind 发表了题为 *Recurrent Models of Visual Attention* 的论文,这使得注意力机制开始流行。该论文采用了递归神经网络(RNN)模型,并融入了注意力机制来进行图像分类。

2005 年,Bahdanau 等在论文 *Neural Machine Translation by Jointly Learning to Align and Translate* 中,将注意力机制首次应用在 NLP 领域,并采用 Seq2Seq+Attention 模型来进行机器翻译,得到了显著的效果提升。

2017 年,在 Google 机器翻译团队发表的 *Attention is All You Need* 论文中,完全抛弃了 RNN 和 CNN 等网络结构,仅采用注意力机制来完成机器翻译任务,取得了优异的效果,从此,注意力机制成为深度学习中最重要的研究热点之一。

注意力背后的直觉可以用人类生物系统来进行解释。例如，我们的视觉处理系统往往会选择性地聚焦于图像的某些部分，而忽略其他不相关的信息，从而帮助我们感知。类似地，在涉及语言、语音或视觉的问题中，输入的某些部分相比其他部分可能更为相关。

通过让深度学习的注意力模型动态地关注有助于有效执行目标项目的部分输入，注意力模型引入了这种相关性概念。完整的注意力模型的计算过程如图 11-2 所示。

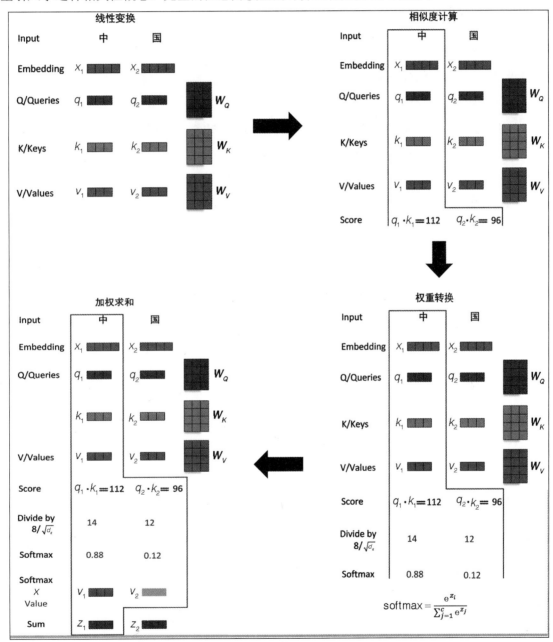

图 11-2 注意力机制全景

图 11-2 展示了基于注意力机制的完整计算过程，下面将其进行逐步拆解。

11.1.2 自注意力机制

自注意力层不仅是本节的重点，也是本书的重要内容（虽然实际上它非常简单）。

自注意力机制（Self-attention）通常指的是不使用其他额外的信息，仅通过自我注意力的形式，关注输入数据本身来建立自身连接，从而从输入的数据中抽取特征信息。自注意力又称为内部注意力，它在很多任务中都表现出色，比如阅读理解、视频分割、多模态融合等。

注意力（Attention）用于计算"相关程度"，例如在翻译过程中，不同的英文对中文的依赖程度不同。注意力通常可以描述为将 query(Q)和键值对（key-value pairs）$\{K_i, V_i \mid i = 1, 2, \cdots, m\}$ 映射到输出，其中查询（query）、每个键（key）和每个值（value）都是向量，输出是 V 中所有值的加权求和，其中权重是由查询和每个键计算而来，计算方法分为以下三步。

1. 自注意力中的查询（query）、键（key）和值（value）的线性变换

自注意力机制是通过自我关注来抽取相关信息的机制。从具体实现来看，注意力函数的本质可以被描述为一个查询（query）到一系列键值对（key-value pair）的映射，这些键值对作为一种抽象向量，主要用于进行计算并辅助自注意力的生成，如图 11-3 所示（更详细的解释在后文提供）。

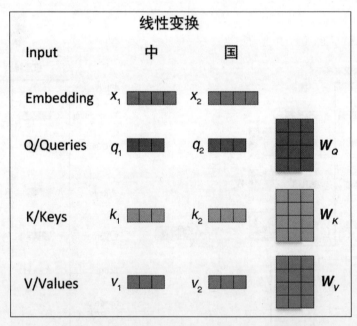

图 11-3　自注意力中的查询（query）、键（key）和值（value）

如图 11-3 所示，一个字"中"经过 Embedding 层初始化后，得到一个矩阵向量表示 X_1，之后经过 3 个不同的全连接层重新计算后得到一个特定维度的向量，即 q_1。而 q_2 的计算过程与 q_1 完全相同，随后将 q_1 和 q_2 连接起来，组成一个新的连接后的二维矩阵 W_Q，被定义成 query。

```
W^Q= concat([q₁, q₂],axis = 0)
```

实际上，输入通常是一个经过序号化处理后的序列，例如[0,1,2,3…]这样的数据形式。经过

Embedding 层计算后生成一个多维矩阵，再经过 3 个不同的神经网络层处理后，得到具有相同维度大小的查询（query），键（key）和值（value）向量。这些向量均来自同一条输入数据，从而强制模型在后续步骤中通过计算选择和关注来自同一条数据的重要部分。

$$Q = W^Q X$$

$$K = W^K X$$

$$V = W^V X$$

举例来说，在计算相似度时，一个单词和自己的相似度应该最大，而在计算不同向量的乘积时，可能出现更大的相似度，而这种情况是不合理的。因此，通过新向量 q、k 相乘来计算相似度，模型训练过程中可以避免这种不合理的情况。相比原来单独词向量相乘的方式，通过构建新向量 q、k，在计算相似度时灵活性更大，效果也更好。

2. 使用查询和键进行相似度计算

注意力机制的目的是找到向量内部的联系，通过计算来自同一输入数据的向量之间的内部关联程度，来区分最重要的特征，即使用查询（query）和键（key）计算自注意力的值，过程如下：

（1）将查询和每个键进行相似度计算得到权重，常用的相似度函数包括点积、拼接、感知机等。这里使用的是点积计算，如图 11-4 所示。

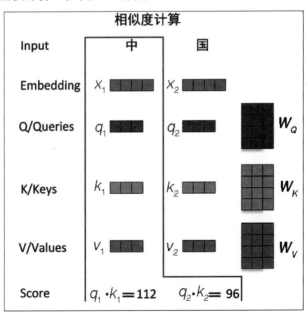

图 11-4 相似度计算

公式如下：

$$(q_1 \cdot k_1), (q_1 \cdot k_2) \cdots$$

例如，对于句子中的每个字特征，将当前字的查询 **Q** 与句中所有字的键 **K** 相乘，从而得到整体的相似度计算结果。

（2）基于缩放点积操作的 softmax 函数对这些权重进行转换。

基于缩放点积操作的 softmax 函数的作用是计算不同输入之间的权重"分数"，也称为权重系数。例如，在考虑"中"这个字时，我们使用它的查询 q_i 与每个位置的键 k_i 相乘，然后将得到的分数进行处理后再传递给 softmax 函数。通过 softmax 计算的目的是调整特征内部的权重分布。即：

$$\frac{q_1 \cdot k_1}{\sqrt{d_k}}, \frac{q_2 \cdot k_2}{\sqrt{d_k}} \cdots \quad d_k \text{ 是缩放因子}$$

$$\text{softmax}\left(\frac{q_1 \cdot k_1}{\sqrt{d_k}}\right), \text{softmax}\left(\frac{q_2 \cdot k_2}{\sqrt{d_k}}\right) \cdots$$

softmax 计算得到的分数决定了每个特征在特征矩阵中需要关注的程度。相关联的特征将在相应位置上拥有最高的 softmax 分数。利用这个得分乘以每个值（value）向量，可以增强需要关注部分的值，或者降低对不相关部分的关注度，如图 11-5 所示。

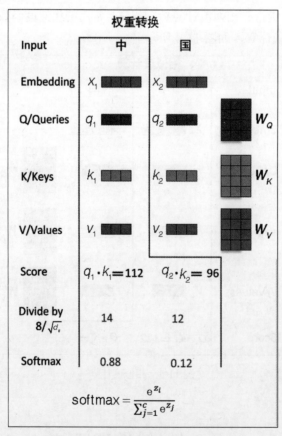

图 11-5　使用 softmax 进行权重转换

softmax 的分数决定了当前单词在每个句子中各个单词位置的表示程度。很明显，当前单词对应句子中所在位置的 softmax 分数最高，但有时注意力机制有时也能关注到其他单词。

3. 计算每个值向量乘以 softmax 后进行加权求和

最后一步是累加计算相关向量。为了让模型更灵活，使用点积缩放作为注意力的打分机制得到权重后，与生成的值向量进行计算，并将其与转换后的权重进行加权求和，得到最终的新向量 Z，即：

$$z_1 = \text{softmax}\left(\frac{q_1 \cdot k_1}{\sqrt{d_k}}\right) \cdot v_1 + \text{softmax}\left(\frac{q_2 \cdot k_2}{\sqrt{d_k}}\right) \cdot v_2$$

即将权重与相应的值（value）进行加权求和，以得到最终的注意力值。该过程的步骤如图 11-6 所示。

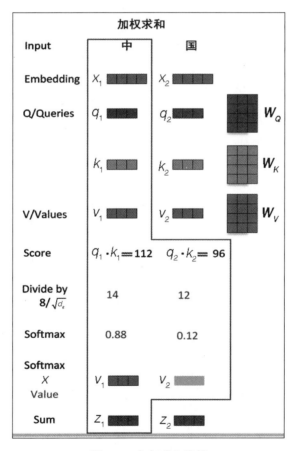

图 11-6　加权求和计算

总结自注意力的计算过程，根据输入的查询与键计算两者之间的相似性或相关性，之后通过 softmax 对值进行归一化处理，获得注意力权重值，然后对值进行加权求和，最终得到注意力（Attention）数值。在实际实现过程中，该计算通常以矩阵形式完成，以便更快地处理。自注意力的公式如下：

$$Z = \text{Attention}(\boldsymbol{Q}, \boldsymbol{K}, \boldsymbol{V}) = \text{softmax}\left(\frac{\boldsymbol{Q}\boldsymbol{K}^{\text{T}}}{\sqrt{d_k}}\right)\boldsymbol{V}$$

换成更为通用的矩阵点积的形式来实现，它的结构和形式如图 11-7 所示。

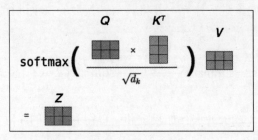

图 11-7　矩阵点积

可以看到，在使用点积缩放作为注意力的打分机制得到权重后，再通过与来自同一输入的变换后的值进行加权求和，最终得到一个新的结果向量。

4. 自注意力计算的代码实现

以下是自注意力模型的代码实现。通过前面 3 步的讲解，自注意力模型的基本架构并不复杂。基本代码如下（仅供演示）：

```python
import torch
import math
import einops.layers.torch as elt
# word_embedding_table =
torch.nn.Embedding(num_embeddings=encoder_vocab_size,embedding_dim=312)
# encoder_embedding = word_embedding_table(inputs)

vocab_size = 1024    # 字符的种类
embedding_dim = 312
hidden_dim = 256
token = torch.ones(size=(5,80),dtype=int)
# 创建一个输入 embedding 值
input_embedding = torch.nn.Embedding(num_embeddings=vocab_size,
embedding_dim=embedding_dim)(token)

# 对输入的 input_embedding 进行修正，这里进行了简写
query = torch.nn.Linear(embedding_dim,hidden_dim)(input_embedding)
key = torch.nn.Linear(embedding_dim,hidden_dim)(input_embedding)
value = torch.nn.Linear(embedding_dim,hidden_dim)(input_embedding)

key = elt.Rearrange("b l d -> b d l")(key)
# 计算查询（query）与键（key）之间的权重系数
attention_prob = torch.matmul(query,key)
```

```
# 使用 softmax 对权重系数进行归一化计算
attention_prob = torch.softmax(attention_prob,dim=-1)

# 计算权重系数与 value 的值，从而获取注意力值
attention_score = torch.matmul(attention_prob,value)

print(attention_score.shape)
```

核心代码实现起来实际上很简单，到这里，读者只需掌握这些核心代码即可。

从概念上解释，注意力机制可以理解为从大量信息中有选择性地筛选出少量重要信息并聚焦到这些重要信息上，忽略大部分不重要的信息。这种思路依然成立。聚焦的过程体现在权重系数的计算上，权重越大，越聚焦于其对应的值上，即权重代表了信息的重要性，而权重与值的点积则是最终信息的呈现。

完整的注意力层代码如下。需要特别指出的是，在实现注意力机制的完整代码中，作者引入了 mask（掩码）部分。这种操作在计算过程中会忽略因序列填充（Padding）而引入的掩码计算，以确保达到统一长度，从而更精确地控制注意力机制的计算过程。这确保了模型能够聚焦于真正有意义的部分，而不会被填充操作所干扰。有关这一点的具体细节，将在 11.1.3 节中进行详细介绍。

```
# 定义 Scaled Dot Product Attention 类
class Attention(nn.Module):
    """
    计算'Scaled Dot Product Attention'
    """

    # 定义前向传播函数
    def forward(self, query, key, value, mask=None, dropout=None):
        # 通过点积计算查和键的得分，然后除以 sqrt(query 的维度)进行缩放
        scores = torch.matmul(query, key.transpose(-2, -1)) \
                / math.sqrt(query.size(-1))

        # 如果提供了 mask（掩码），则对得分应用 mask，将 mask 为 0 的位置设置为一个非常小的数
        if mask is not None:
            scores = scores.masked_fill(mask == 0, -1e9)

        # 使用 softmax 函数计算注意力权重
    p_attn = torch.nn.functional.softmax(scores, dim=-1)

        # 如果提供了 dropout，则对注意力权重应用 dropout
    if dropout is not None:
        p_attn = dropout(p_attn)

        # 使用注意力权重对值（value）加权求和，返回加权后的结果和注意力权重
```

```
        return torch.matmul(p_attn, value), p_attn
```

具体结果请读者自行打印查阅。

11.1.3 ticks 和 Layer Normalization

在 11.1.2 节的最后,作者基于 PyTorch 2.0 自定义层的方式编写了注意力模型的代码。与演示代码不同,实战代码在这一部分的自注意层中额外加入了掩码(mask)层。掩码层的作用是获取输入序列的"有效值",忽视本身作为填充或补全序列的值。通常使用 0 表示有效值,1 表示填充值(这一点并不固定,0 和 1 的含义可以互换)。

```
[2,3,4,5,5,4,0,0,0] -> [1,1,1,1,1,1,0,0,0]
```

掩码计算的代码如下:

```
mask = (x > 0).unsqueeze(1).repeat(1, x.size(1), 1).unsqueeze(1)  # 创建注意力
掩码
```

此外,计算出的查询(query)与键(key)的点积还需除以一个常数,其作用是缩小点积的值,从而便于进行 softmax 计算。

这通常被称为 ticks,即通过一点小技巧使得模型训练更加准确和便捷。Layer Normalization 函数也起到类似的作用。下面将详细介绍。

Layer Normalization 函数专门用于对序列进行归一化处理,其目的是防止字符序列在计算过程中出现发散,从而避免对神经网络拟合过程产生不利影响。在 PyTorch 2.0 中,提供了高级 API 来使用 Layer Normalization,调用方式如下:

```
layer_norm = torch.nn.LayerNorm(normalized_shape, eps=1e-05,
elementwise_affine=True, device=None, dtype=None)函数
embedding = layer_norm(embedding)  # 使用 layer_norm 对输入数据进行处理
```

图 11-8 展示了 Layer Normalization 函数与 Batch Normalization 函数的不同。可以看到,BatchNormalization 是对一个 batch 中不同序列的同一位置的数据进行归一化计算,而 LayerNormalization 是对同一序列中不同位置的数据进行归一化处理。

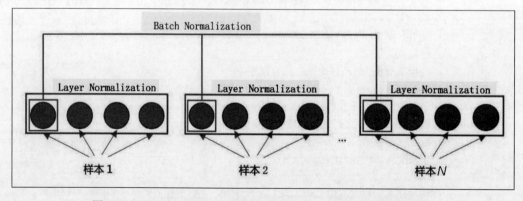

图 11-8　Layer Normalization 函数与 Batch Normalization 函数的不同

有兴趣的读者可以展开学习，这里不再详细阐述。具体的使用方法如下（请注意一定要显式声明归一化的维度）：

```
embedding = torch.rand(size=(5,80,768))
print(torch.nn.LayerNorm(normalized_shape=[80,768])(embedding).shape) # 显式
声明归一化的维度
```

11.1.4　多头自注意力

在 11.1.2 节的最后，我们实现了使用 PyTorch 2.0 自定义层编写自注意力模型。从中可以看到，除了使用自注意力核心模型外，还额外加入了掩码层和点积的除法运算，以及为了调整形状所使用的 Layer Normalization 函数。实际上，这些优化的目的是使得整体模型在训练时更加简捷和高效。

一些读者可能会发现，前面提到的"掩码"计算、"点积"计算和 Layer Normalization 函数，都是在细枝末节上的修补。那么，是否有可能对注意力模型进行更大的结构调整，使其更加适应模型的训练？

接下来，将在此基础上介绍一种较为大型的 ticks，即多头注意力架构，这是在原始的自注意力模型的基础上做出的较大的优化。

多头注意力（Multi-head Attention）结构如图 11-9 所示，首先对查询、键和值进行线性变换，然后计算它们之间的注意力值。相较于原始的自注意计算方法，这里的计算需要进行 h 次（h 为"头"的数目），即所谓的多头，每次计算一个头，而每次查询、键和值进行线性变换的参数 W 是不同的。

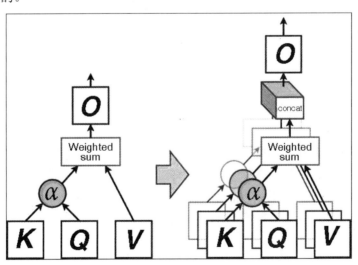

图 11-9　从单头到多头的注意力结构

将 h 次的缩放点积注意力值的结果进行拼接，然后进行一次线性变换，最终得到的值作为多头注意力的结果，如图 11-10 所示。

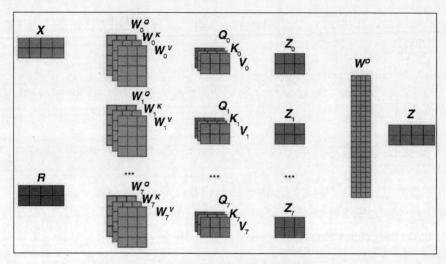

图 11-10　多头注意力的结果合并

可以看到，这样计算得到的多头注意力值与单次计算的不同之处在于，进行了 h 次计算，而不仅仅是计算一次。这样的好处是允许模型在不同的表示子空间中学习到相关的信息，同时，相对于单独的注意力模型的计算复杂度，多头模型的计算复杂度被大幅降低了。拆分多头模型的代码如下：

```
def splite_tensor(tensor,h_head):
    embedding = elt.Rearrange("b l (h d) -> b l h d",h = h_head)(tensor)
    embedding = elt.Rearrange("b l h d -> b h l d", h=h_head)(embedding)
return embedding
```

在此基础上，可以对注意力模型进行修正，新的多头注意力层代码如下：

```
# 定义 Multi-Head Attention 类
class MultiHeadedAttention(nn.Module):
    """
    接受模型大小和注意力头数作为输入
    """

    # 初始化函数，设置模型参数
    def __init__ (self, h, d_model, dropout=0.1):
        super().__init__()
        # 确保 d_model 可以被 h 整除
        assert d_model % h == 0

        # 假设 d_v 始终等于 d_k
        self.d_k = d_model // h
        self.h = h

        # 创建 3 个线性层，用于将输入投影到查询（query）、键（key）和值（value）空间
        self.linear_layers = nn.ModuleList([nn.Linear(d_model, d_model) for _ in
range(3)])
```

```
        # 创建输出线性层，用于将多头注意力的输出合并到一个向量中
        self.output_linear = nn.Linear(d_model, d_model)
        # 创建注意力机制实例
        self.attention = Attention()

        # 创建 dropout 层，用于正则化
        self.dropout = nn.Dropout(p=dropout)

        # 定义前向传播函数

    def forward(self, query, key, value, mask=None):
        # 获取 batch 大小
        batch_size = query.size(0)

        # 对输入进行线性投影，并将结果 reshape 为(batch_size, h, seq_len, d_k)
        query, key, value = [l(x).view(batch_size, -1, self.h,
self.d_k).transpose(1, 2) for l, x in zip(self.linear_layers, (query, key, value))]

        # 对投影后的 query、key 和 value 应用注意力机制，得到加权后的结果和注意力权重
        x, attn = self.attention(query, key, value, mask=mask,
dropout=self.dropout)

        # 将多头注意力的输出合并到一个向量中，并应用输出线性层
        x = x.transpose(1, 2).contiguous().view(batch_size, -1, self.h *
self.d_k)
        return self.output_linear(x)
```

　　相比单一的注意力模型，多头注意力模型能够简化计算，并在更高维的空间对数据进行整合。图 11-11 展示了一个多头注意力模型架构。

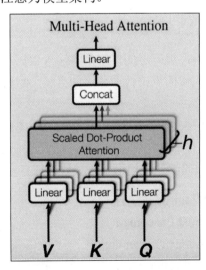

图 11-11　h 头注意力模型架构

在实际使用"多头"注意力模型时，可以观测到每个"头"所关注的内容并不一致，有的"头"关注相邻序列之间的关系，而有的"头"则关注更远处的单词。这样，模型能够根据需要更细致地对特征进行辨别和抽取，从而提高模型的准确率。

11.2 注意力机制的应用实践：编码器 Encoder

深度学习中的注意力模型是一种模拟人类视觉注意力机制的方法，它可以帮助我们更好地关注输入序列中的重要部分。近年来，注意力模型在深度学习各个领域被广泛应用，无论是在图像处理、语音识别，还是在自然语言处理的各种不同类型的任务中，都很容易见到注意力模型的身影。

常见的深度学习注意力模型包括：自注意力机制、交互注意力机制、门控循环单元（GRU）和变压器（Transformer）等。无论这些模型的组成结构如何，或者包含哪些模块，它们最核心的任务是对输入数据进行特征提取，将原始数据编码并处理，转换为特定类型的数据结构。我们将这一过程统一称为"编码器"。

编码器是基于深度学习注意力构造的，它能够存储输入数据的若干特征的表达方式。虽然这个特征的具体内容是由深度学习模型进行提取的，即"黑盒"处理，但通过对"编码器"的设计，模型能够自行决定关注哪些内容是对结果影响最为重要的。

在实践中，编码器是一种神经网络模型，一般由多个神经网络"模块"组成，其作用是将输入数据重整成一个多维特征矩阵，以便更好地执行分类、回归或者生成等任务。常用的编码器通常由多个卷积层、池化层和全连接层组成，其中卷积层和池化层用于提取输入数据的特征，而全连接层则将特征转换为低维向量，而"注意力机制"是这个编码器的核心模块。

11.2.1 编码器的总体架构

在基于自注意力的编码器中，编码器的作用是将输入数据重整成一个多维向量，并在此基础上生成一个与原始输入数据相似的重构数据。这种自编码器模型可以用于图像去噪、图像分割、图像恢复等任务。

为了简便起见，作者直接使用经典的编码器方案（注意力模型架构）来实现本章的编码器。编码器的结构如图 11-12 所示。

从图 11-12 中可见，本章编码器的结构由以下模块构成：

- 初始词向量层（Input Embedding）。
- 位置编码器层（Positional Encoding）。
- 多头自注意力层（Multi-Head Attention）。
- 归一化层（Layer Normalization）。
- 前馈层（Feed Forward Layer）。

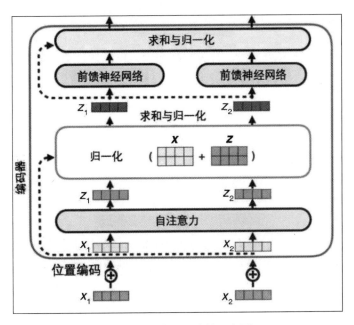

图 11-12　编码器结构示意图

编码器通过使用多个不同的神经网络模块来获取需要关注的内容，并抑制和减弱其他无用信息，从而实现对特征的抽取，这也是目前最为常用的架构方案。

从图 11-12 的编码器结构示意图中可以看到，编码器的构造分成 5 部分：初始向量层、位置编码层、注意力层、归一化层和前馈层。

前面已经详细介绍了注意力层和归一化层。接下来将介绍剩余的三个部分，并使用这三个部分构建本书的编码器架构。

11.2.2　回到输入层：初始词向量层和位置编码器层

初始词向量层和位置编码器层是数据输入最初的层，作用是将输入的序列通过计算组合成向量矩阵，如图 11-13 所示。

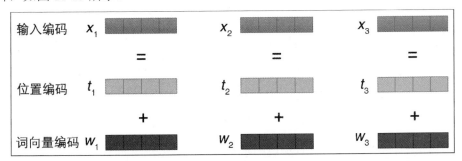

图 11-13　输入层

可以看到，这里的输入编码实际上是由两部分组成的，即位置向量编码和词向量编码。下面对每一部分依次进行讲解。

1. 初始词向量层

如同大多数的向量构建方法一样，首先将每个输入单词通过词映射算法转换为词向量。其中，每个词向量被设定为固定的维度，本书后面将所有词向量的维度设置为 768。具体代码如下：

```python
# 请注意代码解释在代码段的下方
import torch

word_embedding_table = torch.nn.Embedding(num_embeddings=
encoder_vocab_size,embedding_dim=768)
encoder_embedding = word_embedding_table(inputs)
```

这里对代码进行解释，首先使用 torch.nn.Embedding 函数创建了一个随机初始化的向量矩阵，encoder_vocab_size 是字库的个数。一般而言，在编码器中，字库是包含所有可能出现的"字"的集合。而 embedding_dim 定义的是 Embedding 向量的维度，这里使用通用的 768 维即可。

词向量初始化在 PyTorch 中只发生在最底层的编码器中。补充一点，所有的编码器都有一个相同的特点：它们接收一个向量列表，列表中的每个向量大小为 768 维。在最底层（最开始）编码器中，这个向量列表就是词向量，而在其他编码器中，它就是下一层编码器的输出（也是一个向量列表）。

2. 位置编码

位置编码是一个非常重要而又有创新性的结构输入。自然语言处理中，输入是一个个连续的长度序列，因此，为了使用输入的顺序信息，需要将序列对应的相对位置和绝对位置信息注入模型中。

基于此目的，一个朴素的想法是将位置编码设计成与词映射相同大小的向量维度，之后将其直接相加使用，从而使得模型既能获取到词映射信息，也能获取到位置信息。

具体来说，位置向量的获取方式有以下两种：

- 通过模型训练所得。
- 根据特定公式计算所得（用不同频率的 sine 和 cosine 函数直接计算）。

因此，在实际操作中，使用模型插入位置编码的方式可以设计一个能够随模型训练的层，也可以使用一个计算好的矩阵直接插入序列的位置函数，公式如下：

$$PE_{(pos,2i)} = \sin(pos / 10000^{2i/d_{model}})$$
$$PE_{(pos,2i+1)} = \cos(pos / 10000^{2i/d_{model}})$$

在这里提供了一个直观展示位置编码的示例程序，具体代码如下：

```python
import matplotlib.pyplot as plt
import torch
import math
```

```
max_len = 128  # 单词个数
d_model = 512  # 位置向量维度大小

pe = torch.zeros(max_len, d_model)
position = torch.arange(0., max_len).unsqueeze(1)

div_term = torch.exp(torch.arange(0., d_model, 2) * -(math.log(10000.0) /
d_model))

pe[:, 0::2] = torch.sin(position * div_term)  # 偶数列
pe[:, 1::2] = torch.cos(position * div_term)  # 奇数列

pe = pe.unsqueeze(0)

pe = pe.numpy()
pe = pe.squeeze()

plt.imshow(pe)  # 显示图片
plt.colorbar()
plt.show()
```

在上述代码中，通过设置单词个数 max_len 和维度大小 d_model，可以精准地进行位置向量的图形展示，如图 11-14 所示。

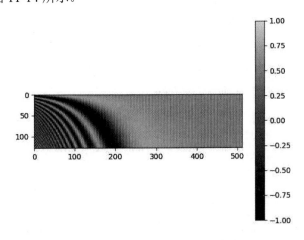

图 11-14　设置单词个数 max_len 和维度大小 d_model

序列中的任意一个位置都可以用三角函数来表示，其中 pos 是输入序列的最大长度，i 是序列中的具体位置，d_model 是设定的维度大小，通常与词向量的维度相同，一般为 768。如果将其封装成 PyTorch 2.0 中的自定义固定类，代码如下：

```
class PositionalEmbedding(nn.Module):  # 位置嵌入模块，为输入序列提供位置信息

    def __init__(self, d_model, max_len=512):  # 初始化方法
        super().__init__()  # 调用父类的初始化方法
```

```
          # 在对数空间中一次性计算位置编码
          # 创建一个全 0 的张量用于存储位置编码
          pe = torch.zeros(max_len, d_model).float()
          pe.require_grad = False  # 设置不需要梯度，因为位置编码是固定的，不需要训练

          # 创建一个表示位置的张量，从 0~max_len-1
          position = torch.arange(0, max_len).float().unsqueeze(1)
          div_term = (torch.arange(0, d_model, 2).float() * -(math.log(10000.0) /
d_model)).exp()  # 计算位置编码的公式中的分母部分

          # 对位置编码的偶数索引应用 sin 函数
          pe[:, 0::2] = torch.sin(position * div_term)
          # 对位置编码的奇数索引应用 cos 函数
          pe[:, 1::2] = torch.cos(position * div_term)

          pe = pe.unsqueeze(0)  # 增加一个维度，以便与输入数据匹配
          # 将位置编码注册为一个 buffer，这样它就可以与模型一起移动，但不会被视为模型参数
          self.register_buffer('pe', pe)

      def forward(self, x):              # 前向传播方法
          return self.pe[:, :x.size(1)]   # 返回与输入序列长度相匹配的位置编码
```

这种位置编码函数的写法过于复杂，读者直接使用即可。最终将词向量矩阵和位置编码组合，如图 11-15 所示。

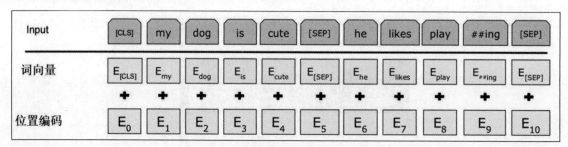

图 11-15 初始词向量

融合后的特征既带有词汇信息，也带有词汇在序列中的位置信息，从而能够从多个角度对特征进行表示。

11.2.3 前馈层的实现

从编码器输入的序列经过自注意力（self-attention）层后，会传递到前馈（Feed Forward）神经网络中，这个神经网络被称为"前馈层"。该前馈层的作用是进一步整形通过注意力层获取的整体序列向量。

本书的解码器遵循的是 Transformer 架构，因此参考 Transformer 中解码器的构建，如图 11-16

所示。相信读者看到图一定会很诧异，会不会是放错图了？但其实并没有。

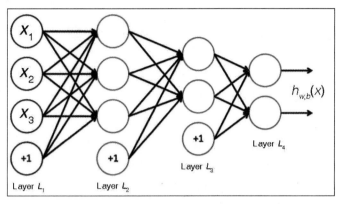

图 11-16　transformer 中解码器的构建

所谓"前馈神经网络"，实际上就是加载了激活函数的全连接层神经网络（或者使用一维卷积实现的神经网络，这里不再详细介绍）。

既然了解了前馈神经网络，其实现也非常简单，代码如下：

```python
import torch

class PositionwiseFeedForward(nn.Module):
    """
    该类实现了 FFN（前馈网络）的公式。这是一个两层的全连接网络。
    """

    def __init__(self, d_model, d_ff, dropout=0.1):
        # 调用父类的初始化函数
        super(PositionwiseFeedForward, self).__init__()
        # 初始化第一层全连接层，输入维度为 d_model，输出维度为 d_ff
        self.w_1 = nn.Linear(d_model, d_ff)
        # 初始化第二层全连接层，输入维度为 d_ff，输出维度为 d_model
        self.w_2 = nn.Linear(d_ff, d_model)
        # 初始化 dropout 层，dropout 是丢弃率
        self.dropout = nn.Dropout(dropout)
        # 使用 GELU 作为激活函数
        self.activation = torch.nn.GELU()

    def forward(self, x):
        """
        前向传播函数。输入 x 经过第一层全连接层、激活函数、dropout 层和第二层全连接层
        """
        return self.w_2(self.dropout(self.activation(self.w_1(x))))
```

代码非常简单，需要提醒读者的是，尽管在前文使用了两个全连接神经来实现"前馈"，实际上，为了减少参数并减轻运行负担，可以使用一维卷积或"空洞卷积"来替代全连接层实

现前馈神经网络，具体实现方式读者可以自行完成。

11.2.4 将多层模块融合的 TransformerBlock 层

前面我们讲解了如何通过组合多层 Block 模块进行搭建。对于实际应用而言，组合多层 Block 的主要作用是增强整个模型的学习和训练能力。

同样，在注意力模型中，也需要通过这种 Block 组合的方式来提升模型的性能和泛化能力。在这里，我们可以通过将不同的模块组合在一起构建 TransformerBlock 层。代码如下：

```python
# 定义 SublayerConnection 类，继承自 nn.Module
class SublayerConnection(nn.Module):
    """
    该类实现了一个带有层归一化的残差连接。
    为了代码的简洁性，归一化操作被放在了前面，而不是通常的最后
    """

    def __init__(self, size, dropout):
        # 调用父类的初始化函数
        super(SublayerConnection, self).__init__()
        # 初始化层归一化，size 是输入的特征维度
        self.norm = torch.nn.LayerNorm(size)
        # 初始化 dropout 层，dropout 是丢弃率
        self.dropout = nn.Dropout(dropout)

    def forward(self, x, sublayer):
        """
        对任何具有相同大小的子层应用残差连接
        x: 输入张量
        sublayer: 要应用的子层（函数）
        """
        # 首先对 x 进行层归一化，然后传递给 sublayer，再应用 dropout，最后与原始 x 进行残差连接
        return x + self.dropout(sublayer(self.norm(x)))

# 通过组合不同层构建的 TransformerBlock
class TransformerBlock(nn.Module):
    """
    双向编码器 = Transformer (自注意力机制)
    Transformer = 多头注意力 + 前馈网络，并使用子层连接
    """

    def __init__(self, hidden, attn_heads, feed_forward_hidden, dropout):
        """
        :param hidden: transformer 的隐藏层大小
        :param attn_heads: 多头注意力的头数
```

```
        :param feed_forward_hidden: 前馈网络的隐藏层大小，通常是 4*hidden_size
        :param dropout: dropout 率
        """

        super().__init__()   # 调用父类的初始化方法
        # 初始化多头注意力模块
        self.attention = MultiHeadedAttention(h=attn_heads, d_model=hidden)
        self.feed_forward = PositionwiseFeedForward(d_model=hidden,
d_ff=feed_forward_hidden, dropout=dropout)  # 初始化位置相关的前馈网络
        # 初始化输入子层连接
        self.input_sublayer = SublayerConnection(size=hidden, dropout=dropout)
        # 初始化输出子层连接
        self.output_sublayer = SublayerConnection(size=hidden,
dropout=dropout)
        self.dropout = nn.Dropout(p=dropout)  # 初始化 dropout 层

    def forward(self, x, mask):  # 前向传播方法
        x = self.input_sublayer(x, lambda _x: self.attention.forward(_x, _x, _x,
mask=mask))  # 对输入 x 应用注意力机制，并使用输入子层连接
        # 对 x 应用前馈网络，并使用输出子层连接
        x = self.output_sublayer(x, self.feed_forward)
        return self.dropout(x)  # 返回经过 dropout 处理的 x
```

可以看到，通过多 sublayer 的调用，将不同的模块层组合在一起，从而完成了可叠加使用的 TransformerBlock 的调用。

11.2.5　编码器的实现

通过分析本章前面的内容，我们可以看到，实现一个基于注意力架构的编码器（Encoder）在理解上并不困难。只需按照架构依次将其组件组合在一起即可。接下来，作者将逐步提供代码，供读者参考并结合注释理解。

```
# 导入 PyTorch 库和必要的子模块
import torch
import torch.nn as nn
import math


# 定义 Scaled Dot Product Attention 类
class Attention(nn.Module):
    """
    计算 'Scaled Dot Product Attention'
    """

    # 定义前向传播函数
    def forward(self, query, key, value, mask=None, dropout=None):
```

```python
        # 通过点积计算 query 和 key 的得分，然后除以 sqrt (query 的维度) 进行缩放
        scores = torch.matmul(query, key.transpose(-2, -1)) \
                / math.sqrt(query.size(-1))

        # 如果提供了 mask，则对得分应用 mask，将 mask 为 0 的位置设置为一个非常小的数
        if mask is not None:
            scores = scores.masked_fill(mask == 0, -1e9)

        # 使用 softmax 函数计算注意力权重
        p_attn = torch.nn.functional.softmax(scores, dim=-1)

        # 如果提供了 dropout，则对注意力权重应用 dropout
        if dropout is not None:
            p_attn = dropout(p_attn)

        # 使用注意力权重对 value 进行加权求和，返回加权后的结果与注意力权重
        return torch.matmul(p_attn, value), p_attn

# 定义 Multi-Head Attention 类
class MultiHeadedAttention(nn.Module):
    """
    接受模型大小和注意力头数作为输入
    """

    # 初始化函数，设置模型参数
    def __init__(self, h, d_model, dropout=0.1):
        super().__init__()
        # 确保 d_model 可以被 h 整除
        assert d_model % h == 0

        # 假设 d_v 始终等于 d_k
        self.d_k = d_model // h
        self.h = h

        # 创建 3 个线性层，用于将输入投影到 query、key 和 value 空间
        self.linear_layers = nn.ModuleList([nn.Linear(d_model, d_model) for _ in
range(3)])
        # 创建输出线性层，用于将多头注意力的输出合并到一个向量中
        self.output_linear = nn.Linear(d_model, d_model)
        # 创建注意力机制实例
        self.attention = Attention()

        # 创建 dropout 层，用于正则化
        self.dropout = nn.Dropout(p=dropout)

        # 定义前向传播函数
```

```python
    def forward(self, query, key, value, mask=None):
        # 获取 batch 大小
        batch_size = query.size(0)

        # 对输入进行线性投影，并将结果 reshape 为(batch_size, h, seq_len, d_k)
        query, key, value = [l(x).view(batch_size, -1, self.h,
self.d_k).transpose(1, 2) for l, x in zip(self.linear_layers, (query, key, value))]

        # 对投影后的 query、key 和 value 应用注意力机制，得到加权后的结果和注意力权重
        x, attn = self.attention(query, key, value, mask=mask,
dropout=self.dropout)

        # 将多头注意力的输出合并到一个向量中，并应用输出线性层
        x = x.transpose(1, 2).contiguous().view(batch_size, -1, self.h *
self.d_k)
        return self.output_linear(x)

# 定义 SublayerConnection 类，继承自 nn.Module
class SublayerConnection(nn.Module):
    """
    该类实现了一个带有层归一化的残差连接。
    为了代码的简洁性，归一化操作被放在了前面，而不是通常的最后
    """

    def __init__(self, size, dropout):
        # 调用父类的初始化函数
        super(SublayerConnection, self).__init__()
        # 初始化层归一化，size 是输入的特征维度
        self.norm = torch.nn.LayerNorm(size)
        # 初始化 dropout 层，dropout 是丢弃率
        self.dropout = nn.Dropout(dropout)

    def forward(self, x, sublayer):
        """
        对任何具有相同大小的子层应用残差连接
        x: 输入张量
        sublayer: 要应用的子层（函数）
        """
        # 首先对 x 进行层归一化，然后传递给 sublayer，再应用 dropout，最后与原始 x 进行残差
连接
        return x + self.dropout(sublayer(self.norm(x)))

# 定义 PositionwiseFeedForward 类，继承自 nn.Module

class PositionwiseFeedForward(nn.Module):
```

```python
    """
    该类实现了 FFN（前馈网络）的公式。这是一个两层的全连接网络
    """

    def __init__(self, d_model, d_ff, dropout=0.1):
        # 调用父类的初始化函数
        super(PositionwiseFeedForward, self).__init__()
        # 初始化第一层全连接层，输入维度为 d_model，输出维度为 d_ff
        self.w_1 = nn.Linear(d_model, d_ff)
        # 初始化第二层全连接层，输入维度为 d_ff，输出维度为 d_model
        self.w_2 = nn.Linear(d_ff, d_model)
        # 初始化 dropout 层，dropout 是丢弃率
        self.dropout = nn.Dropout(dropout)
        # 使用 GELU 作为激活函数
        self.activation = torch.nn.GELU()

    def forward(self, x):
        """
        前向传播函数。输入 x 经过第一层全连接层、激活函数、dropout 层和第二层全连接层
        """
        return self.w_2(self.dropout(self.activation(self.w_1(x))))


class TransformerBlock(nn.Module):
    """
    双向编码器 = Transformer（自注意力机制）
    Transformer = 多头注意力 + 前馈网络，并使用子层连接
    """

    def __init__(self, hidden, attn_heads, feed_forward_hidden, dropout):
        """
        :param hidden: transformer 的隐藏层大小
        :param attn_heads: 多头注意力的头数
        :param feed_forward_hidden: 前馈网络的隐藏层大小，通常是 4*hidden_size
        :param dropout: dropout 率
        """

        super().__init__()  # 调用父类的初始化方法
        # 初始化多头注意力模块
        self.attention = MultiHeadedAttention(h=attn_heads, d_model=hidden)
        self.feed_forward = PositionwiseFeedForward(d_model=hidden,
d_ff=feed_forward_hidden, dropout=dropout)  # 初始化位置相关的前馈网络
        # 初始化输入子层连接
        self.input_sublayer = SublayerConnection(size=hidden, dropout=dropout)
        # 初始化输出子层连接
        self.output_sublayer = SublayerConnection(size=hidden,
dropout=dropout)
```

```
            self.dropout = nn.Dropout(p=dropout)  # 初始化 dropout 层

        def forward(self, x, mask):  # 前向传播方法
            x = self.input_sublayer(x, lambda _x: self.attention.forward(_x, _x, _x,
mask=mask))  # 对输入 x 应用注意力机制，并使用输入子层连接
            x = self.output_sublayer(x, self.feed_forward)  # 对 x 应用前馈网络，并使用
输出子层连接
            return self.dropout(x)  # 返回经过 dropout 处理的 x

    class PositionalEmbedding(nn.Module):  # 位置嵌入模块，为输入序列提供位置信息

        def __init__(self, d_model, max_len=512):  # 初始化方法
            super().__init__()  # 调用父类的初始化方法

            # 在对数空间中一次性计算位置编码
            # 创建一个全 0 的张量用于存储位置编码
            pe = torch.zeros(max_len, d_model).float()
            pe.require_grad = False  # 设置不需要梯度，因为位置编码是固定的，不需要训练

            # 创建一个表示位置的张量，从 0~max_len-1
            position = torch.arange(0, max_len).float().unsqueeze(1)
            div_term = (torch.arange(0, d_model, 2).float() * -(math.log(10000.0) /
d_model)).exp()  # 计算位置编码的公式中的分母部分

            # 对位置编码的偶数索引应用 sin 函数
            pe[:, 0::2] = torch.sin(position * div_term)
            # 对位置编码的奇数索引应用 cos 函数
            pe[:, 1::2] = torch.cos(position * div_term)

            pe = pe.unsqueeze(0)  # 增加一个维度，以便与输入数据匹配
            # 将位置编码注册为一个 buffer，这样它就可以与模型一起移动，但不会被视为模型参数
            self.register_buffer('pe', pe)

        def forward(self, x):  # 前向传播方法
            return self.pe[:, :x.size(1)]  # 返回与输入序列长度相匹配的位置编码

    class BERT(nn.Module):
        """
        BERT 模型：基于 Transformer 的双向编码器表示
        """

        def __init__(self, vocab_size, hidden=768, n_layers=12, attn_heads=12,
dropout=0.1):
            """
            初始化 BERT 模型
```

```python
    :param vocab_size: 词汇表的大小
    :param hidden: BERT 模型的隐藏层大小，默认为 768
    :param n_layers: Transformer 块（层）的数量，默认为 12
    :param attn_heads: 注意力头的数量，默认为 12
    :param dropout: dropout 率，默认为 0.1
    """

    super().__init__()                  # 调用父类 nn.Module 的初始化方法
    self.hidden = hidden                # 保存隐藏层大小
    self.n_layers = n_layers            # 保存 Transformer 块的数量
    self.attn_heads = attn_heads        # 保存注意力头的数量

    # 论文指出使用 4*hidden_size 作为前馈网络的隐藏层大小
    self.feed_forward_hidden = hidden * 4  # 计算前馈网络的隐藏层大小

    # BERT 的嵌入，包括位置嵌入、段嵌入和令牌嵌入的总和
    self.word_embedding = torch.nn.Embedding(num_embeddings=vocab_size,
embedding_dim=hidden)  # 创建单词嵌入层
    # 创建位置嵌入层
    self.position_embedding = PositionalEmbedding(d_model=hidden)

    # 多层 Transformer 块，深度网络
    self.transformer_blocks = nn.ModuleList(
        [TransformerBlock(hidden, attn_heads, hidden * 4, dropout) for _ in
range(n_layers)])  # 创建多个 Transformer 块

def forward(self, x):
    """
    前向传播方法
    :param x: 输入序列, shape 为[batch_size, seq_len]
    :return: 经过 BERT 模型处理后的输出序列, shape 为[batch_size, seq_len, hidden]
    """

    # 为填充令牌创建注意力掩码
    # torch.ByteTensor([batch_size, 1, seq_len, seq_len])
    # 创建注意力掩码
    mask = (x > 0).unsqueeze(1).repeat(1, x.size(1), 1).unsqueeze(1)
    # 将索引序列嵌入向量序列中
    # 将单词嵌入和位置嵌入相加得到输入序列的嵌入表示
    x = self.word_embedding(x) + self.position_embedding(x)

    # 在多个 Transformer 块上运行
    for transformer in self.transformer_blocks:  # 遍历所有 Transformer 块
        # 将输入序列和注意力掩码传递给每个 Transformer 块，并获取输出序列
        x = transformer.forward(x, mask)
```

```
        return x  # 返回经过所有 Transformer 块处理后的输出序列

if __name__ == '__main__':
    vocab_size = 1024
    seq = arr = torch.tensor([[1,1,1,1,0,0,0],[1,1,1,0,0,0,0]])
    logits = BERT(vocab_size=vocab_size)(seq)
    print(logits.shape)
```

可以看到，真正实现一个编码器，从理论和架构上来说并不困难，只需要读者细心即可。

11.3　给注意力添加相对位置编码 RoPE

在前文讲解 MambaVision 时，我们介绍了 RoPE（相对位置编码）。在注意力模型中，同样需要注入必要的位置编码 RoPE。

注意力机制可认为是模型的关键组成部分，它允许模型在处理序列时关注不同的部分。然而，原始的注意力机制并不包含位置信息，这意味着对于模型来说，"猫吃老鼠"和"老鼠吃猫"这两个句子在语义上是等价的，这显然不符合常识。因此，我们需要引入一种方法来注入位置信息，以帮助模型区分这类情况。

RoPE 就是这样一种方法。它通过旋转矩阵的方式为每个位置生成独特的编码。具体来说，对于序列中的每个位置，RoPE 都会生成一个与之对应的旋转矩阵。当注意力机制计算权重时，这些旋转矩阵会与输入的嵌入向量相乘，从而将位置信息融入注意力计算中。

在实现 RoPE 的过程中，首先需要定义一个生成旋转矩阵的函数。这个函数会根据位置索引生成一个对应的旋转矩阵。然后，在 Transformer 模型的注意力层中，我们将输入的嵌入向量与这些旋转矩阵相乘，得到包含位置信息的嵌入向量。

通过这种方式，模型在处理序列时能够感知到元素之间的相对位置关系。例如，在处理"猫吃老鼠"这个句子时，模型会根据"猫""吃"和"老鼠"这三个词在句子中的位置，为它们分配不同的位置编码。这样，当模型计算注意力权重时，它就会考虑到词与词之间的相对位置，从而更准确地理解句子的含义。

11.3.1　给注意力添加相对位置编码 RoPE

作为清华大学的创新成果，旋转式位置编码是一种通过配合注意力（Attention）机制能达到"以绝对位置编码的方式实现相对位置编码"的设计。正因为这种设计，它是目前唯一可用于线性注意力的相对位置编码，如图 11-17 所示。

总的来说，旋转式位置编码的目标是构建一个位置相关的投影矩阵，使得计算注意力时，查询（query）和键（key）能够达到如下平衡：

$$\left(\boldsymbol{R}_m q\right)^{\mathrm{T}}\left(\boldsymbol{R}_n k\right)=q^{\mathrm{T}}\boldsymbol{R}_{n-m}k$$

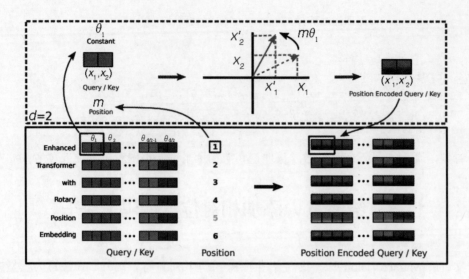

图 11-17 注意力 RoPE 位置编码

在 RoPE 的具体实现中，RotaryEmbedding 类负责计算不同维度下的旋转位置编码。rotate_half 函数对输入张量进行部分旋转，具体来说，这个函数将输入张量 x 沿着最后一个维度分成两半（x_1 和 x_2），然后将它们按照-x_2 和 x_1 的顺序重新拼接。apply_rotary_pos_emb_index 函数将旋转位置编码的位置信息注入 query 和 key 中，完整代码如下：

```
class RotaryEmbedding(torch.nn.Module):
    def __init__(self, dim, scale_base = model_config.scale_base, use_xpos =
True):
        super().__init__()
        inv_freq = 1.0 / (10000 ** (torch.arange(0, dim, 2).float() / dim))
        self.register_buffer("inv_freq", inv_freq)

        self.use_xpos = use_xpos
        self.scale_base = scale_base
        scale = (torch.arange(0, dim, 2) + 0.4 * dim) / (1.4 * dim)
        self.register_buffer('scale', scale)

    def forward(self, seq_len, device=all_config.device):
        t = torch.arange(seq_len, device = device).type_as(self.inv_freq)
        freqs = torch.einsum('i , j -> i j', t, self.inv_freq)
        freqs = torch.cat((freqs, freqs), dim = -1)

        if not self.use_xpos:
            return freqs, torch.ones(1, device = device)

        power = (t - (seq_len // 2)) / self.scale_base
        scale = self.scale ** elt.Rearrange('n -> n 1')(power)#rearrange(power, )
        scale = torch.cat((scale, scale), dim = -1)
```

```
        return freqs, scale

def rotate_half(x):
    x1, x2 = x.chunk(2, dim=-1)
    return torch.cat((-x2, x1), dim=-1)

def apply_rotary_pos_emb(pos, t, scale = 1.):
    return (t * pos.cos() * scale) + (rotate_half(t) * pos.sin() * scale)

if __name__ == '__main__':
    embedding = torch.randn(size=(5,128,512))
    print(rotate_half(embedding).shape)
```

11.3.2　添加旋转位置编码的注意力机制

随着 RoPE 的提出，在原有的自注意力机制的基础上，设计了一种添加旋转位置编码的新注意力机制。标准的注意力模型结构如下：

$$Q = W_q X$$
$$K = W_k X$$
$$V = W_v X$$

$$\text{Attention}(Q, K, V, A) = \text{soft max}\left(\frac{QK^{\mathrm{T}}}{d_k}\right)V$$

其中，X 为输入，W_q、W_k、W_v 分别是 query、key、value 的投影矩阵。与标准注意力机制不同的是，新的架构在 Q 和 K 中引入了旋转式位置编码的位置信息，以更好地捕捉序列中的位置相关性。多头注意力将多个单头注意力的结果拼接起来：

$$\text{Head}_i = \text{Attention}(Q_i, K_i, V_i, A_i)$$
$$\text{MultiHead}(Q, K, V, A) = \text{Concat}(\text{head}_1, \cdots, \text{head}_h)W_o$$

在具体实现中，我们首先实现了标准的自注意力模型，之后通过添加旋转位置编码的形式完成了独创性的注意力模型。代码如下（注意，apply_rotary_pos_emb 函数为 query 和 key 注入旋转位置编码，然后实现注意力机制）：

```
# 注入 rope 函数
def apply_rotary_pos_emb(self, pos, t, scale=1.):
    def rotate_half(x):
        x1, x2 = x.chunk(2, dim=-1)
        return torch.cat((-x2, x1), dim=-1)
    #return (t * torch.cos(pos.clone()) * scale) + (rotate_half(t) *
torch.sin(pos.clone()) * scale)
    return (t * pos.cos() * scale) + (rotate_half(t) * pos.sin() * scale)
```

```
...
# 生成 rope
self.rotary_emb = layers.RotaryEmbedding(dim_head,
scale_base=model_cfg.xpos_scale_base, use_xpos=model_cfg.use_xpos and
model_cfg.causal)
...
# 将生成的 rope 注入 query 与 key
pos_emb, scale = self.rotary_emb(n, device=device)
q = self.apply_rotary_pos_emb(pos_emb, q, scale)
k = self.apply_rotary_pos_emb(pos_emb, k, scale ** -1)
```

这样做的好处是，通过注入独创性的旋转位置编码，使得带有 RoPE 的注意力模型具有更好的外推性。与其他位置特征相比，旋转位置编码能够最大限度地扩展生成模型的准确性。

11.3.3　基于现有库包的旋转位置编码 RoPE 的使用

在实际应用中，除了可以采用自定义的旋转位置编码外，为了便于用户操作，我们还可以使用现有的库来完成旋转位置编码的实现，从而方便地将其集成到注意力模块中。

读者可以使用以下命令安装 RoPE 的库包，代码如下：

```
pip install rotary-embedding-torch
```

以下是一个简单的使用示例，代码如下：

```
import torch
# 从 rotary_embedding_torch 模块中导入 RotaryEmbedding 类
from rotary_embedding_torch import RotaryEmbedding

# 实例化一个 RotaryEmbedding 对象，设置嵌入维度为 32
rotary_emb = RotaryEmbedding(dim=32)

# 生成模拟的查询（queries）和键（keys）。这些张量的维度应该是(seq_len,
feature_dimension)
# 并且可以有任意数量的前置维度（例如批次、头数等）
# 这里，我们生成了一个形状为(1, 8, 1024, 64)的张量，代表（批次大小，头数，序列长度，头的
维度）
q = torch.randn(1, 8, 1024, 64)  # 查询
k = torch.randn(1, 8, 1024, 64)  # 键

# 在分割出头之后，在进行点积和随后的 softmax（注意力）之前，对查询和键应用旋转
# 这是为了将位置信息编码到查询和键中
q = rotary_emb.rotate_queries_or_keys(q)
k = rotary_emb.rotate_queries_or_keys(k)
```

具体的使用方法，读者可以根据上述示例自行尝试。

11.4　明天下雨吗：基于 Jamba 的天气预测实战

Jamba 是一种新型混合模型。它引入了 Attention-Mamba 混合架构，提供了更先进的性能。这一创新设计不仅融合了 Transformer 在全局依赖建模上的优势，还吸收了 Mamba 在处理长序列时的高效性能。具体来说，Jamba 通过交错使用 Transformer 和 Mamba 层，实现了两者优点的互补，从而在保持高性能的同时，降低了计算复杂度和内存消耗。Jamba 图标如图 11-18 所示。

图 11-18　Jamba 图标

Jamba 通过将 Transformer 和 Mamba 层交错排列，实现了两者的优势互补。这种混合架构使得 Jamba 在处理长文本时既能够保持较高的吞吐量，又能够降低内存消耗。具体来说，Jamba 中的 Transformer 层负责全局依赖建模，而 Mamba 层则专注于长序列的高效处理。两者相互配合，共同提升了模型的整体性能。

11.4.1　Jamba 模型的基本架构

Jamba 是一种混合解码器架构，将 Transformer、Mamba 层以及状态空间模型（SSD）结合在一起。我们将这三种元素组合成 Jamba 块。

从图 11-19 可以看到，标准的 Jamba 架构是交错堆叠 Transformer 和 Mamba 层来构建模块的。其中，MOE（Mixture of Experts）是一种专家网络，用于替换我们在 11.2 节中讲解并使用的前馈层。需要特别注意的是，为了简化，前馈层与 Mamba 层在此处进行了合并。

模块化设计意味着我们可以根据不同任务需求，灵活调整 Jamba 中的 Mamba 层和 Transformer 层的数量、配置以及连接方式。例如，在需要处理复杂序列数据的场景下，可以增加 Mamba 和 Transformer 层的数量以增强模型对序列信息的捕捉能力；而在需要快速响应和实时处理的系统中，减少网络层数以降低计算复杂度和提高处理速度。

此外，针对特定的数据集或问题，我们还可以调整 Mamba 层的内部结构和参数，比如改变卷积核的大小、步长或激活函数，以更好地适应数据的特性。这种模块化的设计不仅提高了 Jamba 的适用性和灵活性，也使得模型优化变得更加直观和高效。

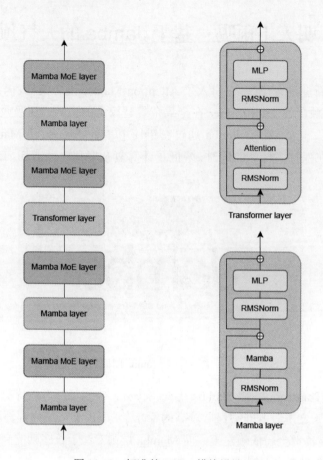

图 11-19　标准的 Jamba 模块设计

总的来说，通过对 Jamba 进行模块化设计，我们可以精准满足不同应用场景的需求，实现模型性能与效率的最佳平衡。这种设计思路充分展现了深度学习模型在解决实际问题时的灵活性和可扩展性，为解决各种复杂任务提供了强大的工具。

11.4.2　Jamba 架构的实现 1：修正后的 Transformer 模块

根据 11.4.1 节对 Jamba 架构的介绍，Jamba 通过交错堆叠 Mamba 层和 Transformer 层来构建整体结构。在实际应用中，我们可以根据设定的需求对 Jamba 进行模块化设计。具体使用时，我们可以采用 11.4.1 节中实现的多头注意力机制。不过，作为经典的多头注意力模型，仍有较大的改进空间和优化点。例如，在激活函数方面，我们将使用新的标准化层 RMSNorm 来替代 LayerNorm；在 MLP 中，SILU 作为一种更优质的激活函数来替代 ReLU。此外，不同的头之间也可以跨通道建立联系，Squeeze-and-Excitation（SE）模块帮助我们实现这一功能。

以下是作者提供的修正后的 Transformer 模块的设计。这段代码展示了深度学习模型中一些常见模块的实现方式，包括调制函数、归一化层、前馈层、通道注意力和多头注意力等。这些模块在构建复杂神经网络结构时非常有用，尤其在自然语言处理任务中广泛应用。完整代码如下：

```python
# 导入必要的库
import torch
import math
import einops


# 定义一个 RMS 标准化层
class RMSNorm(torch.nn.Module):
    def __init__(self, normalized_shape, eps=1e-5, device=None, dtype=None,
**kwargs):
        super().__init__()
        # 初始化一个可学习的权重参数
        self.weight = torch.nn.Parameter(torch.empty(normalized_shape,
device=device, dtype=dtype))
        self.eps = eps  # 防止除零的小量


    def forward(self, hidden_states: torch.Tensor):
        # 保存输入的数据类型
        input_dtype = hidden_states.dtype
        # 计算方差，并开方求逆，用于标准化
        variance = hidden_states.to(torch.float32).pow(2).mean(-1,
keepdim=True)
        hidden_states = hidden_states * torch.rsqrt(variance + self.eps)
        # 应用学习到的权重，并恢复原始数据类型
        return (self.weight * hidden_states).to(input_dtype)


# 定义一个多层感知机（MLP）模块
class MLP(torch.nn.Module):
    def __init__(self, hidden_size=384, add_bias_linear=False):
        super(MLP, self).__init__()
        self.add_bias = add_bias_linear
        self.hidden_size = hidden_size
        # 定义一个线性层，将隐藏状态投影到 4 倍的隐藏维度
        self.dense_h_to_4h = torch.nn.Linear(hidden_size, hidden_size * 4,
bias=self.add_bias)
        # 定义一个激活函数，这里是自定义的 swiglu 函数
        def swiglu(x):
            x = torch.chunk(x, 2, dim=-1)
            return torch.nn.functional.silu(x[0]) * x[1]
        self.activation_func = swiglu
        # 定义另一个线性层，将状态投影回原始的隐藏维度
        self.dense_4h_to_h = torch.nn.Linear(hidden_size * 2, hidden_size,
bias=self.add_bias)


    def forward(self, hidden_states):
        # 通过第一个线性层并应用激活函数
        intermediate_parallel = self.dense_h_to_4h(hidden_states)
```

```python
        intermediate_parallel = self.activation_func(intermediate_parallel)
        # 通过第二个线性层得到输出
        output = self.dense_4h_to_h(intermediate_parallel)
        return output


# 定义一个 SE（Squeeze-and-Excitation）模块，用于通道间的注意力机制
class SE(torch.nn.Module):
    def __init__(self, in_chnls, ratio):
        super(SE, self).__init__()
        # 定义一个自适应平均池化层，将特征图压缩到 1×1 大小
        self.squeeze = torch.nn.AdaptiveAvgPool2d((1, 1))
        # 定义两个卷积层，用于压缩和激发通道信息
        self.compress = torch.nn.Conv2d(in_chnls, in_chnls // ratio, 1, 1, 0)
        self.excitation = torch.nn.Conv2d(in_chnls // ratio, in_chnls, 1, 1, 0)

    def forward(self, x):
        # 通过池化层压缩特征图，然后通过两个卷积层进行激活操作
        out = self.squeeze(x)
        out = self.compress(out)
        out = torch.nn.functional.silu(out)
        out = self.excitation(out)
        out = torch.nn.functional.sigmoid(out)  # 应用 sigmoid 函数得到注意力权重
        return out


# 导入外部定义的 RotaryEmbedding 模块（该模块代码未给出，假设其功能是实现旋转嵌入）
from rotary_embedding_torch import RotaryEmbedding


# 定义一个多头注意力模块
class MultiHeadAttention(torch.nn.Module):
    def __init__(self, d_model, attention_head_num):
        super(MultiHeadAttention, self).__init__()
        # 初始化相关参数和层
        self.attention_head_num = attention_head_num
        self.d_model = d_model
        assert d_model % attention_head_num == 0  # 确保维度可以整除注意力头的数量
        self.per_head_dmodel = d_model // attention_head_num # 每个注意力头的维度
        # 定义一个线性层，用于生成查询、键和值向量
        self.qkv_layer = torch.nn.Linear(d_model, 3 * d_model)
        # 初始化旋转嵌入层
        self.rotary_embedding = RotaryEmbedding(self.per_head_dmodel // 2,
use_xpos=True)
        # 定义一个卷积层和 SE 模块的组合，用于在注意力图上应用通道注意力
        self.attention_talk = torch.nn.Sequential(
            torch.nn.Conv2d(self.attention_head_num, self.attention_head_num, 1,
bias=False),
            SE(in_chnls=self.attention_head_num, ratio=1))
```

```
        # 定义一个输出线性层
        self.out_layer = torch.nn.Linear(d_model, d_model)

    def forward(self, embedding, attn_mask=None, dropout_p=0.0,
is_causal=False):
        # 保存输入并创建残差连接
        embedding_shape = embedding.shape
        embedding_residual = embedding.clone()
        # 通过线性层生成查询、键和值向量
        qky_x = self.qkv_layer(embedding)
        q, k, v = torch.split(qky_x, split_size_or_sections=self.d_model, dim=-1)
        # 对查询、键和值向量进行重塑和分割，以适应多头注意力机制
        q = einops.rearrange(q, "b s (h d) -> b h s d", h=self.attention_head_num)
        k = einops.rearrange(k, "b s (h d) -> b h s d", h=self.attention_head_num)
        v = einops.rearrange(v, "b s (h d) -> b h s d", h=self.attention_head_num)
        # 应用旋转嵌入到查询和键向量上
        q, k = self.rotary_embedding.rotate_queries_and_keys(q, k, seq_dim=2)
        # 初始化注意力偏差，并根据需要应用因果掩码或提供的掩码
        q_l = q.shape[-2]; k_l = k.shape[-2]
        attn_bias = torch.zeros(q_l, k_l, dtype=q.dtype).to(q.device)
        if is_causal:  # 如果是因果注意力机制，则应用下三角掩码
            ...
        if attn_mask is not None:  # 如果提供了额外的掩码，则应用到偏差上
            attn_bias += attn_mask
        # 计算注意力分数，并应用通道注意力权重和偏差
        attn = (q @ torch.transpose(k, 2, 3)) / math.sqrt(embedding_shape[-1])
        attn = attn * self.attention_talk(attn)  # 应用通道注意力
        attn = attn + attn_bias  # 添加偏差
        # 应用 softmax 函数得到注意力权重，并根据权重计算输出的嵌入向量
        attn = torch.softmax(attn, dim=-1)
        x = attn @ v
        embedding = einops.rearrange(x, "b h s d -> b s (h d)")
        # 通过线性层输出，并添加残差连接
        embedding = self.out_layer(embedding + embedding_residual)
        return embedding
```

　　在上述代码中，作者自定义了几个深度学习模块，包括 RMS 标准化层、多层感知机层
（Multilayer Perceptron，MLP）、Squeeze-and-Excitation（SE）模块以及多头注意力模块。这
些模块可以组合用于构建复杂的神经网络结构，如 Transformer 模型。代码中还导入了外部定义
的 RotaryEmbedding 模块，用于实现旋转嵌入。最后，多头注意力模块中包含一个存在问题的
权重初始化函数，应该迭代 self.children() 而不是 self.modules。

　　首先，调制函数 modulate 用于对数据进行缩放和偏移，这在神经网络中常用于调整数据的
动态范围或增加模型的表达能力。

　　其次，RMS 标准化层 RMSNorm 实现了一种归一化方法，它通过计算输入数据的均方根来
进行标准化，这有助于模型训练的稳定性和收敛速度。

前馈层 MLP 模块定义了一个包含两个线性层和一个自定义激活函数 SwiGLU 的全连接网络，它可以增加模型的非线性表达能力。

SE 模块实现了 Squeeze-and-Excitation 结构，该结构通过压缩特征图并激发通道信息来增强模型的表征能力，形成一种通道间的注意力机制。

最后，多头注意力模块 MultiHeadAttention 是 Transformer 模型的核心组件之一，它通过多头自注意力机制来捕捉输入序列中的依赖关系。作者在该模块中还尝试应用了通道注意力来进一步增强模型的表达能力。

11.4.3　Jamba 架构的实现 2：Mamba 模块

在这里，我们可以直接使用经典的 Mamba 模块作为 Jamba 架构的核心组件。Mamba 模块在 Jamba 架构中扮演着至关重要的角色，它负责处理大量的数据交换和逻辑运算，确保系统的流畅运行。此外，Mamba 模块的开放性和兼容性使得我们能够轻松地与其他先进技术进行集成，进一步提升 Jamba 架构的整体性能。

1. SSM 层的实现

SSM 作为 Mamba 的核心计算层，承载着整个系统中最为关键的计算任务。它利用先进的算法和高效的数据处理能力，为 Mamba 架构提供了强大的支持，确保系统能够在处理大量数据时保持高效和稳定。

在 Mamba 架构中，SSM 不仅负责执行复杂的数学运算和数据处理任务，还扮演着数据中转站的重要角色。它能够接收来自不同数据源的信息，进行快速分析和处理，然后将结果传递给架构中的其他组件，以实现数据的高效流通和共享。

完整的 SSM 层实现代码如下：

```python
# 定义一个名为 SSMLayer 的 PyTorch 模块，继承自 torch.nn.Module
class SSMLayer(torch.nn.Module):
    # 构造函数，初始化 SSMLayer
    # 假设 d_model 默认为 512，可根据实际情况调整
    def __init__(self, d_model=512, state_size=16, device="cuda"):
        super().__init__()                   # 调用父类的构造函数

        self.d_model = d_model               # 模型的维度
        self.state_size = state_size         # 状态的大小，这里的 N 就是 state_size

        # 创建一个从 1 到 state_size+1 的递增序列，并重复 d_model 次，形成[d_model,
state_size]的矩阵
        A = einops.repeat(torch.arange(1, state_size + 1, dtype=torch.float32,
device=device), "n -> d n", d=d_model)
        self.A_log = torch.nn.Parameter(torch.log(A))  # 取对数并设置为可训练参数

        # 定义一个线性层，用于将输入从 d_model 维映射到(d_model + 2 * state_size)维，
```

无偏置项

```
        self.x_proj = torch.nn.Linear(d_model, (d_model + state_size +
state_size), bias=False, device=device)
        # 创建一个 d_model 维的全 1 向量，并设置为可训练参数
        self.D = torch.nn.Parameter(torch.ones(d_model, device=device))


    # 前向传播函数
    def forward(self, x):
        y = self.ssm(x)          # 通过 ssm 函数处理输入，输入形状为[b, l, d]
        y = y + x * self.D       # 将处理后的结果与原始输入按元素相乘并加上 D 的缩放
        return y                 # 返回处理后的结果


    # 定义 ssm 函数，实现特定的状态空间模型
    def ssm(self, x):
        (b, l, d) = x.shape     # 获取输入的形状，b 为批量大小，l 为序列长度，d 为模型维度
        x_device = x.device     # 获取输入数据的设备信息

        x_dbl = self.x_proj(x)  # 通过线性层将输入映射到更高维度

        # 将映射后的结果分割为三部分：delta、B 和 C
        (delta, B, C) = torch.split(x_dbl, [self.d_model, self.state_size,
self.state_size], dim=-1)
        delta = F.softplus(delta)  # 对 delta 应用 softplus 激活函数

        # 下面是离散化部分，采用 ZOH（Zero-Order Hold）算法
        A = -torch.exp(self.A_log.float())  # 计算 A 矩阵
        # 根据 delta 和 A 计算 A_hat 矩阵
        A_hat = torch.exp(torch.einsum("bld,dn -> bldn", delta, A))
        B_x = torch.einsum('bld, bln, bld -> bldn', delta, B, x)  # 计算 B_x 矩阵

        # 下面是 ZOH 计算部分
        ys = []  # 用于存储每一步的输出结果
        # 初始化隐藏状态 h
        h = torch.zeros(size=(b, self.d_model, self.state_size), device=x_device)


        for i in range(l):                    # 遍历序列的每一步
            h = A_hat[:, i] * h + B_x[:, i]   # 更新隐藏状态 h
            # 根据 h 和 C 计算当前步的输出 y
            y = torch.einsum("bdn ,bn -> bd", h, C[:, i, :])
            ys.append(y)                      # 将 y 添加到 ys 列表中
        # 将 ys 列表中的元素堆叠成一个张量，并返回该张量作为输出结果
        y = torch.stack(ys, dim=1)
        return y
```

这段代码定义了一个名为 SSMLayer 的 PyTorch 模块，它实现了一个特定的状态空间模型

（SSM）。该模块首先将输入数据通过线性层映射到更高维度，并分割成三部分进行处理。接下来进行离散化操作，通过一系列复杂的张量操作来更新隐藏状态并计算每步的输出。最后，将处理后的结果与原始输入按元素相乘并加上一个可训练的缩放因子，得到最终的输出结果。

2. 完整 Mamba 模块的实现

下面使用 SSM 完成完整 Mamba 模块的实现，完整的 Mamba 实现模块如下：

```python
class MambaBlock(torch.nn.Module):
    # 初始化函数
    def __init__(self, d_model=128, state_size=32, device="cuda"):
        # 调用父类的初始化函数
        super().__init__()
        # 设置模型的维度和状态大小
        self.d_model = d_model

        self.norm = RMSNorm(d_model=d_model)
        # 定义一个线性层，输入和输出维度都是 d_model，用于产生残差连接的一部分
        self.lin_pro = torch.nn.Linear(d_model, d_model * 2, device=device)
        # 定义一个 1D 卷积层，输入和输出通道数都是 d_model，卷积核大小为 3，步长为 1，填充为 1
        self.conv = torch.nn.Conv1d(d_model, d_model, kernel_size=3, stride=1,
padding=1, device=device)
        # 定义一个 SSM 层，使用 ssm 库中的 SSMLayer
        self.ssm_layer = ssm.SSMLayer(d_model=d_model, state_size=state_size,
device=device)
        # 定义一个线性层，输入和输出维度都是 d_model
        self.out_pro = torch.nn.Linear(d_model, d_model, device=device)

        #------------------下面是生成模型需要的一些参数--------------------
        self.causal = True
        self.device = device

    def forward(self, x):
        """
        Mamba block 的前向传播。这与 Mamba 论文[1]中 3.4 节的图 3 看起来相同

        参数:
            x: 形状为(b,l,d)的张量 (b 表示批量大小，l 表示序列长度，d 表示特征维度)

        返回:
            output: 形状为(b, l, d)的张量
        """
        # 通过线性层产生一个形状为(b,l,2d)的张量，然后将其拆分为两个形状为(b,l,d)的张量

        x_inp = copy.copy(x)

        x = self.norm(x)
        x_residual = self.lin_pro(x)
```

```
    (x, residual) = torch.split(x_residual,
split_size_or_sections=self.d_model, dim=-1)

        # 对 x 进行转置、卷积和再次转置的操作，然后应用 SiLU 激活函数
        x = self.conv(x.transpose(1, 2)).transpose(1, 2)
        x = torch.nn.functional.silu(x)

        # 通过 SSM 层处理 x
        x_ssm = self.ssm_layer(x)

        # 对 residual 应用 SiLU 激活函数
        x_residual = torch.nn.functional.silu(residual)
        # 将激活后的 x_act 与 x_residual 逐元素相乘
        x = x_ssm * x_residual
        # 通过线性层处理 x，得到最终输出
        x = self.out_pro(x)

        return x + x_inp
```

MambaBlock 是 Mamba 模块的核心计算层，包括 RMSNorm 归一化层、线性层、1D 卷积层和 SSM 层。在前向传播中，输入数据首先经过归一化处理，然后通过线性层产生残差连接的一部分。接着，数据经过转置、1D 卷积和激活函数处理。之后，数据通过 SSM 层进行处理，并与激活后的残差部分逐元素相乘。最后，数据经过另一个线性层，并与原始输入相加，得到最终输出。整个流程实现了 Mamba 模型中的前向传播。

11.4.4　Jamba 架构的实现 3：Jamba 模型的实现

Jamba 的具体实现是使用 Mamba 与 Transformer 模型依次相互堆叠完成的，因此我们可以通过构建模块化的思想完成 Jamba 的实现。

1. JambaBlock 的构建

这里简化了 JambaBlock 的构建，仅采用 Mamba 与 Transformer 交叉的形式，代码如下：

```
from moudle import MambaBlock
class JambaBlock(torch.nn.Module):
    def __init__(self,dim: int,   attention_head_num,   state_size: int = 16):
        super().__init__()
        self.mamba_layer = MambaBlock(dim,state_size=state_size)

        self.transformer = TransformerBlock(dim,attention_head_num)

    def forward(self,x):

        x = self.mamba_layer(x)
        x = self.transformer(x)
```

```
        return x
```

2. 完整 Jamba 的实现

下面是完整 Jamba 的实现，根据不同的硬件需求，我们可以设置 JambaBlock 的层数，代码
如下：

```
class Jamba(torch.nn.Module):
    def __init__(self,dim: int = 384,   attention_head_num = 6,  num_layer =
4,  state_size: int = 16):
        super().__init__()

        self.layers = torch.nn.ModuleList([JambaBlock(dim,attention_head_num,
state_size) for _ in range(num_layer)])

    def forward(self,x):
        # Apply the layers
        for layer in self.layers:
            x = layer(x)

        return x
```

11.4.5   基于 Jamba 的天气预测实战

由于大气运动极为复杂，且影响天气的因素众
多，人们对大气本身的运动理解极为有限，因此以
前天气预报水平较低。预报员在预报过程中需要综
合分析各类气象要素，如温度、降水等，每次预报
都非常复杂。现阶段，极端天气现象越来越多，极
大地增加了预报难度，如图 11-20 所示。

本小节将使用 Jamba 完成天气预测，即在给
定天气因素下预测城市是否下雨。

图 11-20   天气预报

1. 数据集的准备

作者准备了来自澳大利亚多个气候站的日常
数据，共 15 万条，如图 11-21 所示。

```
Date,Location,MinTemp,MaxTemp,Rainfall,Evaporation,Sunshine,WindGustDir,WindGustSpeed,WindDir9am,WindDir3pm,WindSpeed9am,WindSpeed3p
Pressure9am,Pressure3pm,Cloud9am,Cloud3pm,Temp9am,Temp3pm,RainToday,RainTomorrow
2008-12-01,Albury,13.4,22.9,0.6,NA,NA,W,44,W,WNW,20,24,71,22,1007.7,1007.1,8,NA,16.9,21.8,No,No
2008-12-02,Albury,7.4,25.1,0,NA,NA,WNW,44,NNW,WSW,4,22,44,25,1010.6,1007.8,NA,NA,17.2,24.3,No,No
2008-12-03,Albury,12.9,25.7,0,NA,NA,WSW,46,W,WSW,19,26,38,30,1007.6,1008.7,NA,2,21,23.2,No,No
2008-12-04,Albury,9.2,28,0,NA,NA,NE,24,SE,E,11,9,45,16,1017.6,1012.8,NA,NA,18.1,26.5,No,No
2008-12-05,Albury,17.5,32.3,1,NA,NA,W,41,ENE,NW,7,20,82,33,1010.8,1006,7,8,17.8,29.7,No,No
```

图 11-21   澳大利亚天气数据集前 5 条内容

其中的变量解释如表 11-1 所示。

表 11-1　澳大利亚天气数据集字段名与解释

特　征	含　义
Date	观察日期
Location	获取该信息的气象站的名称
MinTemp	以摄氏度为单位的低温度
MaxTemp	以摄氏度为单位的高温度
Rainfall	当天记录的降雨量，单位为 mm
Evaporation	到早上 9 点之前的 24 小时的 A 级蒸发量（mm）
Sunshine	白日受到日照的完整小时
WindGustDir	在到午夜 12 点前的 24 小时中的强风的风向
WindGustSpeed	在到午夜 12 点前的 24 小时中的强风速（km/h）
WindDir9am	上午 9 点时的风向
WindDir3pm	下午 3 点时的风向
WindSpeed9am	上午 9 点之前每 10 分钟的风速的平均值（km/h）
WindSpeed3pm	下午 3 点之前每 10 分钟的风速的平均值（km/h）
Humidity9am	上午 9 点的湿度（百分比）
Humidity3am	下午 3 点的湿度（百分比）
Pressure9am	上午 9 点平均海平面上的大气压（hpa）
Pressure3pm	下午 3 点平均海平面上的大气压（hpa）
Cloud9am	上午 9 点的天空被云层遮蔽的程度，这是以 oktas 来衡量的，这个单位记录了云层遮挡天空的程度。0 表示完全晴朗的天空，而 8 表示完全是阴天
Cloud3pm	下午 3 点的天空被云层遮蔽的程度
Temp9am	上午 9 点的摄氏度温度
Temp3pm	下午 3 点的摄氏度温度
RainToday	今日是否有雨
RainTomorrow	明日是否有雨

观察数据后，我们可以看到特征矩阵包含分类变量和连续变量，云层遮蔽程度虽然以数字表示，但它本质上是分类变量。大多数特征是自然数据，如蒸发量、日照时间和湿度等，少部分特征则是人为构成的。还有一些是单纯表示样本信息的变量，比如采集信息的地点，以及采集的时间。

确定了数据情况后，下一步是确定目标标签，简单来说就是预测"明天下雨吗？"目标特征 RainTomorrow 表示明天是否会下雨。

2. 特征的选择与程序实现

在特征选择过程中，我们需要根据目标精准地挑选最合适的特征。以天气为例，我们推测昨天的天气状况可能会影响今天的天气状况，同样，今天的天气状况也可能影响明天的天气状况。换言之，在样本之间随着时间的推移存在相互影响。然而，传统的算法往往只能捕捉到样本特征与标签之间的关系，即列与列之间的联系，而无法把握样本与样本之间的关联，也就是行与行之间的联系。

要让算法能够理解前一个样本标签对后一个样本标签的潜在影响，我们需要引入时间序列分析。时间序列分析是通过将同一统计指标的数据按其发生的时间顺序排列，以数列形式呈现出来。其主要目的是通过历史数据预测未来的趋势。然而，作者了解到，时间序列分析通常适用于单调且唯一的时间线，即一次只能预测一个地点的数据，无法同时预测多个地点的数据，除非进行循环操作。然而，我们的时间数据并非单调或唯一的，尤其是在抽样后，数据的连续性也可能被破坏。我们的数据混杂了多个地点和不同时间段的信息，这使得使用时间序列分析处理问题变得相当复杂。

那么，我们可以尝试另一种思路。既然算法擅长处理的是列与列之间的关系，我们是否可以将"今天的天气影响明天的天气"这一因素转换为一个具体的特征呢？实际上，这是可行的。

我们注意到数据中有一个特征列名为 RainToday，表示当前日期和地区的降雨量，即"今日的降雨量"。基于常识，我们认为今天是否下雨很可能会影响明天的天气状况。例如，在某些气候区域，一旦开始下雨，可能会持续数日；而在另一些地方，暴雨可能来得快，去得也快。因此，我们可以将时间对气候的连续影响转换为"今天是否下雨"这一特征。这样，我们可以巧妙地将原本样本间（行与行之间）的联系转换为特征与标签之间（列与列之间）的联系。

下面将使用其中 6 个特征'Location'、'WindGustDir'、'WindDir9am'、'WindDir3pm'、'Date'和'RainToday'来完成对明日天气的预测。代码如下：

```python
import pandas as pd
import matplotlib.pyplot as plt
import numpy as np

def preprocessing(df, index):
    labels = set([])
    for label in df[index]:
        labels.add(label)
    labels = list(labels)
    # print(labels)
    column = df[index]
    df.drop(axis=1, columns=index, inplace=True)
    if 'RainT' in index:
        temp = column.map(lambda x: labels.index(x))
    elif index == 'Date':
        temp = column.map(lambda x: x[5] if x[6] == '/' else x[5:7])
    else:
        temp = column.map(lambda x: labels.index(x) + 1)
    df.insert(0, index, temp)
    return df

def get_dataset(location):  # 获取数据集
    df = pd.read_csv(location)
    # df = df[['Location', 'MinTemp', 'MaxTemp', 'Rainfall', 'Evaporation',
```

```
'Sunshine', 'WindGustDir', 'WindGustSpeed',
    #           'WindSpeed9am', 'WindSpeed3pm', 'Humidity9am', 'Humidity3pm',
'Pressure9am', 'Pressure3pm',
    #           'Cloud9am', 'Cloud3pm', 'Temp9am', 'Temp3pm', 'RainToday',
'RainTomorrow']]
    df = df.dropna()   # 去除包含缺失值的行
    # 用整数标签代替字符串型数据
    for label in ['Location', 'WindGustDir', 'WindDir9am', 'WindDir3pm', 'Date',
'RainToday', 'RainTomorrow']:
        df = preprocessing(df, label)
    # Date 列格式转换
    date = df['Date'].astype(float)
    df.drop(axis=1, columns='Date', inplace=True)
    df.insert(2, 'Date', date)

    # 删除相关系数过低的数据
    for key in df.corr()['RainTomorrow'].keys():
        if (df.corr()['RainTomorrow'][key] < 0.1) &
(df.corr()['RainTomorrow'][key] > -0.1):
            df.drop(axis=1, columns=key, inplace=True)

    return df

df = get_dataset('./weatherAUS.csv')
df_list = df.values.tolist()
feature = df.drop(['RainTomorrow'], axis=1).values.tolist()
label = df['RainTomorrow'].values.tolist()

feature = np.array(feature)
label = np.array(label)
```

可以看到，我们使用 Pandas 提取了 6 个特征作为训练特征，而 RainTomorrow 作为预测值被记录。数据量的多少可以通过打印输出进行查看。

接下来，我们将生成的数据整理成 PyTorch 数据读取格式，为模型训练做准备，代码如下：

```
import torch
from torch.utils.data import Dataset, random_split

class TextSamplerDataset(torch.utils.data.Dataset):
    def __init__(self, feature = feature, label = label):
        super().__init__()
        self.feature = torch.from_numpy(feature)/4.
        self.label = torch.from_numpy(label).int()

    def __getitem__(self, index):
        return self.feature[index],self.label[index]
```

```
    def __len__(self):
        return len(self.label)

dataset = TextSamplerDataset(feature,label)

# 定义分割比例
train_ratio = 0.9
val_ratio = 0.1

# 计算每个分割的数据量
total_size = len(dataset)
train_size = int(train_ratio * total_size)
val_size = int(val_ratio * total_size)

# 进行数据分割
train_dataset, val_dataset = random_split(dataset, [train_size, val_size])
```

在这里，TextSamplerDataset 类负责对数据进行文本读取，并进行整合。由于特征值普遍较大，因此我们在计算采用除以 4 的方法对其进行修正。random_split 的作用是将完整的数据集按9:1 的比例划分为训练集与测试集。

3. 天气预测模型的实现

对于天气预测模型的实现，我们将使用 Jamba 作为计算核心完成预测模型。在输入的部分，由于输入是一个 1D 数据，首先需要调整其维度，将其整理成一个新的 2D 向量，从而进行后续计算。

输出层我们采用一个全连接层，将输入向量计算后整理成一个二分类，从而进行预测。完整的天气预报模型如下：

```
class PredicateWeather(torch.nn.Module):
    def __init__(self,jamba_dim = 384,jamba_head = 6,feature_num = 13):
        super().__init__()
        self.feature_num = feature_num
        self.linear = torch.nn.Linear(feature_num,feature_num * jamba_dim)
        self.jamba = model.Jamba(dim=jamba_dim,attention_head_num=jamba_head)
        self.logits_layer = torch.nn.Linear(feature_num * jamba_dim,2)
    def forward(self,x):
        x = self.linear(x)
        x = einops.rearrange(x,"b (f d) -> b f d",f = self.feature_num)
        x = self.jamba(x)
        x = torch.nn.Flatten()(x)
        x = torch.nn.Dropout(0.1)(x)
        logits = self.logits_layer(x)
        return logits
```

4. 天气预报模型的训练与验证

最后，我们将使用澳大利亚天气数据集在模型上完成预测任务。在训练过程中，我们可以同时检测损失值和正确率，并通过 tqdm 类来实现，代码如下：

```python
import torch
from tqdm import tqdm
import weather_predicate
import get_weather_dataset

from torch.utils.data import DataLoader

model = weather_predicate.PredicateWeather()

batch_size = 256
device = "cuda"

model = model.to(device)

# 创建数据加载器
train_loader = DataLoader(get_weather_dataset.train_dataset,
batch_size=batch_size, shuffle=True)
    val_loader = DataLoader(get_weather_dataset.val_dataset,
batch_size=batch_size, shuffle=False)

import torch
optimizer = torch.optim.AdamW(model.parameters(), lr = 2e-4)
lr_scheduler = torch.optim.lr_scheduler.CosineAnnealingLR(optimizer,T_max =
6000,eta_min=2e-6,last_epoch=-1)
criterion = torch.nn.CrossEntropyLoss()

for epoch in range(24):
    correct = 0       # 用于记录正确预测的样本数量
    total = 0         # 用于记录总样本数量
    pbar = tqdm(train_loader,total=len(train_loader))
    for feature,label in pbar:
        optimizer.zero_grad()
        feature = feature.float().to(device)
        label = label.long().to(device)
        logits = model(feature)
        loss = criterion(logits.view(-1, logits.size(-1)), label.view(-1))

        loss.backward()
        optimizer.step()
        lr_scheduler.step()                                 # 执行优化器

        # 计算正确率
```

```python
        _, predicted = torch.max(logits.data, 1)          # 得到预测结果
        total += label.size(0)                             # 更新总样本数量
        correct += (predicted == label).sum().item()       # 更新正确预测的样本数量

        accuracy = 100 * correct / total  # 计算正确率
        pbar.set_description(f"epoch:{epoch +1},accuracy:{accuracy:.3f}%,
train_loss:{loss.item():.5f}, lr:{lr_scheduler.get_last_lr()[0]*1000:.5f}")

    # 测试模型
    model.eval()
    test_correct = 0          # 用于记录正确预测的样本数量
    test_total = 0            # 用于记录总样本数量
    with torch.no_grad():
        for feature, label in val_loader:
            feature = feature.float().to(device)
            label = label.long().to(device)
            logits = model(feature)

            # 计算正确率
            _, predicted = torch.max(logits.data, 1)     # 得到预测结果
            test_total += label.size(0)                  # 更新总样本数量
            test_correct += (predicted == label).sum().item()# 更新正确预测的样本数量

            test_accuracy = 100 * test_correct / test_total  # 计算正确率

print(f"在测试集上的准确率为:{test_accuracy}")
```

在这里，我们完成了模型的训练以及对结果的预测，并在划分的验证集上获得了对结果准确率的验证，如下所示：

```
    epoch:1,accuracy:69.912%, train_loss:3.56852 100%|███████████████| 199/199
[00:26<00:00,  7.60it/s]
    epoch:2,accuracy:74.985%, train_loss:3.15288 100%|███████████████| 199/199
[00:26<00:00,  7.64it/s]
    ...
    epoch:24,accuracy:82.689%, train_loss:0.4148 100%|███████████████| 199/199
[00:26<00:00,  7.48it/s]

    在测试集上的准确率为:84.36724565756823
```

可以看到，经过 24 轮的预测，模型在训练集上达到了 82.69%的准确率，而将模型和训练参数迁移到验证集上，并获得了 84.37%的准确率。当然，从训练集上的结果来看，模型可能还未充分完成特征训练，仍处于"欠拟合"状态，还需要继续训练，感兴趣的读者可以继续尝试完成。

11.4.6　基于时间序列的天气预报任务

时间序列是指将同一统计指标的数值按照其发生的时间顺序排列起来的一系列数据。简单来说，时间序列数据就是按照时间顺序排列的数据，比如每天的股票价格、每月的降雨量等。这类数据的特点是数据点之间存在时间上的先后关系，且这种时间顺序通常对数据的分析和预测具有重要意义，如图 11-22 所示。

图 11-22　股票价格的时间序列预测

时间序列分析的主要目的是利用已有的历史数据来预测未来的趋势或行为。这是因为很多自然现象、经济活动等都具有一定的时间连续性，即过去的数据往往能够为我们提供关于未来的线索。例如，根据过去几天的天气预报数据，我们可能能够预测未来几天的天气情况。

然而，时间序列分析也面临一些挑战。首先，时间序列数据通常是单调的且唯一的，即每个时间点只对应一个数据值。这意味着，如果我们想要预测多个地点或多个指标的未来值，就需要对每个地点或指标分别进行时间序列分析，这可能会增加分析的复杂性。其次，实际收集到的时间序列数据可能并不是连续的，可能会因为各种原因（如设备故障、数据丢失等）出现缺失值，这也会影响分析的准确性。

例如，在该实战中，我们采用了"今日是否下雨"这一特征，并基于认知假设"今天的天气可能会影响明天的天气"来构建一个典型的时间序列问题。这是因为今天的天气情况（如降雨量）与明天的天气情况之间存在时间上的连续性。但直接使用时间序列分析来预测多个地点的天气情况可能会很复杂，因为每个地点的天气情况都可能受到不同因素的影响。

为了简化这个问题，可以将时间序列数据转换为特征。例如，"今天是否下雨"这一特征就捕捉了今天天气对明天天气可能产生的影响。这样，我们巧妙地将原本需要时间序列分析来捕捉的样本间（即不同时间点的数据之间）的联系，转换为样本内部特征与目标变量之间的联系。这样，就可以利用传统的机器学习算法来处理这一问题，因为这些算法通常更擅长捕捉特征与标签之间的联系，而不是样本间的联系。

总的来说，时间序列分析是一种强大的工具，能够帮助我们理解和预测按时间顺序排列的数据。但在实际应用中，我们需要根据问题的具体情况灵活选择分析方法。

11.5 本章小结

本章详细阐述了基于 Jamba 框架的时间序列预测任务。我们具体介绍了构建 Jamba 模型时所使用的 Mamba 模块和关键的 Transformer 模块。Mamba 模块为模型提供了稳健的基础架构，而 Transformer 模块则以其强大的自注意力机制，提升了模型在处理复杂时间序列数据时的能力。

在深入理解这两个模块的基础上，我们进一步探讨了如何利用它们构建一个高效的预测模型 Jamba。通过详细阐述模型的构建过程，我们向读者展示了如何将不同的深度学习组件巧妙地结合在一起，以实现对数据的精准预测。

时间序列任务作为一类重要的预测问题，涉及从按时间顺序排列的数据中捕捉和预测未来的趋势与模式。这类任务在金融分析、气候预测、销售预测等多个领域具有广泛的应用价值。

通过将 Jamba 与时间序列任务紧密结合，我们能够充分利用 Jamba 框架的灵活性和强大功能，以实现对时间序列数据的深入分析和精准预测。Jamba 模型中的 Mamba 模块提供了稳定而高效的模型基础，而 Transformer 模块则以其出色的序列建模能力，强化了模型在处理长时间依赖和复杂模式识别方面的性能。

具体来说，我们展示了如何利用 Jamba 模型来捕捉时间序列数据中的关键特征，并通过 Transformer 模块的自注意力机制来建模数据点之间的依赖关系。这种方法不仅提高了预测的准确性，还增强了模型对序列数据中异常值和噪声的健壮性。

可以看到，通过将 Jamba 与时间序列任务相结合，我们为读者提供了一种强大而灵活的深度学习解决方案，以应对各种复杂的时间序列预测挑战。在未来的研究中，我们将继续探索如何进一步优化 Jamba 模型，以适应更为多样化的时间序列数据和预测需求。

第12章

统一了注意力与 Mamba 架构的 Mamba2 模型

基于全局建模的注意力机制的 Transformer 模型与对序列信息敏感的 Mamba 模型，在特征提取和项目解决方案上各自展现出了独特的优势。

Transformer 模型凭借其强大的全局建模能力和自注意力机制，能够高效捕捉数据中的长距离依赖关系。这使得它在处理复杂、非线性的全局特征时表现出色，尤其适用于需要从整体角度理解数据内在逻辑的场景。因此，在处理自然语言处理、图像识别等领域的任务时，Transformer 模型能够深入挖掘数据的深层特征，为项目提供全面而精准的解决方案。

而 Mamba 模型则以其对序列信息的敏感性而著称。它能够精细地捕捉序列数据中的时序依赖和局部特征，特别适用于那些需要关注数据顺序和时序关系的任务。在处理如语音识别、时间序列预测等问题时，Mamba 模型能够准确地把握数据中的动态变化，为项目提供更为细腻和具有针对性的解决方案。

尽管基于全局建模的注意力 Transformer 模型与对序列信息敏感的 Mamba 模型在特征提取和项目解决方案上展现出了各自独特的优势，它们也存在一些固有的缺点。

Transformer 模型以其强大的全局建模能力和自注意力机制，在捕捉数据中的长距离依赖关系方面表现出色。然而，这种模型的训练过程的计算复杂度随着序列长度的增加而呈二次方增长，这在大规模数据处理中可能会成为一个瓶颈。同时，在推理过程中，Transformer 需要大量内存来缓存键值对，这增加了硬件资源的消耗。

另一方面，Mamba 模型对序列信息非常敏感，能够精细捕捉时序依赖和局部特征。但在处理长序列时，它的表现显得力不从心，难以有效捕捉较远信息的特征，这限制了其在某些需要长距离依赖关系任务中的应用。

为了结合这两者的优点并克服各自的缺点，基于结构化状态空间对偶性（State Space Duality，SSD）的概念被提出。SSD 不仅是一个深度神经网络（DNN）模型层，用于构建更复杂的模型，而且还是一个分析框架，能够帮助我们深入理解各种生成式模型的特点。此外，SSD 还提供了一种高效的 GPU 算法，相比传统的状态空间模型（SSM），其计算效率更高，如图 12-1 所示。

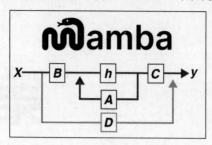

图 12-1 加入了注意力 A 的 Mamba 架构

通过 SSD，我们可以充分利用 Transformer 模型的并行性能和全局建模能力，同时结合 Mamba 模型对序列信息的敏感性。此外，SSD 还允许我们在系统层面进行优化，例如利用针对 Transformers 开发的张量并行、序列并行等技术，实现可变长序列的训练和推理。这些优化措施可以显著提高模型的训练速度和推理效率，使其更适合处理大规模数据集和复杂任务。

12.1　Mamba2 模型的实现

Mamba2 在原有 Mamba 模型的基础上融入了注意力机制，这一创新性的改进赋予了模型对远程信息的关注能力。通过引入注意力机制，Mamba2 不仅保留了原 Mamba 模型对序列信息敏感的优点，还能够有效地捕获并处理长距离依赖关系。这一变革性的增强使得 Mamba2 在处理复杂任务时更加灵活和全面，大幅提高了模型的性能和应用范围。

12.1.1　Mamba2 核心组件 SSD 详解

结构化状态空间对偶性（SSD）是在核心部分添加了注意力机制，即将原有的 SSM 架构替换成带有注意力组件的新型架构。在具体实现上，我们可以参照 GLM 架构中的注意力实现，首先完成其中的注意力机制，代码如下：

```
def segsum(x: Tensor, device: Device = None) -> Tensor:
    """Stable segment sum calculation.

    `exp(segsum(A))` 生成一个 1-半可分矩阵，等同于一个标量 SSM（Scalar SSM，可能是指某
种特定的半可分矩阵）
    """

    # 获取输入 Tensor x 的最后一个维度的大小，通常代表时间序列的长度
    T = x.size(-1)

    # 使用 repeat 函数扩展 x 的维度，使其在最后一个维度上增加一个与 T 相同大小的维度 e
```

```
# 这实际上是为后续的矩阵操作做准备，生成一个二维的矩阵，其中每一行都是原始 x 的复制
x = repeat(x, "... d -> ... d e", e=T)

# 创建一个下三角矩阵，其中对角线下方的元素为 1（True），其余为 0（False）
# 这个矩阵将用作后续操作的掩码
mask = torch.tril(torch.ones(T, T, dtype=torch.bool, device=device),
diagonal=-1)

# 使用上面创建的掩码，将 x 中上三角部分的元素替换为 0
x = x.masked_fill(~mask, 0)

# 沿着倒数第二个维度（即新扩展的维度 e）计算累积和
x_segsum = torch.cumsum(x, dim=-2)

# 创建一个新的下三角矩阵，但这次包括对角线元素
mask = torch.tril(torch.ones(T, T, dtype=torch.bool, device=device),
diagonal=0)

# 使用新的掩码，将 x_segsum 中上三角部分的元素替换为负无穷大
# 这样做可能是为了在后续的计算中忽略这些值，或者使它们在 softmax 等操作中变得非常小
x_segsum = x_segsum.masked_fill(~mask, -torch.inf)

# 返回计算后的分段和 Tensor
return x_segsum
```

这段代码简单地完成了注意力计算，即对输入的序列内容进行注意力建模。通过 mask 的使用，模型在计算时只关注前面步骤中的 Token，而不会 "窥视" 未来的内容。

SSD 的存在是在原有的 SSM 架构上添加了注意力机制，即通过注意力机制对输入的数据进行全局建模，代码如下：

```
def ssd(x, A, B, C, chunk_size, initial_states=None, device: Device = None):
    """结构化状态空间对偶性（SSD） - Mamba-2 的核心

    这与博客文章中的最小 SSD 代码几乎完全相同

    参数
        x: 输入数据，形状为 (batch, seqlen, n_heads, d_head)
        A: 形状为 (batch, seqlen, n_heads) 的参数
        B: 形状为 (batch, seqlen, n_heads, d_state) 的参数
        C: 形状为 (batch, seqlen, n_heads, d_state) 的参数

    返回
        y: 输出数据，形状为 (batch, seqlen, n_heads, d_head)

    来源
    1. https://tridao.me/blog/2024/mamba2-part3-algorithm/
```

```
   2. 给定的 GitHub 链接
   """

   # 将数据重新排列成块，以便于分块处理
   x, A, B, C = [rearrange(m, "b (c l) ... -> b c l ...", l=chunk_size) for m
in (x, A, B, C)]

   # 对 A 进行重排，并计算其累积和
   A = rearrange(A, "b c l h -> b h c l")
   A_cumsum = torch.cumsum(A, dim=-1)

   # 1. 计算每个块内的输出（对角块）
   L = torch.exp(segsum(A, device=device))   # 计算稳定的分段和，并取指数
   # 使用 einsum 进行高效计算
   Y_diag = torch.einsum("bclhn, bcshn, bhcls, bcshp -> bclhp", C, B, L, x)

   # 2. 计算每个块内的状态（B 项，用于低秩分解的非对角块）
   decay_states = torch.exp(A_cumsum[:, :, :, -1:] - A_cumsum)   # 计算衰减状态
   # 计算状态
   states = torch.einsum("bclhn, bhcl, bclhp -> bchpn", B, decay_states, x)

   # 3. 计算块间的 SSM 递推关系，以在块边界产生正确的 SSM 状态
   if initial_states is None:   # 如果没有提供初始状态，则使用零初始化
       initial_states = torch.zeros_like(states[:, :1])
   # 连接初始状态和计算出的状态
   states = torch.cat([initial_states, states], dim=1)
   decay_chunk = torch.exp(segsum(F.pad(A_cumsum[:, :, :, -1], (1, 0)),
device=device))   # 计算块间的衰减
   # 更新状态
   new_states = torch.einsum("bhzc, bchpn -> bzhpn", decay_chunk, states)
   # 分离出最终状态和其余状态
   states, final_state = new_states[:, :-1], new_states[:, -1]

   # 4. 计算每个块的状态到输出的转换
   state_decay_out = torch.exp(A_cumsum)   # 计算输出衰减
   Y_off = torch.einsum("bclhn, bchpn, bhcl -> bclhp", C, states,
state_decay_out)   # 计算非对角块的输出

   # 将对角块和非对角块的输出相加，得到最终输出
   Y = rearrange(Y_diag + Y_off, "b c l h p -> b (c l) h p")   # 重新排列输出形状

   return Y, final_state   # 返回输出和最终状态
```

这段代码实现了结构化状态空间对偶性（Structured State Space Duality，SSD）算法，它是 Mamba2 模型的核心组成部分。通过分块处理、计算分段和以及使用 einsum 进行高效计算等步骤，实现了对输入数据的转换和输出。

12.1.2　基于 SSD 的 Mamba2 模型

Mamba2 是一个基于结构化状态空间对偶性的深度学习模型，旨在处理序列数据，如自然语言处理或时间序列分析中的任务。在具体实现上，Mamba2 的架构与 Mamba 类似。

- 输入投影层（self.in_proj）：首先，输入数据 u（形状为(batch, seqlen, d_model)），通过一个线性层（nn.Linear），将输入映射到一个更高维的空间，以便模型能够捕捉到更丰富的特征。映射后的表示被分割成多个部分，包括 z（用于归一化）、xBC（包含状态信息和候选输出）和 dt（时间步长偏差），这些部分将在后续处理中发挥不同作用。

- 一维卷积层（self.conv1d）：xBC 部分通过一个一维卷积层进行处理，该层用于捕捉序列中的局部依赖关系。卷积层使用分组卷积，每个通道独立处理，以减少参数数量和计算复杂度。卷积后的输出经过激活函数（如 SiLU）以增加非线性，然后再次分割成 x（状态表示）、B（状态转换矩阵的一部分）和 C（输出转换矩阵的一部分）。

- SSD 计算：模型的核心是结构化状态空间对偶性的计算，它结合了自注意力机制和状态空间模型的优势。通过 ssd 函数，模型利用 x、A（对数衰减率，通过 self.A_log 参数计算得出）、B、C 和 dt 来计算输出 y 和 SSM 状态。SSD 允许模型以高效的方式处理长序列，同时捕捉到序列中的长距离依赖关系。

- 残差连接和归一化：计算出的输出 y 通过一个残差连接（residual connection）与原始状态表示 x 进行加权求和（通过 self.D 参数控制权重），以增加模型的表达能力和稳定性。然后，这个结果通过 RMSNorm 归一化层进行归一化处理，以加快训练速度和改善模型的泛化能力。

- 输出投影层（self.out_proj）：归一化后的输出通过一个线性层（nn.Linear）投影回原始输入数据的维度（d_model），以生成最终的输出表示 y。

- 隐藏状态和推理步骤：在推理过程中，模型使用 InferenceCache 对象来存储和更新隐藏状态（包括卷积状态和 SSM 状态）。通过 step 方法，模型可以逐步处理输入序列中的每个时间步，并在每个步骤中更新隐藏状态和生成输出。这种方式使得 Mamba2 在推理时的时间复杂度与序列长度成线性关系，相比传统的自注意力模型具有更高的效率。

其代码实现如下：

```
class Mamba2(nn.Module):
    def __init__(self, args: Mamba2Config, device: Device = None):
        super().__init__()
        self.args = args
        self.device = device

        # Order: (z, x, B, C, dt)
        d_in_proj = 2 * args.d_inner + 2 * args.d_state + args.nheads
```

```python
        self.in_proj = nn.Linear(args.d_model, d_in_proj, bias=False,
device=device)

        conv_dim = args.d_inner + 2 * args.d_state
        self.conv1d = nn.Conv1d(
            in_channels=conv_dim,
            out_channels=conv_dim,
            kernel_size=args.d_conv,
            groups=conv_dim,
            padding=args.d_conv - 1,
            device=device,
        )

        self.dt_bias = nn.Parameter(torch.empty(args.nheads, device=device))
        self.A_log = nn.Parameter(torch.empty(args.nheads, device=device))
        self.D = nn.Parameter(torch.empty(args.nheads, device=device))
        self.norm = RMSNorm(args.d_inner, device=device)
        self.out_proj = nn.Linear(args.d_inner, args.d_model, bias=False,
device=device)

    def forward(self, u: Tensor, h: InferenceCache | None = None):

        if h:
            return self.step(u, h)

        A = -torch.exp(self.A_log)  # (nheads,)
        zxbcdt = self.in_proj(u)  # (batch, seqlen, d_in_proj)
        z, xBC, dt = torch.split(
            zxbcdt,
            [
                self.args.d_inner,
                self.args.d_inner + 2 * self.args.d_state,
                self.args.nheads,
            ],
            dim=-1,
        )
        dt = F.softplus(dt + self.dt_bias)  # (batch, seqlen, nheads)

        # Pad or truncate xBC seqlen to d_conv
        conv_state = F.pad(
            rearrange(xBC, "b l d -> b d l"), (self.args.d_conv - u.shape[1], 0)
        )

        xBC = silu(
            self.conv1d(xBC.transpose(1, 2)).transpose(1, 2)[:, : u.shape[1], :]
        )  # (batch, seqlen, d_inner + 2 * d_state))
```

```
        x, B, C = torch.split(
            xBC, [self.args.d_inner, self.args.d_state, self.args.d_state],
dim=-1
        )
        x = rearrange(x, "b l (h p) -> b l h p", p=self.args.headdim)
        y, ssm_state = ssd(
            x * dt.unsqueeze(-1),
            A * dt,
            rearrange(B, "b l n -> b l 1 n"),
            rearrange(C, "b l n -> b l 1 n"),
            self.args.chunk_size,
            device=self.device,
        )
        y = y + x * self.D.unsqueeze(-1)
        y = rearrange(y, "b l h p -> b l (h p)")
        y = self.norm(y, z)
        y = self.out_proj(y)

        h = InferenceCache(conv_state, ssm_state)
        return y, h

    def step(self, u: Tensor, h: InferenceCache) -> tuple[Tensor,
InferenceCache]:
        """
        单步推理函数，根据当前输入 u 和隐藏状态 h 计算输出和更新后的隐藏状态
        """
        assert u.shape[1] == 1, "Only one token can be decoded per inference step"

        zxbcdt = self.in_proj(u.squeeze(1))  # (batch, d_in_proj)
        z, xBC, dt = torch.split(
            zxbcdt,
            [
                self.args.d_inner,
                self.args.d_inner + 2 * self.args.d_state,
                self.args.nheads,
            ],
            dim=-1,
        )

        # Advance convolution input
        h.conv_state.copy_(torch.roll(h.conv_state, shifts=-1, dims=-1))
        h.conv_state[:, :, -1] = xBC
        # Convolution step
        xBC = torch.sum(
            h.conv_state * rearrange(self.conv1d.weight, "d 1 w -> d w"), dim=-1
        )
```

```
        xBC += self.conv1d.bias
        xBC = silu(xBC)

        x, B, C = torch.split(
            xBC, [self.args.d_inner, self.args.d_state, self.args.d_state],
dim=-1
        )
        A = -torch.exp(self.A_log)  # (nheads,)

        # SSM step
        dt = F.softplus(dt + self.dt_bias)  # (batch, nheads)
        dA = torch.exp(dt * A)  # (batch, nheads)
        x = rearrange(x, "b (h p) -> b h p", p=self.args.headdim)
        dBx = torch.einsum("bh, bn, bhp -> bhpn", dt, B, x)
        h.ssm_state.copy_(h.ssm_state * rearrange(dA, "b h -> b h 1 1") + dBx)
        y = torch.einsum("bhpn, bn -> bhp", h.ssm_state, C)
        y = y + rearrange(self.D, "h -> h 1") * x
        y = rearrange(y, "b h p -> b (h p)")
        y = self.norm(y, z)
        y = self.out_proj(y)

        return y.unsqueeze(1), h
```

这里讲解一下代码的具体实现，在 Mamba2 模型中，各个组件协同工作以处理输入序列并生成输出。首先，输入数据 u 通过 in_proj 层进行线性变换，将原始特征空间映射到一个更高维的空间，以便捕获更复杂的特征。这个映射后的数据被分割成不同的部分，包括 z（潜在表示）、xBC（用于后续处理的组合状态）和 dt（时间步长相关的参数）。

xBC 部分通过一维卷积层 conv1d 进行处理，该层通过分组卷积减少参数数量并提高效率。卷积层之后，xBC 被进一步分割成 x（直接用于 SSD 计算的输入）、B 和 C（分别用于 SSD 中状态转移和输出转换的矩阵）。

A、dt 和分割后的 x、B、C 一起作为输入传递给 SSD 函数。SSD 函数是 Mamba2 模型的核心，它基于结构化状态空间对偶性原理，通过高效的计算来模拟序列的动态行为。SSD 函数输出处理后的序列 y 以及 SSM（结构化状态空间模型）的最终状态。

在 SSD 计算之后，输出 y 通过残差连接与 x 相加，并通过 D 参数进行缩放，然后通过 norm 层进行归一化处理，最后通过 out_proj 层映射回原始特征空间大小。这个处理过程确保了模型能够学习到输入和输出之间的复杂映射关系，同时保持输出的稳定性和一致性。

在推理模式下，Mamba2 模型支持通过 step 函数进行单步推理。这使得模型在处理长序列时能够逐个时间步地生成输出，从而显著减少内存占用并提高推理速度。在 step 函数中，隐藏状态（包括卷积状态和 SSM 状态）在每个推理步骤中都会根据当前输入进行更新，并用于生成下一个输出。

Mamba2 模型通过结合 SSD 的高效计算、一维卷积的局部特征提取能力以及残差连接和归一化的稳定性，实现了对序列数据的快速而准确的处理。

12.2　基于 Mamba2 的文本生成实战

本节将演示一个使用 Mamba2 模型完成文本生成任务的实例。在这个实例中，我们将充分利用已有的数据集来训练和优化 Mamba2 模型，以实现高质量的文本生成效果。

12.2.1　文本生成 Mamba2 模型的完整实现

类似于前面使用 Mamba 完成文本生成任务，我们将在这里使用 Mamba2 作为主干网格设计文本生成模型。在具体应用上，使用 Mamba2 模型直接替代原有的 Mamba 模型即可。完整代码如下：

```python
class Mamba2LMHeadModel(nn.Module):
    def __init__(self, args: Mamba2Config, device: Device = None):
        super().__init__()
        self.args = args
        self.device = device

        self.backbone = nn.ModuleDict(
            dict(
                embedding=nn.Embedding(args.vocab_size, args.d_model,
device=device),
                layers=nn.ModuleList(
                    [
                        nn.ModuleDict(
                            dict(
                                mixer=Mamba2(args, device=device),
                                norm=RMSNorm(args.d_model, device=device),
                            )
                        )
                        for _ in range(args.n_layer)
                    ]
                ),
                norm_f=RMSNorm(args.d_model, device=device),
            )
        )
        self.lm_head = nn.Linear(
            args.d_model, args.vocab_size, bias=False, device=device
        )
        self.lm_head.weight = self.backbone.embedding.weight

    def forward(
        self, input_ids: LongTensor, h: list[InferenceCache] | list[None] | None
= None
    ) -> tuple[LongTensor, list[InferenceCache]]:
```

```
        seqlen = input_ids.shape[1]

        if h is None:
            h = [None for _ in range(self.args.n_layer)]

        x = self.backbone.embedding(input_ids)
        for i, layer in enumerate(self.backbone.layers):
            y, h[i] = layer.mixer(layer.norm(x), h[i])
            x = y + x

        x = self.backbone.norm_f(x)
        logits = self.lm_head(x)
        return logits[:, :seqlen], cast(list[InferenceCache], h)
```

可以看到，这里的核心在于使用我们之前完成的 Mamba2 模型作为特征提取的主干网络，以提取和计算特征。至于其他部分，如输出分类层和返回值，读者可以参考 Mamba 模型的实现。

12.2.2 基于 Mamba2 的文本生成

最后，我们将完成基于 Mamba2 的文本生成实战任务。对于这部分内容，读者可以参考我们在实现 Mamba 文本生成时所准备的训练框架。完整代码如下：

```
from model import Mamba2,Mamba2Config
import math
from tqdm import tqdm
import torch
from torch.utils.data import DataLoader

device = "cuda"
mamba_cfg = Mamba2Config(d_model=384)
mamba_cfg.chunk_size = 4
model = mamba_model  = Mamba2(mamba_cfg,device=device)
model.to(device)
save_path = "./saver/mamba_generator.pth"
model.load_state_dict(torch.load(save_path),strict=False)

BATCH_SIZE = 192
seq_len = 64
import get_data_emotion
#import get_data_emotion_2 as get_data_emotion
train_dataset = get_data_emotion.TextSamplerDataset(get_
data_emotion.token_list,seq_len=seq_len)
train_loader = (DataLoader(train_dataset,
batch_size=BATCH_SIZE,shuffle=True))
```

```
optimizer = torch.optim.AdamW(model.parameters(), lr = 2e-5)
lr_scheduler = torch.optim.lr_scheduler.CosineAnnealingLR(optimizer,T_max =
1200,eta_min=2e-7,last_epoch=-1)
criterion = torch.nn.CrossEntropyLoss()

for epoch in range(48):
    pbar = tqdm(train_loader,total=len(train_loader))
    for token_inp,token_tgt in pbar:
        token_inp = token_inp.to(device)
        token_tgt = token_tgt.to(device)
        logits = model(token_inp)
        loss = criterion(logits.view(-1, logits.size(-1)), token_tgt.view(-1))

        optimizer.zero_grad()
        loss.backward()
        optimizer.step()
        lr_scheduler.step()   # 执行优化器
        pbar.set_description(f"epoch:{epoch +1}, train_loss:{loss.item():.5f},
lr:{lr_scheduler.get_last_lr()[0]*1000:.5f}")

    torch.save(model.state_dict(), save_path)
```

具体生成结果，读者可以自行验证。

12.3　本章小结

本章深入剖析了 Mamba2 模型的核心架构，该模型通过引入结构化状态空间对偶性（SSD）机制，显著提升了处理长序列数据的能力，展示了其在自然语言处理、时间序列分析等领域中的巨大潜力。我们详细阐述了 Mamba2 模型的各个组成部分，包括输入投影层、一维卷积层、SSD 函数以及输出投影层，这些组件协同工作，共同实现了高效的序列数据处理流程。

我们还通过具体的代码实现，展示了如何将 Mamba2 模型的理念转换为可执行的 PyTorch 代码。我们详细讲解了模型前向传播和推理步骤的实现细节，包括如何通过线性变换、卷积操作以及 SSD 函数来逐步处理输入数据，并实现了文本生成的实战任务。

通过本章的学习，读者不仅能够理解 Mamba2 模型的基本原理和实现细节，还能够掌握如何将该模型应用于实际项目中。未来，随着深度学习技术的不断发展，我们期待 Mamba2 模型及其变种能够在更多领域展现出其独特的优势，为人工智能技术的进步贡献新的力量。同时，我们也鼓励读者深入探索 Mamba2 模型的更多应用场景和优化方向，共同推动深度学习技术边界的扩展。

第 13 章

Mamba 结合 Diffusion 的
图像生成实战

在数字艺术与科技的交汇点上，Mamba 与 Diffusion 的相遇无疑是一场革命性的创新。作为一个强大的图像处理库，Mamba 以其高效的算法和灵活的操作性而备受赞誉。而 Diffusion 作为一种先进的深度学习图像生成技术，其强大的图像生成能力令人瞩目。当这两者相结合，便擦出了不一样的火花。

在图像生成实战中，Mamba 提供了丰富的图像处理工具，可以对图像进行各种精细化的调整和优化。而 Diffusion 技术则能够基于给定的条件或文本提示，生成高质量、具有艺术美感的图像。当这两者相遇，不仅大幅提升了图像生成的效率和质量，还为我们打开了一个全新的艺术创作空间。

在这个过程中，Mamba 的强大图像处理功能为我们提供了更多的创作自由度。我们可以轻松地调整图像的构图、色彩和光影效果，从而打造出独具特色的艺术作品。而 Diffusion 技术的引入，则使这一过程更加智能化和高效化。

不仅如此，Mamba 与 Diffusion 的结合还为艺术家们提供了一个全新的创作平台。他们可以利用这些先进的技术工具，将自己的想象力和创意转换为生动逼真的图像作品。这种跨界合作不仅推动了数字艺术的发展，还为艺术家们带来了更多的创作灵感和可能性。

总的来说，当 Mamba 遇见 Diffusion，图像生成领域迎来了前所未有的变革。两者的结合为我们提供了更多的创作手段和可能性，让我们能够以前所未有的方式探索和表达艺术的魅力。无论是在广告设计、艺术创作还是影视制作等领域，这一技术组合都将为我们带来更多的惊喜和突破。

13.1　Diffusion 原理精讲以及经典实现

Diffusion Model 是一类生成模型，类似于变分自动编码器（Variational Autoencoder，VAE）。与生成对抗网络（Generative Adversarial Network，GAN）等生成网络不同，Diffusion 扩散模型在前向阶段逐步向图像施加噪声，直至图像被破坏，变成完全的高斯噪声。然后，在逆向阶段，Diffusion 模型学习如何从高斯噪声还原为原始图像的过程。

深度学习中去噪的 Diffusion Model 主要用于图像去噪，它通过向图像添加噪声并逐步去除噪声来提高图像质量。该模型实现了前向扩散和反向扩散两个阶段的过程。

在前向扩散阶段，模型将逐步向原始图像添加噪声，直到得到纯噪声的图像。这个过程可以看作对原始图像的“破坏”。

在反向扩散阶段，模型会从纯噪声的图像开始，逐步去除噪声，最终得到一个相对原始图像质量较好的版本。这个过程可以看作“重建”原始图像。

13.1.1　Diffusion Model 的传播流程

Diffusion Model 是一个对输入数据进行动态处理的过程。具体来说，在前向阶段，模型逐步向原始图像 x_0 添加噪声，每一步得到的图像 x_t 只和前一步的图像 x_{t-1} 相关，直至第 T 步，图像 x_T 变为纯高斯噪声。前向扩散过程如图 13-1 所示。

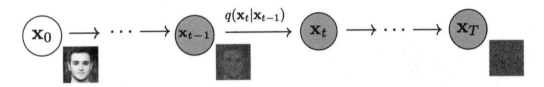

图 13-1　加噪过程（x_0 为原始图像）

在逆向阶段，模型不断去除噪声。首先给定高斯噪声 x_T，通过逐步去噪，直至最终恢复原始图像 x_0，逆向去噪过程如图 13-2 所示。

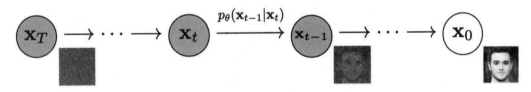

图 13-2　去噪过程（x_T 为全噪声图像）

当模型训练完成后，给定高斯随机噪声即可生成一幅全新的图像。在此过程中，x_0 为原始图像，x_T 为全噪声图像，读者需要牢记这一点，接下来的内容将介绍相关公式。

所谓的加噪声，就是基于目标图像计算一个（多维）高斯分布（每个像素点都有一个高斯分布，其中均值为该像素点的值，方差是预先定义的），然后从这个多维分布中抽样一个数据，这个数据即为加噪之后的结果。显然，如果方差非常小，那么每个抽样得到的像素值就和原始像素值非常接近，也就是加了一个非常小的噪声。如果方差较大，抽样结果与原始图像的差距也会更大。

去噪过程类似，基于含噪声的图像计算一个条件分布，目标是从这个分布中抽样得到相比于噪声图像更接近真实图像、稍微"干净"的图像。假设这样的条件分布存在，并且是一个高斯分布，那么只需知道均值和方差即可。完整的流程如图 13-3 所示。

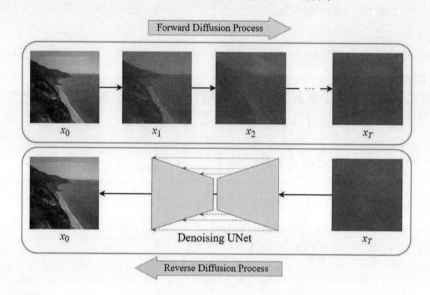

图 13-3　去噪声完整的流程

然而，问题在于这个均值和方差无法直接计算，因此需要用神经网络来学习近似这样一个高斯分布。高斯噪声是一种随机信号，也称为正态分布噪声。它的数学模型基于高斯分布的概率密度函数，因此也被称为高斯分布噪声。

在实际应用中，高斯噪声通常是由于测量设备、传感器或电子元件等因素引起的随机误差。高斯噪声具有以下特点。

● 平均值为 0：即高斯噪声随机变量的期望值为 0。
● 对称性：高斯噪声在平均值处呈现对称分布。
● 方差决定波动幅度：高斯噪声的波动幅度与方差成正比，方差越大，波动幅度越大。

由于高斯噪声的统计特性非常稳定，因此在图像处理、信号处理、控制系统等领域得到了广泛应用。

因此，可以说 Diffusion Model 的处理过程是：逐步向图像添加噪声，直到图像变成纯噪声，然后对噪声进行去噪，从而恢复出原始图像。所谓的扩散模型，就是让神经网络学习如何去除噪声。

13.1.2　直接运行的经典 DDPM 的模型训练实战

本节提供了一个简单的可运行 DDPM 框架，读者可以直接运行本章文件夹 DDPM 中的 train.py 文件，代码如下：

```python
import torch
import get_dataset
import cv2
from tqdm import tqdm
import ddpm

batch_size = 48
dataloader = torch.utils.data.DataLoader(get_dataset.SamplerDataset(),
batch_size=batch_size)

# UNet 作为生成模型从噪声生成图像
import unet
device = "cuda" if torch.cuda.is_available() else "cpu"
model = unet.Unet(dim=28,dim_mults=[1,2,4]).to(device)
optimizer = torch.optim.AdamW(model.parameters(), lr = 2e-4)



epochs = 3
timesteps = 200
save_path = "./saver/ddpm_saver.pth"
model.load_state_dict(torch.load(save_path),strict=False)
for epoch in range(epochs):
    pbar = tqdm(dataloader, total=len(dataloader))
    # 使用 DataLoader 进行迭代，获取每个批次的数据样本和标签
    for batch_sample, batch_label in pbar:
        optimizer.zero_grad()
        batch_size = batch_sample.size()[0]
        batch = batch_sample.to(device)

        optimizer.zero_grad()
        t = torch.randint(0, timesteps, (batch_size,), device=device).long()

        loss = ddpm.p_losses(model, batch, t, loss_type="huber")



        loss.backward()
        optimizer.step()
        pbar.set_description(f"epoch:{epoch + 1},
train_loss:{loss.item():.5f}")

    torch.save(model.state_dict(), save_path)
```

这是 Diffusion 的经典实现，使用 UNet 作为生成模型，从噪声数据中生成图像。UNet 模型是一个经典的图像重建模型，能够有效地学习图像的语义信息，并获得高质量的图像重建结果。相比其他深度学习模型，UNet 对训练数据的需求较少，这得益于其结构中大量的参数共享和特征重用。UNet 还具有较强的可扩展性和适应性，可以轻松地处理不同尺寸的输入图像，并且适用于多种图像分割任务。经典的 UNet 模型如图 13-4 所示。

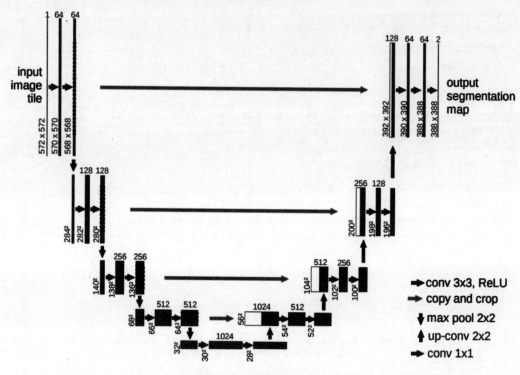

图 13-4　经典的 UNet 模型

ddpm.p_losses 函数是 DDPM 中使用的损失函数。它通过计算生成的预测图像与噪声图像的 L1 距离（即曼哈顿距离，Manhattan Distance）来完成损失函数的计算。读者可以直接使用 train.py 启动训练过程，如图 13-5 所示。

```
epoch:1, train_loss:0.02117: 100%|████████|  1250/1250 [10:21<00:00,  2.01it/s]
epoch:2, train_loss:0.01747: 100%|████████|  1250/1250 [09:55<00:00,  2.10it/s]
epoch:3, train_loss:0.01644: 100%|████████|  1250/1250 [10:41<00:00,  1.95it/s]
epoch:4, train_loss:0.01672: 100%|████████|  1250/1250 [11:56<00:00,  1.74it/s]
epoch:5, train_loss:0.01676: 100%|████████|  1250/1250 [11:32<00:00,  1.81it/s]
epoch:6, train_loss:0.01894:  73%|█████▊  |   910/1250 [07:57<03:08,  1.81it/s]
```

图 13-5　训练过程

根据不同读者的硬件设备情况，训练时间可能会有所差异。这里将训练周期（epoch）的次数设置为 20。读者可以等待训练完成，或者在等待模型训练的同时阅读 13.1.3 节的内容，以了解其背后的原理。

至于模型的推理，读者可以直接使用相同目录下的 predicate.py 文件。只需加载训练好的模型文件即可。代码如下：

```python
import torch
import ddpm
import cv2
import unet

# 导入的依旧是一个 UNet 模型
device = "cuda" if torch.cuda.is_available() else "cpu"
model = unet.Unet(dim=28,dim_mults=[1,2,4]).to(device)

# 加载 UNet 模型存档
save_path = "./saver/ddpm_saver.pth"
model.load_state_dict(torch.load(save_path))

# sample 25 images
bs = 25
# 使用 sample 函数生成 25 个 MNIST 手写体图像
samples = ddpm.sample(model, image_size=28, batch_size=bs, channels=1)

imgs = []
for i in range(bs):
    img = (samples[-1][i].reshape(28, 28, 1))
    imgs.append(img)

# 以矩阵的形式加载和展示图像
import numpy as np
blank_image = np.zeros((28*5, 28*5, 1)) + 1e-5
for i in range(5):
    for j in range(5):
        blank_image[i*28:(i+1)*28, j*28:(j+1)*28] = imgs[i*5+j]
cv2.imshow('Images', blank_image)
cv2.waitKey(0)
```

首先需要注意的是，模型的加载参数是针对 UNet 模型的参数。实际上，可以看到，Diffusion Model 通过 UNet 模型对噪声进行"去噪"处理，从噪声中"生成"一个特定的图像。生成的结果如图 13-6 所示。

图 13-6　生成的结果

尽管生成的结果略显模糊，但仍可明确地辨认出，模型基于所接收的训练数据，成功生成了一组随机的手写体图像。这一成果无疑在一定程度上证明了模型训练的可行性。

读者可以自行尝试，关于 DDPM 模型的理论内容将在 13.1.3 节中进行讲解。

13.1.3　DDPM 模型的基本模块说明

在 13.1.2 节中，完成了 Diffusion Model 手写体生成的演示，相信读者至少已经成功运行了这段代码。本小节将从基本的生成模型入手，详细讲解 DDPM 模型的理论计算基础。

1. UNet 模型详解

为了节省篇幅，请读者自行查看随书提供的源码，以对应下面的讲解。 在 DDPM 中，UNet 的作用是预测每幅图像上所添加的噪声，然后通过计算的方式去除对应的噪声，以重现原始图像。UNet 由一个收缩路径（编码器）和一个扩展路径（解码器）组成，这两条路径之间有跳跃连接。首先是 UNet 的初始化部分，包括以下几项内容：

- 初始卷积层（self.init_conv）
- 时间嵌入模块（self.time_mlp）
- 下采样模块（self.downs）
- 中间模块（self.mid_block1, self.mid_attn, self.mid_block2）
- 上采样模块（self.ups）

虽然这些模块的具体实现有所不同，但是从其完成的功能理解，就是将数据从掺杂了随机比例的噪声中进行恢复。通过观察 forward 前向函数的实现，可以更为具体地理解这些功能。具体细节如下：

- x = self.init_conv(x): 这一行将输入 x 通过初始化卷积层进行处理。
- t = self.time_mlp(time) if utils.exists(self.time_mlp) else None: 这一行检查是否存在时间嵌入模块。如果存在，则将时间输入通过时间嵌入模块进行处理。
- h = []: 初始化一个空列表 h，用于存储中间特征映射。

接下来的一个循环属于下采样阶段，通过一系列模块对输入 x 进行处理，并将结果存储在列表 h 中。每个模块包括两个卷积块、一个注意力模块和一个采样操作：

- x = self.mid_block1(x, t): 这一行将 x 通过中间的第一个卷积块进行处理。
- x = self.mid_attn(x): 这一行将 x 通过中间的注意力模块进行处理。
- x = self.mid_block2(x, t): 这一行将 x 通过中间的第二个卷积块进行处理。

接下来的一个循环是上采样阶段，通过一系列模块对输入 x 进行处理。每个模块包括两个卷积块、一个注意力模块和一个上采样操作。在这个过程中，还会从列表 h 中弹出先前存储的中间特征映射，并将其与当前特征映射拼接在一起。

- x = torch.cat((x, _h), dim=1): 这一行将当前特征映射 x 和先前存储的中间特征映射_h 沿着通道维度（dim=1）拼接在一起。
- x = block1(x, t): 这一行将拼接后的特征映射通过第一个卷积块进行处理。
- x = block2(x, t): 这一行将特征映射通过第二个卷积块进行处理。

- x = attn(x)：这一行将特征映射通过注意力模块进行处理。
- x = upsample(x)：这一行将特征映射通过上采样操作进行处理。

最终，这段代码通过 UNet 模型对输入数据进行下采样和上采样，从而生成一个分割结果或类似的输出。其中的卷积块、注意力模块和上下采样操作的作用是提取和学习输入数据的特征，并在不同尺度上进行处理，如图 13-7 所示。

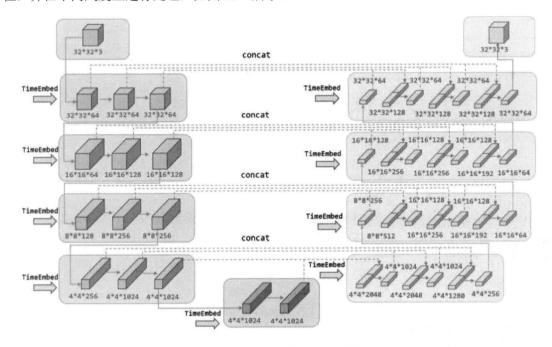

图 13-7　DDPM 中的 UNet 模型

可以看到，UNet 主要包括三部分，左边绿色部分（具体参看配套资源中的相关文件）是 Encoder 部分，中间橙色部分的是 MidBlock 部分，右边黄色部分的是 Decoder 部分。

在 Encoder 部分，UNet 模型逐步压缩图片的大小；在 Decoder 部分，图像则逐步恢原到原始大小。Encoder 和 Decoder 之间使用"残差连接"（虚线部分），以确保 Decoder 部分在推理和恢复图像时不会丢失之前步骤的信息。

另外，需要注意的是，本章 DDPM 中的 UNet 使用了 Residual 架构和注意力模块，具体如图 13-8 所示。这种设计旨在增强 UNet 的图像重建能力，从而获得更好的输出表现。

2. 时间步骤函数详解

在深度学习中，位置嵌入（Positional Embedding）是一种常见的技术，用于使模型捕获序列中的位置信息。在类似于 Transformer 的架构中，位置嵌入被用于将序列中每个元素的位置信息编码为固定长度的向量，然后将这些向量与输入序列的元素相加，使得模型能够意识到每个元素在序列中的位置。

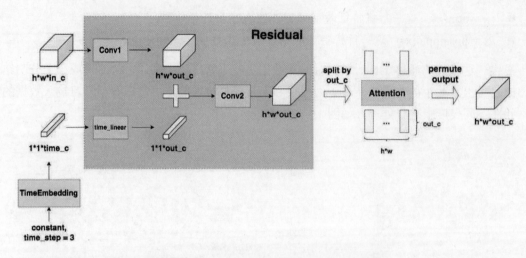

图 13-8　UNet 中的 Residual 架构和注意力模块

在 DDPM 中，为了使模型能够知道当前处理的是去噪过程中的哪一个步骤，需要将步数也编码并传入网络中。这可以通过使用正弦位置嵌入来实现。

正弦位置嵌入是一种特殊的位置嵌入方法，它基于正弦和余弦函数生成位置嵌入向量。对于给定的位置，通过计算不同频率的正弦和余弦函数的值，并将它们组合在一起，就能得到一个固定长度的位置嵌入向量。在 DDPM 中，步数被视为位置，并使用正弦位置嵌入来生成对应的嵌入向量。

在具体实现上，作者定义了一个名为 SinusoidalPositionEmbeddings 的类，它继承自 nn.Module。在 __init__ 方法中，指定了要生成的位置嵌入向量的维度。在 forward 方法中，首先计算出每个位置对应的正弦和余弦函数的频率，然后根据输入的步数生成对应的位置嵌入向量。最后将正弦和余弦部分拼接在一起，并返回生成的位置嵌入向量。对应的代码，读者可以自行查看 moudle 文件中的 SinusoidalPositionEmbeddings 类。

3. 在 DDPM 中使用加噪策略

在 DDPM 中，向图像添加噪声并非一蹴而就的过程，而是通过特定的策略和方法往图像引入高斯噪声，从而使模型学会去除图像中的噪声，如图 13-9 所示。这种策略通常被称为 schedule。

DDPM 是一种概率模型，受到物理扩散过程的启发，用于学习数据的有噪声版本与原始数据之间的关系。在训练过程中，DDPM 通过逐步将噪声添加到原始数据中，并使用加噪链和去噪链来实现噪声的添加和去除。

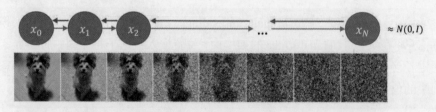

图 13-9　修改图像与噪声的比例（向图像中添加噪声）

加噪链将原始数据转换为容易处理的噪声数据，这个过程通过一系列的概率分布变换来实现。在每一个时间步长，加噪链根据一定的 schedule 将噪声添加到数据中，这个 schedule 控制了噪声的添加方式和程度。

去噪链则是将加噪链生成的噪声数据转换为新的生成数据。去噪链通过一系列的概率分布变换来实现，并尽可能地恢复原始数据，减少噪声的影响。

在 DDPM 中，schedule 还用于控制训练过程的速度和效果。通过调整 schedule 中的参数，可以影响噪声添加和去噪过程的速度和精度，以达到更好的训练效果。

在作者的演示中，为了简便起见，采用了线性调度（Linear Schedule），即按等差序列的方式调整噪声与图像的比例。代码如下：

```
# 采用的线性策略
def linear_beta_schedule(timesteps = 1000):
    beta_start = 0.0001
    beta_end = 0.02
    return torch.linspace(beta_start, beta_end, timesteps)
```

这段代码定义了一个名为 linear_beta_schedule 的函数，它根据给定的时间步长（默认为 1000）生成一个线性增加的 beta 值序列。

在 DDPM（Denoising Diffusion Probabilistic Models）中，beta 值用于控制扩散过程，即将随机噪声逐步添加到输入数据中。在这个函数中，beta 值从 beta_start（0.0001）开始，到 beta_end（0.02）结束，并在给定的时间步长内线性增加。

使用 PyTorch 2.0 中的 torch.linspace 函数，生成等间隔的 beta 值序列。torch.linspace(beta_start, beta_end, timesteps) 返回一个张量，其中包含从 beta_start 到 beta_end 的 timesteps 个等间隔的值。这个函数可以用于 DDPM 模型中的训练过程，其中在每个时间步长上应用不同的 beta 值来控制扩散过程。生成的 beta 值序列可以用于计算添加噪声的程度，以及在去噪过程中控制噪声的减小程度。

13.1.4 DDPM 加噪与去噪详解：结合成功运行的 Diffusion Model 代码

本节将进入 DDPM 的理论部分，并结合 DDPM 的代码进行分析和讲解。

1. DDPM 的加噪过程

向图像中添加噪声的过程可以按如下方式进行：首先定义一个前向扩散过程（Forward Diffusion Process），之后逐步向数据分布中添加高斯噪声。加噪过程持续 T 次，生成一系列带噪声的图片 x_0, x_1, $\cdots$, x_T。在从 x_{T-1} 加噪至 x_T 的过程中，噪声的标准差/方差由一个在区间(0,1)内的固定值 β_T 确定，而均值则由固定值 β_T 和当前时刻的图像数据 x_{T-1} 确定。

换句话说，只要有了初始图像 x_0，并且提供每一步固定的噪声比例 β_T，就可以推断出任意一步的加造数据 x_T。这个过程使用以下代码来实现：

```
# 前向过程-forward diffusion
```

```python
# 代码段 1：从图像张量中提取特定步长
# a 是预计算的 alpha 值的张量，t 是时间步长的张量，x_shape 是输入数据的形状
def extract(a, t, x_shape):
    batch_size = t.shape[0] # 获取时间步长的数量

    out = a.gather(-1, t.cpu()) # 使用 gather 函数从预计算的张量中提取对应时间步长的值。这
里使用-1 作为索引，表示在最后一个维度上进行聚集

    # 将提取的值重塑为与输入数据形状相匹配的张量，并将结果返回。这里使用 *((1,) *
(len(x_shape) - 1)) 来创建一个与输入数据形状匹配的维度元组
    return out.reshape(batch_size, *((1,) * (len(x_shape) - 1))).to(t.device)

# 代码段 2：前向扩散过程
def q_sample(x_start, t, noise=None):
    # 如果噪声不存在，就随机生成一个呈正态分布的噪声
    if noise is None:
        noise = torch.randn_like(x_start)

    # 结合 extract 函数，从预计算的 alpha 值的平方根的累积乘积张量中提取特定时间步长的值
    sqrt_alphas_cumprod_t = extract(sqrt_alphas_cumprod, t, x_start.shape)

    # 从预计算的 1 减去 alpha 值的平方根的累积乘积张量中提取特定时间步长的值
    sqrt_one_minus_alphas_cumprod_t =
extract(        sqrt_one_minus_alphas_cumprod, t, x_start.shape)

    # 根据 DDPM 模型的公式，将提取的值与初始数据和噪声相乘，以得到扩散后的数据，并返回结果
    return sqrt_alphas_cumprod_t * x_start + sqrt_one_minus_alphas_cumprod_t *
noise
```

可以看到，extract 函数的作用是从给定的张量中提取特定时间步长的值，并返回与输入数据形状相匹配的张量。它接受三个参数：a 是预计算的 alpha 值的张量，t 是时间步长的张量，x_shape 是输入数据的形状。

在函数内部，首先获取时间步长的数量 batch_size，然后使用 gather 函数从预计算的张量中提取对应时间步长的值。接下来，将提取的值重塑为与输入数据形状相匹配的张量，并将结果返回。

q_sample 函数的作用是在 DDPM 模型中进行前向扩散过程。它接受三个参数：x_start 表示初始数据，t 表示时间步长，noise 表示添加的噪声。如果没有提供噪声，则使用标准正态分布的随机噪声。

在函数内部，首先根据时间步长 t 和初始数据的形状，从预计算的 sqrt_alphas_cumprod 和 sqrt_one_minus_alphas_cumprod 中提取相应的值。这两个预计算的变量分别表示 alpha 值的平方根的累积乘积和 1 减去 alpha 值的平方根的累积乘积。

然后，函数将这两个值与初始数据和噪声相乘，得到扩散后的数据。这个计算过程是根据 DDPM 模型的公式推导得出的。

通过逐步添加噪声并学习去噪过程，DDPM 模型可以生成与原始数据类似的新数据。这段代码为模型的训练和推理提供了基础的前向扩散过程。

从上述代码可以看到，加噪的过程就是一个向图像中添加一定比例噪声的过程。接下来，我们计算这个噪声的比例，并使用如下代码进行计算：

```
timesteps = 200 # 定义时间步长的数量为 200

# 使用线性调度函数生成 beta 值的张量，其中 beta 值用于控制扩散过程中的噪声水平
betas = linear_beta_schedule(timesteps=timesteps)

# 计算 alpha 值，它与 beta 值互补，表示信号保留的比例
alphas = 1. - betas

# 计算 alpha 值的累积乘积，用于计算前向扩散过程中的平均值
alphas_cumprod = torch.cumprod(alphas, axis=0)

# 后验部分的讲解在去噪过程中会讲到
# 对 alpha 值的累积乘积进行填充操作，用于计算后验复原过程中的加权平均值
alphas_cumprod_prev = F.pad(alphas_cumprod[:-1], (1, 0), value=1.0)

# 计算 alpha 值的平方根的倒数，用于计算后验复原过程中的方差
sqrt_recip_alphas = torch.sqrt(1.0 / alphas)

# 计算 alpha 值的平方根的累积乘积，用于计算前向扩散过程中的加权平均值
# 原始图像保留的比例
sqrt_alphas_cumprod = torch.sqrt(alphas_cumprod)

# 计算 (1 - alpha) 的平方根的累积乘积，用于计算前向扩散过程中的加权平均值
# 添加的噪声比例
sqrt_one_minus_alphas_cumprod = torch.sqrt(1. - alphas_cumprod)

# 计算后验分布中的方差，用于计算后验分布中的加权平均值
# 用于从噪声复原图像的步骤
posterior_variance = betas * (1. - alphas_cumprod_prev) / (1. - alphas_cumprod)
```

这段代码是 DDPM 深度学习模型的一部分，用于实现前向扩散过程。具体来说，这段代码计算了前向扩散过程中的一些关键量，包括 alpha 值的计算、累积乘积的计算、后验分布的计算等。这些计算都是为了实现 DDPM 模型的前向扩散过程和后验分布的估计。

在 DDPM 模型中，前向扩散过程是通过逐步添加噪声来完成的。在这个过程中，原始图像逐步被噪声所掩盖，最终变成了一个完全随机的噪声图像。这个过程中的每一步都是通过添加一定的噪声来完成的，而添加的噪声是通过一定的概率分布来生成的。

在这段代码中，并没有直接生成噪声或处理原始图像的代码段。这些计算都是为了实现前向扩散过程和后验分布的计算，以便在训练过程中生成与原始数据类似的新数据。

最后用公式对这部分内容进行讲解。前面已经讲到，在逐步加噪的过程中，虽然可以一步

一步地添加噪声，由图像 x_0 得到完全噪声的图像 x_T，但事实上，也可以通过 x_0 和固定比例策略 $\{\beta_T \in ()\}_{t=1}^{T}$（代码中的加噪策略，Linear Schedule）直接计算得到。

在这里定义了 $\alpha_t = 1 - \beta_t, \alpha^t = \prod_{i=1}^{T} \alpha_i$，因此，对于采样的计算，可以遵循如下公式：

$$
\begin{aligned}
x_t &= \sqrt{\alpha_t} x_{t-1} + \sqrt{1-\alpha_t} z_{t-1} &&; \text{where } z_{t-1}, z_{t-2}, \cdots \sim N(0, \boldsymbol{I}) \\
&= \sqrt{\alpha_t \alpha_{t-1}} x_{t-2} + \sqrt{1-\alpha_t \alpha_{t-1}} \bar{z}_{t-2} &&; \text{where } \bar{z}_{t-2} \text{ merges two Gaussians(*)} \\
&= \cdots \\
&= \sqrt{\bar{\alpha}_t} x_0 + \sqrt{1-\bar{\alpha}_t} z \\
q(x_t \mid x_0) &= N(x_t; \sqrt{\bar{\alpha}_t} x_0, (1-\bar{\alpha}_t)\boldsymbol{I})
\end{aligned}
$$

通过公式可以看到，只要确定了 x_0 和固定比例策略（Linear Schedule）$\{\beta_T \in ()\}_{t=1}^{T}$，得到一个固定的常数 β，再从标准分布 $N(0,1)$ 采样一个 z，就可以直接计算出 x_t。

2. DDPM 的去噪过程

下面讨论 DDPM 的去噪过程。根据上述公式，如果将过程反向转换，即从 $q(x_{t-1} \mid x_t)$ 中采样，目标是从一个随机的高斯分布 $N(0,1)$ 中重建真实的原始样本，也就是从一幅完全杂乱无章的噪声图像中恢复出一幅真实图像。但是，由于我们无法简单地预测 x_t（需要从完整数据集中找到数据分布），因此需要学习一个模型 p_θ 来近似模拟这个条件概率，从而进行逆扩散过程。以下是去噪过程的伪代码：

1: $x_T \sim N(0, \boldsymbol{I})$

2: for $t = T, \cdots, 1$ do

3: $z \sim N(0, \boldsymbol{I})$ if $t > 1$, else $z = 0$

4: $x_{t-1} = \dfrac{1}{\sqrt{\alpha_t}} \left(x_t - \dfrac{1-\alpha_t}{\sqrt{1-\bar{\alpha}_t}} z_\theta(x_t, t) \right) + \sigma_t z$

5: end for

6: return x_0

采样过程发生在反向去噪时。对于一幅纯噪声图像，扩散模型一步一步地去除噪声，最终得到真实图像。采样过程实际上定义了去除噪声的行为。观察上述公式中的第 4 步，第 t-1 步的图像是通过从第 t 步的图像中减去一个噪声得到的，只不过这个噪声通过由神经网络（如 UNet）拟合并且训练出来的。需要注意的是，公式中第 4 步式子的最后一项，在每一步采样时都会加上一个从正态分布中采样的 z，这就是一个纯噪声。

基于 DDPM 的去噪过程（对特定步骤的去噪计算表示）的代码如下。

```python
@torch.no_grad()
def p_sample(model, x, t, t_index):
    """
    输入参数：
```

```
model：预训练的噪声预测模型
x：输入数据
t：时间步长
t_index：时间步长的索引
```

功能：根据 DDPM 模型的公式，使用噪声预测模型生成样本。该函数根据 DDPM 模型的前向扩散过程计算下一个状态

其中，betas_t, sqrt_one_minus_alphas_cumprod_t 和 sqrt_recip_alphas_t 是根据时间步和当前状态形状提取的系数

如果 t_index 为 0，说明是前向扩散过程的最后一步，直接返回模型预测的平均值。否则，根据后验分布计算方差，并加上噪声得到下一个状态

```
    """
    # 从预计算的 beta 值张量中提取特定时间步长的值
    betas_t = extract(betas, t, x.shape)

    # 从预计算的 1 减去 alpha 值的平方根的累积乘积张量中提取特定时间步长的值
    sqrt_one_minus_alphas_cumprod_t = extract(
        sqrt_one_minus_alphas_cumprod, t, x.shape
    )

    # 从预计算的 alpha 值的平方根的倒数的张量中提取特定时间步长的值
    sqrt_recip_alphas_t = extract(sqrt_recip_alphas, t, x.shape)

    # 根据 DDPM 模型的公式计算模型的均值
    model_mean = sqrt_recip_alphas_t * (
        x - betas_t * model(x, t) / sqrt_one_minus_alphas_cumprod_t
    )

    if t_index == 0:
        return model_mean
    else:
        # 计算后验分布中的方差，并生成与输入数据形状相同的噪声。然后，根据 DDPM 模型的公式计算样本，并返回结果
        posterior_variance_t = extract(posterior_variance, t, x.shape)
        noise = torch.randn_like(x)
        return model_mean + torch.sqrt(posterior_variance_t) * noise
```

以上代码是对算法步骤的特定表示，实现了某个特定步骤的去噪计算。而 DDPM 作为整体模型，使用以下代码完成整个去噪流程：

```
@torch.no_grad()
def p_sample_loop(model, shape):
    # model：预训练的噪声预测模型
    # shape：生成样本的形状
    # 功能：使用 p_sample 函数从噪声预测模型中生成样本，并返回一系列样本
    device = next(model.parameters()).device
```

```
    b = shape[0]

    # 生成一个纯噪声图像作为起始点
    img = torch.randn(shape, device=device)
    imgs = []

    # 使用循环逐步增加时间步长，调用 p_sample 函数生成样本，并将其添加到样本列表中
    for i in tqdm(reversed(range(0, timesteps)), desc='sampling loop time step',
total=timesteps):
        img = p_sample(model, img, torch.full((b,), i, device=device,
dtype=torch.long), i)
        imgs.append(img.cpu().numpy())

    return imgs # 返回生成的结果
```

调用 sample 生成图像的过程的代码如下：

```
@torch.no_grad()
def sample(model, image_size, batch_size=16, channels=3):
    """输入参数：
    model：预训练的噪声预测模型
    image_size：生成图像的大小
    batch_size：批量大小，默认为16
    channels：图像通道数，默认为3
    功能：调用 p_sample_loop 函数生成一系列样本，并返回结果
    代码解释：
    调用 p_sample_loop 函数生成一系列样本
    返回生成的样本
    """
    return p_sample_loop(model, shape=(batch_size, channels, image_size,
image_size))
```

这段代码为 DDPM 模型的样本生成过程提供了基础实现。通过 DDPM 模型，从前向扩散过程中逐步添加噪声来生成与原始数据类似的新数据。在训练过程中，模型学习预测每个时间步的噪声，从而逐步去噪并生成新的图像序列。

总结一下，DDPM 模型是一种概率模型，通过逐步添加噪声来生成与原始数据类似的新数据。虽然这个模型的实现并不复杂，但其背后的数学原理却非常丰富。

在 DDPM 模型中，扩散过程是一个重要的概念。这个过程可以看作一个马尔可夫链，每个状态依赖于前一个状态，同时加入了一些噪声。在每一步中，数据会逐渐变得混乱，但同时也包含一些原始数据的特征。

具体来说，DDPM 模型的扩散过程是通过一个可逆的转换函数来实现的。该函数将原始数据逐渐加入噪声，直到最终得到完全噪声的数据。然后，通过反向过程，我们可以预测每一步加入的噪声，并尝试还原得到无噪声的原始数据。

在 DDPM 模型中，训练神经网络是关键的一步。该模型使用深度学习的方法来训练神经网络，使其能够学习噪声和数据之间的关系。训练好的神经网络可以接受含有噪声的图像数据，并输出预测的噪声。通过这种方式，我们可以逐渐还原得到原始数据。

可以看到，DDPM 模型是一种基于扩散过程和神经网络训练的图像去噪方法。它通过逐步添加噪声和反向过程来生成新的数据，并通过神经网络训练来学习噪声和数据之间的关系。这种模型的优点是可以在保持图像质量的同时去除噪声，并且训练时间相对较短。

13.1.5 DDPM 的损失函数：结合成功运行的 Diffusion Model 代码

接下来回到 DDPM 的训练。通过前文的分析与程序实现，我们可以了解到，DDPM 模型训练的目的是给定 time_step（时间步）和加噪图像，结合两者来预测图片中的噪声，而 UNet 则是实现 DDPM 的核心模块架构。通过对比可以得出以下结论：

（1）第 t 时刻的输入图片可以表示为： $x_t = \sqrt{\alpha^t} x_0 + \sqrt{1-\alpha^t} \varepsilon$ 。

（2）第 t 时刻采样出的噪声为： $z \in N(0,1)$ 。

（3）UNet 模型预测出的噪声为： $\epsilon_\theta \left(\sqrt{\alpha^t} x_0 + \sqrt{1-\alpha^t} \varepsilon, t \right)$ ， ϵ 为预测模型。

则损失函数可以表示为：

$$\text{loss} = z - \epsilon_\theta \left(\sqrt{\alpha^t} x_0 + \sqrt{1-\alpha^t} \varepsilon, t \right)$$

目标是最小化损失函数，这里采用的损失函数为 l1_loss，当然也可以选择使用其他损失函数，读者可以自行查阅相关内容。

13.2 基于注意力的可控 Diffusion 实现

在 13.1 节中，我们设计的扩散模型在建模过程中，选择了 UNet 架构作为基础，这得益于 UNet 能产生与输入同维度的输出，这一特性使其非常适合用于扩散模型。在 UNet 的设计中，除了包含基于残差的卷积模块外，还常常融入自注意力机制（self-attention）以增强模型的理解能力。

随着对注意力模型的研究深入，Transformer 架构在图像处理任务中的应用愈发广泛。随着扩散模型的普及，研究者开始尝试将 Transformer 架构引入扩散模型的建模中。

DiT（Diffusion Transformer）是一个完全基于 Transformer 架构的 Diffusion 扩散模型（见图 13-10），它不仅成功地将 Transformer 应用于扩散模型，更重要的是，它深入探索了 Transformer 架构在扩散模型中的可扩展性。本节将学习 DiT，它不仅证明了 Transformer 架构在扩散模型中的有效性，还展示了其强大的扩展能力和优异的生成效果。

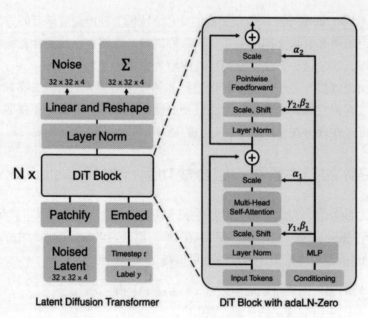

图 13-10　基于 Transformer 的 Diffusion 模型

13.2.1　Diffusion Model 可控生成的基础：特征融合

特征融合是一种技术，通过结合不同特征或不同深度学习模型的输出来提高模型性能或数据质量。在 Diffusion Model 中，特征融合主要涉及将文本特征和图像特征融合在一起，以实现更稳定、更高质量的图像生成。

具体来说，Diffusion Model 的特征融合主要包括以下两个方面：

- 文本特征的融合：在可控图像生成中，通常需要将文本描述作为输入，以引导图像的生成。文本描述可以包含物体类别、形状、颜色等先验信息。为了将这些先验信息融合到 Diffusion Model 中，通常会将这些文本描述转化为文本嵌入向量，然后将这些文本嵌入向量输入 Diffusion Model 中，与图像数据进行融合。
- 特征融合方法：在 Diffusion Model 中，文本特征和图像特征需要进行融合，以实现更稳定、更高质量的图像生成。常见的特征融合方法包括简单的特征拼接、加权平均、卷积操作等。这些方法可以将文本特征和图像特征有机地结合起来，使 Diffusion Model 可以同时利用文本特征和图像特征进行图像生成。

可以看到，在 Diffusion Model 进行文本特征融合时，关键在于如何将文本描述有效融合到在生成模型中。这涉及如何选择和组合这些文本描述，从而最大限度地保留其原始语义信息。

13.2.2　DiT 中的可控特征融合

对于扩散模型来说，要实现可控的生成结果，还需要在模型中嵌入额外的条件信息，这些条件包括 timesteps（时间步）和类别标签，如图 13-11 所示。

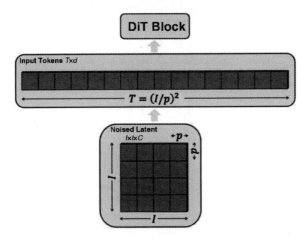

图 13-11　DiT Block 模型设计

在 DiT 中，读者需要注意的是，无论是 timesteps 还是类别标签，都可以采用一个 Embedding 来进行编码。将 DiT 特征融合的示例代码如下：

```python
# 导入必要的库
import torch
import torch.nn as nn
import math

class DiTBlock(nn.Module):
    def __init__(self, emb_size, nhead):
        super().__init__()

        # 初始化嵌入大小和头数
        self.emb_size = emb_size
        self.nhead = nhead

        # 条件控制相关的线性层
        self.gamma1 = nn.Linear(emb_size, emb_size)    # 缩放的条件参数
        self.beta1 = nn.Linear(emb_size, emb_size)     # 平移的条件参数
        self.alpha1 = nn.Linear(emb_size, emb_size)    # 缩放注意力输出的条件参数
        self.gamma2 = nn.Linear(emb_size, emb_size)    # 缩放前馈网络输入的条件参数
        self.beta2 = nn.Linear(emb_size, emb_size)     # 平移前馈网络输入的条件参数
        self.alpha2 = nn.Linear(emb_size, emb_size)    # 缩放前馈网络输出的条件参数

        # 层归一化
        self.ln1 = nn.LayerNorm(emb_size)    # 第一个层归一化
        self.ln2 = nn.LayerNorm(emb_size)    # 第二个层归一化

        # 多头自注意力机制的相关线性层
        self.wq = nn.Linear(emb_size, nhead * emb_size)    # 查询线性变换
```

```python
        self.wk = nn.Linear(emb_size, nhead * emb_size)  # 键线性变换
        self.wv = nn.Linear(emb_size, nhead * emb_size)  # 值线性变换
        # 将多头输出合并为一个头的线性变换
        self.lv = nn.Linear(nhead * emb_size, emb_size)

        # 前馈网络
        self.ff = nn.Sequential(
            nn.Linear(emb_size, emb_size * 4),    # 第一个线性层，扩大维度
            nn.ReLU(),                            # 激活函数
            nn.Linear(emb_size * 4, emb_size)     # 第二个线性层，恢复原始维度
        )

    # x: 输入张量 (batch, seq_len, emb_size), cond: 条件张量 (batch, emb_size)
    def forward(self, x, cond):
        # 根据条件计算控制参数
        gamma1_val = self.gamma1(cond)
        beta1_val = self.beta1(cond)
        alpha1_val = self.alpha1(cond)
        gamma2_val = self.gamma2(cond)
        beta2_val = self.beta2(cond)
        alpha2_val = self.alpha2(cond)

        # 第一个层归一化
        y = self.ln1(x)

        # 根据条件参数对输入进行缩放和平移
        y = y * (1 + gamma1_val.unsqueeze(1)) + beta1_val.unsqueeze(1)

        # 自注意力机制
        q = self.wq(y)  # 查询向量
        k = self.wk(y)  # 键向量
        v = self.wv(y)  # 值向量

        # 对查询、键、值向量进行变形和置换，以适应多头注意力机制
        q = q.view(q.size(0), q.size(1), self.nhead, self.emb_size).permute(0,
2, 1, 3)
        k = k.view(k.size(0), k.size(1), self.nhead, self.emb_size).permute(0,
2, 3, 1)
        v = v.view(v.size(0), v.size(1), self.nhead, self.emb_size).permute(0,
2, 1, 3)

        # 计算注意力分数，并应用 softmax 得到注意力权重
        attn = q @ k / math.sqrt(q.size(2))
        attn = torch.softmax(attn, dim=-1)

        # 根据注意力权重计算加权和，得到自注意力的输出
```

```
y = attn @ v
y = y.permute(0, 2, 1, 3)
y = y.reshape(y.size(0), y.size(1), y.size(2) * y.size(3))
y = self.lv(y)

# 根据条件参数对自注意力的输出进行缩放
y = y * alpha1_val.unsqueeze(1)

# 残差连接
y = x + y

# 第二个层归一化
z = self.ln2(y)

# 根据条件参数对前馈网络的输入进行缩放和平移
z = z * (1 + gamma2_val.unsqueeze(1)) + beta2_val.unsqueeze(1)

# 前馈网络
z = self.ff(z)

# 根据条件参数对前馈网络的输出进行缩放
z = z * alpha2_val.unsqueeze(1)

# 残差连接, 并返回最终输出
return y + z
```

这段代码定义了一个名为 DiTBlock 的类, 它是深度学习模型中的一个构建块, 类似于 Transformer 结构中的编码器层。这个类的作用是根据输入数据和条件参数来执行一系列复杂的变换, 包括条件控制、层归一化、自注意力机制以及前馈网络处理。

具体来说, DiTBlock 类在初始化时设置了多个线性层, 这些线性层用于生成条件控制参数, 执行自注意力机制中的查询、键、值变换, 并进行前馈网络中的线性变换。在 forward 方法中, 类接收输入张量 x 和条件张量 cond, 然后根据条件张量通过线性层生成一系列控制参数。

接着, 输入张量经过层归一化后, 使用这些控制参数进行缩放和平移。之后, 通过自注意力机制对处理后的输入进行处理, 包括生产查询、键、值向量, 计算注意力分数, 以及根据注意力权重计算加权和。自注意力的输出再根据条件参数进行缩放, 并与原始输入进行残差连接。最后, 经过第二个层归一化后, 输入进入前馈网络进行处理, 其输出也根据条件参数进行缩放, 并与之前的输出进行残差连接, 得到最终的输出。整个过程融合了条件控制、自注意力和前馈网络, 旨在根据特定条件对输入数据进行高度复杂的特征变换和学习。

13.2.3 DiT 模型的设计

对于 DiT 模型, 我们首先需要处理图像输入。借鉴前面章节学习的 VisionMamba 对图像输入的处理方式, 我们对图像进行相应的变换。DiT 基本上沿用了 VisionMamba 的设计, 首先采用一个 PatchEmbedding 将输入图像划分为小块（patches），即得到一系列的 tokens。

对于时间的处理，同样需要一个嵌入（Embedding）层来处理每个时间步。在这里，每个时间步被转换为一个向量。这个过程是通过计算一系列不同频率的正弦和余弦函数值来实现的，从而能够捕捉时间序列数据中的周期性特征。具体来说，代码首先生成一个包含不同频率值的张量 half_emb，然后在 forward 方法中，将输入时间 t 与这些频率值相乘，再分别计算其正弦和余弦值，并将结果拼接成一个嵌入向量返回。

```python
# 导入必要的库
import torch              # 导入 PyTorch 库
from torch import nn      # 从 PyTorch 库中导入神经网络模块
import math               # 导入数学库


# 定义一个常量 T，但在此代码中并未使用
T = 1000


# 定义一个名为 TimeEmbedding 的类，它继承自 nn.Module，是一个 PyTorch 模块
class TimeEmbedding(nn.Module):
    # 构造函数，用于初始化该模块
    def __init__(self, emb_size):
        # 调用父类的构造函数进行初始化
        super().__init__()

        # 计算嵌入向量的一半大小
        self.half_emb_size = emb_size // 2

        # 创建一个张量，其元素是通过指数函数计算得到的，这些元素将用于后续的时间嵌入计算
        # 这里的计算方式是为了在嵌入空间内生成一系列不同频率的基函数
        half_emb = torch.exp(torch.arange(self.half_emb_size) * (-1 *
math.log(10000) / (self.half_emb_size - 1)))

        # 使用 register_buffer 方法注册一个不需要梯度反向传播的张量，这样在模型保存和加载
时，它也会被考虑在内
        self.register_buffer('half_emb', half_emb)

    # 前向传播函数，定义了模型如何处理输入数据并产生输出
    def forward(self, t):
        # 将输入的时间步 t 改变形状，以便进行后续的广播操作
        t = t.view(t.size(0), 1)

        # 对之前计算得到的 half_emb 进行扩展，以便与时间步 t 进行逐元素的乘法操作
        half_emb = self.half_emb.unsqueeze(0).expand(t.size(0),
self.half_emb_size)

        # 将时间步 t 与扩展后的 half_emb 进行逐元素的乘法操作
        half_emb_t = half_emb * t
```

```
        # 对乘法结果分别计算正弦和余弦值，并将它们拼接在一起，形成最终的时间嵌入向量
        embs_t = torch.cat((half_emb_t.sin(), half_emb_t.cos()), dim=-1)

        # 返回计算得到的时间嵌入向量
        return embs_t
```

从 DiT 模型可以看到，输入图像首先通过 nn.Conv2d 将输入图像划分为小块（patches），随后利用 nn.Linear 层将这些小块嵌入高维空间中。为了给每个图像小块添加位置信息，特别定义了一个位置嵌入参数 patch_pos_emb。

此外，模型还包含一个时间嵌入层，该层借助一系列网络层，包括先前导入的 TimeEmbedding，来处理时间信息，并将其嵌入与图像小块相同的空间中。同时，标签嵌入层使用 nn.Embedding 将标签信息嵌入高维空间。

模型还定义了多个 DiTBlock，这是自定义的神经网络模块，专门用于处理嵌入后的图像小块和条件嵌入，后者是时间和标签嵌入的组合。处理完所有的 DiT 块后，模型会进行层归一化，具体通过 nn.LayerNorm 实现，随后通过 nn.Linear 层将嵌入空间还原至原始的图像小块空间。结合时间向量与能够融合特征向量的 DiT 模型代码如下：

```python
# 导入必要的库
from torch import nn
import torch
from time_emb import TimeEmbedding          # 从自定义模块中导入 TimeEmbedding
from dit_block import DiTBlock               # 从自定义模块中导入 DiTBlock

# 定义一个常量 T，但在此代码中并未使用
T = 1000

# 定义 DiT 类，继承自 nn.Module
class DiT(nn.Module):
    # 构造函数，用于初始化该模型
    def __init__(self, img_size, patch_size, channel, emb_size, label_num,
dit_num, head):
        super().__init__()   # 调用父类的构造函数进行初始化

        # 初始化一些参数和变量
        self.patch_size = patch_size
        self.patch_count = img_size // self.patch_size
        self.channel = channel

        # 定义 patchify 相关的层，用于将图像划分为小块（patches）
        self.conv = nn.Conv2d(in_channels=channel, out_channels=channel *
patch_size ** 2,
                        kernel_size=patch_size, padding=0,
stride=patch_size)
        self.patch_emb = nn.Linear(in_features=channel * patch_size ** 2,
```

```
out_features=emb_size)
            # 位置嵌入，用于给每个小块（patch）添加位置信息
            self.patch_pos_emb = nn.Parameter(torch.rand(1, self.patch_count ** 2,
emb_size))

            # 定义时间嵌入层
            self.time_emb = nn.Sequential(
                TimeEmbedding(emb_size),  # 使用之前导入的 TimeEmbedding 模块
                nn.Linear(emb_size, emb_size),
                nn.ReLU(),
                nn.Linear(emb_size, emb_size)
            )

            # 定义标签嵌入层
            self.label_emb = nn.Embedding(num_embeddings=label_num,
embedding_dim=emb_size)

            # 定义多个 DiT 块
            self.dits = nn.ModuleList()
            for _ in range(dit_num):
                self.dits.append(DiTBlock(emb_size, head))# 使用之前导入的 DiTBlock 模块

            # 定义层归一化层
            self.ln = nn.LayerNorm(emb_size)

            # 定义线性层，用于将嵌入空间转回原始的 patch 空间
            self.linear = nn.Linear(emb_size, channel * patch_size ** 2)

    # 前向传播函数，定义了模型如何处理输入数据并产生输出
    def forward(self, x, t, y):  # x:输入图像，t:时间步，y:标签
        # 标签嵌入
        y_emb = self.label_emb(y)  # (batch, emb_size)

        # 时间嵌入
        t_emb = self.time_emb(t)  # (batch, emb_size)

        # 条件嵌入（将标签嵌入和时间嵌入相加）
        cond = y_emb + t_emb

        # 图像 patch 嵌入
        x = self.conv(x)  # 将图像划分为小块并进行卷积操作
        x = x.permute(0, 2, 3, 1)    # 改变张量的形状和维度顺序
        # 重新整形张量
        x = x.view(x.size(0), self.patch_count * self.patch_count, x.size(3))

        x = self.patch_emb(x)         # 对每个 patch 进行嵌入操作
```

```
        x = x + self.patch_pos_emb   # 添加位置嵌入信息

        # 通过多个 DiT 块进行处理
        for dit in self.dits:
            x = dit(x, cond)  # 将嵌入后的 patch 和条件嵌入一起传入 DiT 块中进行处理

        # 层归一化操作
        x = self.ln(x)          # 对处理后的张量进行层归一化操作

        # 线性层，将嵌入空间转回原始的 patch 空间
        x = self.linear(x)    # 通过线性层转换回原始的 patch 空间大小

        # 对张量进行一系列的重新整形和置换操作，以恢复原始图像的形状
        x = x.view(x.size(0), self.patch_count, self.patch_count, self.channel,
self.patch_size, self.patch_size)
        x = x.permute(0, 3, 1, 2, 4, 5)
        x = x.permute(0, 1, 2, 4, 3, 5)
        x = x.reshape(x.size(0), self.channel, self.patch_count *
self.patch_size, self.patch_count * self.patch_size)
        return x                # 返回处理后的图像张量
```

在模型的前向传播函数 forward 中，接收图像 x、时间步 t 和标签 y 作为输入。函数首先对标签和时间进行嵌入，并将两者相加生成条件嵌入。接着，对输入图像进行划分小块、嵌入以及添加位置信息的操作。然后，通过多个 DiT 块对嵌入后的图像小块和条件嵌入进行处理。最后，经过层归一化、线性变换以及一系列张量重新整形操作，恢复至原始图像的形状，并输出处理后的图像张量。总体而言，这段代码构建了一个深度学习模型，它不仅能处理图像信息，还能融入时间和标签信息，并借助自定义的 DiT 块实现特征提取与转换，最终输出处理后的图像张量。

13.2.4　图像的加噪与模型训练

Diffusion 模型在训练过程中首先需要对输入的信号进行加噪处理。经典的加噪过程是在图像进行向量化处理后，在其中添加正态分布噪声，且噪声的值与时间步数相关。噪声逐步添加到图像中，直到图像变得完全噪声化。

```
import torch

T = 1000  # Diffusion 过程的总步数

# 前向 diffusion 计算参数
betas = torch.linspace(0.0001, 0.02, T)  # (T,) 生成一个线性间隔的 Tensor，用于计算每一步的噪声水平
alphas = 1 - betas  # (T,) 计算每一步的保留率
alphas_cumprod = torch.cumprod(alphas, dim=-1)  # alpha_t 累乘 (T,) 计算每一步累
```

积的保留率

```
    alphas_cumprod_prev = torch.cat((torch.tensor([1.0]), alphas_cumprod[:-1]),
dim=-1)  # alpha_t-1 累乘(T,)，为计算方差做准备
    # 去噪过程中使用方差(T,)计算每一步的去噪方差
    variance = (1 - alphas) * (1 - alphas_cumprod_prev) / (1 - alphas_cumprod)

    # 执行前向加噪
    def forward_add_noise(x, t):   # batch_x: (batch,channel,height,width),
batch_t: (batch_size,)
        noise = torch.randn_like(x) # 为每幅图片生成第 t 步的高斯噪声
(batch,channel,height,width)
        # 根据当前步数 t 获取对应的累积保留率，并调整其形状以匹配输入 x 的形状
        batch_alphas_cumprod = alphas_cumprod[t].view(x.size(0), 1, 1, 1)
        x = torch.sqrt(batch_alphas_cumprod) * x + torch.sqrt(1 -
batch_alphas_cumprod) * noise       # 基于公式直接生成第 t 步加噪后的图片
        return x, noise             # 返回加噪后的图片和生成的噪声
```

这段代码首先定义了 Diffusion 模型前向过程中所需的参数，包括每一步的噪声水平 betas、保留率 alphas、累积保留率 alphas_cumprod 以及用于去噪的方差 variance。然后定义了一个函数 forward_add_noise，该函数接受一个图像 x 和步数 t 作为输入，根据 Diffusion 模型的前向过程，向图像中添加噪声，并返回加噪后的图像和生成的噪声。

读者可以尝试使用以下代码来演示图像添加噪声的过程：

```
import matplotlib.pyplot as plt
from dataset import MNIST

dataset=MNIST()

x=torch.stack((dataset[0][0],dataset[1][0]),dim=0)       # 2 个图片拼 batch,
(2,1,48,48)

# 原图
plt.figure(figsize=(10,10))
plt.subplot(1,2,1)
plt.imshow(x[0].permute(1,2,0))
plt.subplot(1,2,2)
plt.imshow(x[1].permute(1,2,0))
plt.show()

# 随机时间步
t=torch.randint(0,T,size=(x.size(0),))
print('t:',t)

# 加噪
x=x*2-1      # [0,1]像素值调整到[-1,1]，以便与高斯噪声值范围匹配
x,noise=forward_add_noise(x,t)
```

```
print('x:',x.size())
print('noise:',noise.size())

# 加噪图
plt.figure(figsize=(10,10))
plt.subplot(1,2,1)
plt.imshow(((x[0]+1)/2).permute(1,2,0))
plt.subplot(1,2,2)
plt.imshow(((x[0]+1)/2).permute(1,2,0))
plt.show()
```

运行结果如图 13-12 所示。

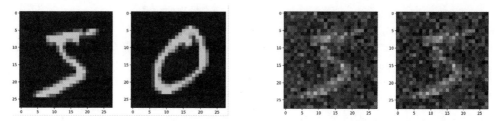

图 13-12　原始图像与加噪后的图像

在此基础上，我们可以完成对 DiT 模型的训练，代码如下：

```
from torch.utils.data import DataLoader     # 导入 PyTorch 的数据加载工具
from dataset import MNIST                    # 从 dataset 模块导入 MNIST 数据集类
# 从 diffusion 模块导入 forward_add_noise 函数，用于向图像添加噪声
from diffusion import forward_add_noise
import torch                # 导入 PyTorch 库
from torch import nn        # 从 PyTorch 导入 nn 模块，包含构建神经网络所需的工具
import os                   # 导入 os 模块，用于处理文件和目录路径
from dit import DiT         # 从 dit 模块导入 DiT 模型

# 判断是否有可用的 CUDA 设备，如果有，则使用 GPU，否则使用 CPU
DEVICE='cuda' if torch.cuda.is_available() else 'cpu'

dataset=MNIST()             # 实例化 MNIST 数据集对象

T = 1000                    # 设置扩散过程中的总时间步数
model=DiT(img_size=28,patch_size=4,channel=1,emb_size=64,label_num=10,dit_n
um=3,head=4).to(DEVICE)     # 实例化 DiT 模型并移至指定设备
# 可选：加载预训练模型参数
#model.load_state_dict(torch.load('./saver/model.pth'))

# 使用 Adam 优化器，学习率设置为 0.001
optimzer=torch.optim.Adam(model.parameters(),lr=1e-3)
loss_fn=nn.L1Loss()        # 使用 L1 损失函数（即绝对值误差均值）
```

```
'''    训练模型    '''
EPOCH=300                  # 设置训练的总轮次
BATCH_SIZE=300             # 设置每个批次的大小


if __name__ == '__main__':
    from tqdm import tqdm          # 导入 tqdm 库，用于在训练过程中显示进度条

    dataloader=DataLoader(dataset,batch_size=BATCH_SIZE,shuffle=True,num_wor
kers=10,persistent_workers=True)   # 创建数据加载器
    iter_count=0
    for epoch in range(EPOCH):     # 遍历每个训练轮次
        pbar = tqdm(dataloader, total=len(dataloader))  # 初始化进度条
        for imgs,labels in pbar:     # 遍历每个批次的数据
            x=imgs*2-1 # 将图像的像素范围从[0,1]转换到[-1,1]，与噪声高斯分布的范围对应
            t=torch.randint(0,T,(imgs.size(0),))  # 为每幅图片生成一个随机的 t 时刻
            y=labels

            # 向图像添加噪声，返回加噪后的图像和添加的噪声
            x,noise=forward_add_noise(x,t)
            # 模型预测添加的噪声
            pred_noise=model(x.to(DEVICE),t.to(DEVICE),y.to(DEVICE))

            # 计算预测噪声和实际噪声之间的 L1 损失
            loss=loss_fn(pred_noise,noise.to(DEVICE))

            optimzer.zero_grad()     # 清除之前的梯度
            loss.backward()          # 反向传播，计算梯度
            optimzer.step()          # 更新模型参数
            pbar.set_description(f"epoch:{epoch + 1},
train_loss:{loss.item():.5f}")     # 更新进度条描述
        if epoch % 20 == 0:          # 每 20 轮保存一次模型
            torch.save(model.state_dict(),'./saver/model.pth')
            print("base diffusion saved")
```

这段代码首先导入了必要的 PyTorch 库和模块，包括数据加载工具、MNIST 数据集、用于向图像添加噪声的函数、PyTorch 本身及其神经网络构建工具、os 模块以及 DiT 模型。接着，代码判断是否有可用的 CUDA 设备，并据此选择使用 GPU 或 CPU。

之后，我们实例化了 MNIST 数据集对象和 DiT 模型，并将模型移至指定的设备（GPU 或 CPU）。代码设置了训练过程中的总时间步数、优化器（使用 Adam 优化器，学习率设置为 0.001）和损失函数（使用 L1 损失函数）。

在训练阶段，代码通过数据加载器遍历每个训练轮次和每个批次的数据，对图像进行预处理（包括像素范围转换和随机时刻生成），向图像添加噪声，并使用模型预测添加的噪声。然后，使用 L1 损失进行反向传播以更新模型参数，并在训练过程中显示进度条。每 20 轮训练后，代码保存一次模型参数。

13.2.5　基于 DiT 模型的可控图像生成

　　DiT 模型的可控图像生成是在训练的基础上，通过逐渐对正态分布的噪声图像进行脱噪过程。这一过程不仅要求模型具备精准的噪声预测能力，还需确保脱噪步骤的细腻与连贯，从而最终实现从纯粹噪声到目标图像的华丽蜕变。

　　完整的可控图像生成代码如下：

```python
import torch

from dit import DiT
import matplotlib.pyplot as plt
from diffusion import *      # 导入 diffusion 模块中的所有内容，通常包含与扩散模型相关
的预定义变量和函数

# 设置设备为 GPU 或 CPU
DEVICE = 'cuda' if torch.cuda.is_available() else 'cpu'
DEVICE = "cpu"          # 强制使用 CPU

T = 1000                # 扩散步骤的总数

def backward_denoise(model,x,y):
    steps=[x.clone(),]  # 初始化步骤列表，包含初始噪声图像

    global alphas,alphas_cumprod,variance  # 这些是从 diffusion 模块导入的全局变量

    x=x.to(DEVICE)          # 将输入 x 移动到指定的设备
    alphas=alphas.to(DEVICE)
    alphas_cumprod=alphas_cumprod.to(DEVICE)
    variance=variance.to(DEVICE)
    y=y.to(DEVICE)          # 将标签 y 移动到指定的设备

    model.eval()            # 设置模型为评估模式
    with torch.no_grad():  # 在不计算梯度的情况下运行，节省内存和计算资源
        for time in range(T-1,-1,-1):  # 从 T-1 到 0 逆序迭代
            t=torch.full((x.size(0),),time).to(DEVICE)  # 创建一个包含当前时间步的
tensor

            # 预测 x_t 时刻的噪声
            noise=model(x,t,y)

            # 生成 t-1 时刻的图像
            shape=(x.size(0),1,1,1)
            mean=1/torch.sqrt(alphas[t].view(*shape))*  \
                (x-  (1-alphas[t].view(*shape))/torch.
sqrt(1-alphas_cumprod[t].view(*shape))*noise
                )
```

```
            if time!=0:
                x=mean+ \
                    torch.randn_like(x)* \
                    torch.sqrt(variance[t].view(*shape))
            else:
                x=mean
            # 确保 x 的值在[-1,1]之间，并分离计算图
            x=torch.clamp(x, -1.0, 1.0).detach()
            steps.append(x)
    return steps

# 初始化 DiT 模型
model=DiT(img_size=28,patch_size=4,channel=1,emb_size=64,label_num=10,dit_n
um=3,head=4).to(DEVICE)
model.load_state_dict(torch.load('./saver/model.pth'))        # 加载模型权重

# 生成噪声图
batch_size=10
x=torch.randn(size=(batch_size,1,28,28))                      # 生成随机噪声图像
y=torch.arange(start=0,end=10,dtype=torch.long)               # 生成标签

# 逐步去噪得到原图
steps=backward_denoise(model,x,y)

# 绘制数量
num_imgs=20

# 绘制还原过程
plt.figure(figsize=(15,15))
for b in range(batch_size):
    for i in range(0,num_imgs):
        idx=int(T/num_imgs)*(i+1)   # 计算要绘制的步骤索引
        # 像素值还原到[0,1]
        final_img=(steps[idx][b].to('cpu')+1)/2
        # tensor 转回 PIL 图
        final_img=final_img.permute(1,2,0)  # 调整通道顺序以匹配图像格式
        plt.subplot(batch_size,num_imgs,b*num_imgs+i+1)
        plt.imshow(final_img)
plt.show()  # 显示图像
```

在这段代码中展示了 DiT 进行图像去噪的完整过程。首先，代码导入了必要的库和模块，包括 PyTorch、DiT 模型、Matplotlib 用于绘图，以及从 diffusion 模块导入的预定义变量和函数，这些通常与扩散模型相关。接着，代码设置了计算设备为 CPU（虽然提供了检测 GPU 可用性的选项），并定义了扩散步骤的总数。

backward_denoise 函数是实现图像去噪的核心。它接受一个 DiT 模型、一批噪声图像以及

对应的标签作为输入。在函数内部，它首先将输入移动到指定的计算设备，然后将模型设置为评估模式，并开始一个不计算梯度的循环，从最后一个扩散步骤开始，逆向迭代至第一步。在每一步中，模型预测当前步骤的噪声，然后根据扩散模型的公式计算上一步的图像。这个过程一直持续到生成原始图像。

接下来，代码初始化了 DiT 模型，并加载了预训练的权重。然后，它生成了一批随机噪声图像和对应的标签，使用 backward_denoise 函数对这些噪声图像进行去噪，逐步还原出原始图像。

运行结果如图 13-13 所示。

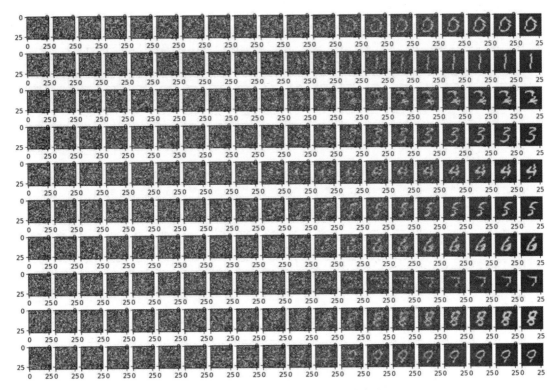

图 13-13　基于 DiT 模型的可控图像生成

可见，使用生成代码绘制了去噪过程的图像，展示了从完全噪声的图像逐步还原为清晰图像的过程。通过调整通道顺序和像素值范围，将 Tensor 格式的图像转换为适合绘制的格式，并使用 Matplotlib 的 subplot 函数在一个大图中展示了所有步骤的图像。

13.3　基于 Mamba 的可控 Diffusion 实现

在 13.2 节中，DiT 模型通过采用 Transformer 的核心注意力机制来实现 Diffusion 的去噪过程。该模型展示了 Transformer 架构在处理图像去噪任务时的强大潜力。

本章将转换视角，采用经典的 Mamba 模型来实现 Diffusion 去噪。作为一种在扩散模型领域广泛应用的经典方法，Mamba 模型具有独特的结构和算法，为图像去噪提供了新的思路。我们将深入探讨 Mamba 模型的工作原理，包括其扩散过程和逆向过程的具体实现步骤，以及如何通过优化算法进一步提高去噪效果。通过对比 DiT 模型和 Mamba 模型在去噪任务中的表现，我们可以更全面地理解不同模型在处理图像去噪时的优势和局限性。

13.3.1　基于 Mamba 架构的模块生成

Mamba 的作用是替代 Transformer 注意力架构作为计算核心，因此我们在使用时可以直接使用构建好的 Mamba 架构来完成 Diffusion 模型的生成任务。

在具体实现上，我们可以选择已完成的 Mamba 架构，或者使用后期学习的 Mamba2 模型架构。为了便于读者理解，这里采用经典的 Mamba 核心，代码如下：

```python
import torch
import torch.nn.functional as F
import einops

d_model = 128
class SSMLayer(torch.nn.Module):
    def __init__(self,d_model = d_model,state_size = 16,device = "cuda"):
        super().__init__()

        self.d_model = d_model
        self.state_size = state_size          # 这里的 N 就是 state_size

        A = einops.repeat(torch.arange(1, state_size + 1, dtype=torch.float32,
device=device), "n -> d n",d=d_model)
        self.A_log = torch.nn.Parameter(torch.log(A))

        self.x_proj = torch.nn.Linear(d_model, (d_model + state_size +
state_size), bias=False,device=device)
        self.D = torch.nn.Parameter(torch.ones(d_model,device=device))

    def forward(self,x):
        y = self.ssm(x)          # 输入 [b,l,d]
        y = y + x * self.D
        return y

    def ssm(self,x):
        (b, l, d) = x.shape
        x_device = x.device

        x_dbl = self.x_proj(x)  # (b, l, d_model + 2 * state_size)

        # 这样做的话，可以让 delta、B、C 都与输入相关
        (delta, B, C) = torch.split(x_dbl,split_size_or_sections=
```

```
[self.d_model,self.state_size,self.state_size],dim=-1)
        delta = F.softplus((delta))  # (b, l, d_model)

        "------------下面就是做 discretization 部分的 ZOH 算法------------"
        A = -torch.exp(self.A_log.float())
        # 每轮开始时，都要重新生成
        A_hat = torch.exp(torch.einsum("bld,dn -> bldn", delta, A))
        B_x = torch.einsum( 'bld, bln, bld -> bldn',delta, B, x)
        "------------结束 discretization 部分------------"

        "------------下面实现 ZOH 计算部分------------"
        ys = []
        h = torch.zeros(size=(b,self.d_model, self.state_size),
device=x_device)

        for i in range(l):
            h = A_hat[:, i] * h + B_x[:,i]
            y = torch.einsum("bdn ,bn -> bd", h, C[:,i,:])
            ys.append(y)
        y = torch.stack(ys, dim=1)  # shape (b, l, d)

        return y

import copy

import torch
import einops
import math

import torch
import torch.nn
import einops

# 定义一个名为 RMSNorm 的类，它继承自 torch.nn.Module，是一个 PyTorch 模型
class RMSNorm(torch.nn.Module):
    # 初始化函数
    def __init__(self, d_model: int, eps: float = 1e-5, device: str = 'cuda'):
        # 调用父类的初始化函数
        super().__init__()
        # 设置一个很小的正数，用于防止分母为零
        self.eps = eps
        # 创建一个可学习的权重参数，初始化为全 1，形状为[d_model]，并指定运行设备
        self.weight = torch.nn.Parameter(torch.ones(d_model, device=device))

        # 前向传播函数
```

```python
    def forward(self, x):
        # 计算 x 的平方，然后沿着最后一个维度求均值，保持维度不变，加上 eps 防止分母为零
        # 之后取平方根的倒数，再与 x 和权重相乘，得到输出
        output = x * torch.rsqrt(x.pow(2).mean(-1, keepdim=True) + self.eps) *
self.weight
        return output


    # 导入 ssm 库


import ssm

# 定义一个名为 MambaBlock 的类，继承自 torch.nn.Module
class MambaBlock(torch.nn.Module):
    # 初始化函数
    def __init__(self, d_model=128, state_size=32, device="cuda"):
        # 调用父类的初始化函数
        super().__init__()
        # 设置模型的维度和状态大小
        self.d_model = d_model

        self.norm = RMSNorm(d_model=d_model).to(device)
        # 定义一个线性层，输入和输出维度都是 d_model，用于产生残差连接的一部分
        self.lin_pro = torch.nn.Linear(d_model, d_model * 2, device=device)
        # 定义一个 1D 卷积层，输入和输出通道数都是 d_model，卷积核大小为 3，步长为 1，填充为 1
        self.conv = torch.nn.Conv1d(d_model, d_model, kernel_size=3, stride=1,
padding=1, device=device)
        # 定义一个 SSM 层，使用 ssm 库中的 SSMLayer
        self.ssm_layer = ssm.SSMLayer(d_model=d_model, state_size=state_size,
device=device)
        # 定义一个线性层，输入和输出维度都是 d_model
        self.out_pro = torch.nn.Linear(d_model, d_model, device=device)

        #------------------下面是生成模型需要的一些参数------------------
        self.causal = True
        self.device = device


    def forward(self, x):
        """
        Mamba block 的前向传播。这与 Mamba 论文[1]中 3.4 节的图 3 看起来相同

        参数：
            x：形状为(b, l, d)的张量 (b 表示批量大小，l 表示序列长度，d 表示特征维度)

        返回：
```

```
        output: 形状为(b, 1, d)的张量
    """
    # 通过线性层产生一个形状为(b,1,2d)的张量，然后将其拆分为两个形状为(b,1,d)的张量

    x_inp = copy.copy(x)

    x = self.norm(x)
    x_residual = self.lin_pro(x)
    (x, residual) = torch.split(x_residual,
split_size_or_sections=self.d_model, dim=-1)

    # 对 x 进行转置、卷积和再次转置的操作，然后应用 SiLU 激活函数
    x = self.conv(x.transpose(1, 2)).transpose(1, 2)
    x = torch.nn.functional.silu(x)

    # 通过 SSM 层处理 x
    x_ssm = self.ssm_layer(x)

    # 对 residual 应用 SiLU 激活函数
    x_residual = torch.nn.functional.silu(residual)
    # 将激活后的 x_act 与 x_residual 逐元素相乘
    x = x_ssm * x_residual
    # 通过线性层处理 x，得到最终输出
    x = self.out_pro(x)

    return x + x_inp
```

SSMLayer 是一个自定义的 PyTorch 模块，实现了状态空间模型（SSM）的一个层。在初始化时，创建了一些必要的参数，包括一个对数参数 A_log、一个线性层 x_proj 以及一个参数 D。在前向传播过程中，首先通过 SSM 的离散化部分处理输入，然后使用 ZOH（零阶保持）算法计算 SSM 的输出。

RMSNorm 是一个实现了 RMS（Root Mean Square，均方根）归一化的自定义 PyTorch 模块。它包含一个可学习的权重参数，并在前向传播中应用 RMS 归一化到输入上。

MambaBlock 是一个结合多个层的自定义 PyTorch 模块，包括 RMSNorm、一个线性层、一个 1D 卷积层、一个 SSMLayer 以及另一个线性层。在前向传播中，首先应用归一化和线性变换到输入上，然后应用一个 1D 卷积和 SiLU 激活函数处理数据。接着，通过 SSM 层进一步处理输入，并将结果与另一个经过激活的线性变换相乘。最后，通过另一个线性层处理结果，并将其与原始输入相加，得到最终输出。

13.3.2　基于 Mamba 的 Dim 模型的设计

Mamba 的作用是替代 Transformer 的注意力层完成模型的构建，因此，在构建新的 Dim 模型时，我们只需将核心的 Transformer 架构模块替换为 Mamba 架构。以下是代码实现：

```python
from torch import nn
import torch
import math

from moudle import MambaBlock
class DimBlock(nn.Module):
    def __init__(self,emb_size,state_size = 16):
        super().__init__()

        self.emb_size=emb_size


        # conditioning
        self.gamma1=nn.Linear(emb_size,emb_size)
        self.beta1=nn.Linear(emb_size,emb_size)
        self.alpha1=nn.Linear(emb_size,emb_size)
        self.gamma2=nn.Linear(emb_size,emb_size)
        self.beta2=nn.Linear(emb_size,emb_size)
        self.alpha2=nn.Linear(emb_size,emb_size)

        # layer norm
        self.ln1=nn.LayerNorm(emb_size)
        self.ln2=nn.LayerNorm(emb_size)

        # multi-head self-attention
        self.mamba_layer = MambaBlock(emb_size,state_size=state_size)

        # feed-forward
        self.ff=nn.Sequential(
            nn.Linear(emb_size,emb_size*4),
            nn.ReLU(),
            nn.Linear(emb_size*4,emb_size)
        )

    def forward(self,x,cond):   # x:(batch,seq_len,emb_size),
cond:(batch,emb_size)
        # conditioning (batch,emb_size)
        gamma1_val=self.gamma1(cond)
        beta1_val=self.beta1(cond)
        alpha1_val=self.alpha1(cond)
        gamma2_val=self.gamma2(cond)
        beta2_val=self.beta2(cond)
        alpha2_val=self.alpha2(cond)

        # layer norm
        y=self.ln1(x) # (batch,seq_len,emb_size)
```

```
    # scale&shift
    y=y*(1+gamma1_val.unsqueeze(1))+beta1_val.unsqueeze(1)

    y = self.mamba_layer(y)

    # scale
    y=y*alpha1_val.unsqueeze(1)
    # redisual
    y=x+y

    # layer norm
    z=self.ln2(y)
    # scale&shift
    z=z*(1+gamma2_val.unsqueeze(1))+beta2_val.unsqueeze(1)
    # feef-forward
    z=self.ff(z)
    # scale
    z=z*alpha2_val.unsqueeze(1)
    # residual
    return y+z
```

从代码来看，这里使用的 DimBlock 相较于经典的 DiT 架构并没有做出太多的改变，而是简单地将核心计算模型替换为 Mamba 架构，从而完成了计算 Block 模块的替换。

使用 DimBlock 构建的 Dim 模型代码如下：

```
from torch import nn
import torch
from time_emb import TimeEmbedding
from dim_block import DimBlock


T = 1000
class Dim(nn.Module):
    def __init__(self,img_size,patch_size,channel,
emb_size,label_num,dit_num,head):
        super().__init__()

        self.patch_size=patch_size
        self.patch_count=img_size//self.patch_size
        self.channel=channel

    self.conv=nn.Conv2d(in_channels=channel,out_channels=channel*patch_size**2,
kernel_size=patch_size,padding=0,stride=patch_size)
        self.patch_emb=nn.Linear(in_features=channel*patch_size**2,
out_features=emb_size)
        self.patch_pos_emb=nn.Parameter(torch.rand(1,self.patch_count**2,
emb_size))
```

```python
        # time emb
        self.time_emb=nn.Sequential(
            TimeEmbedding(emb_size),
            nn.Linear(emb_size,emb_size),
            nn.ReLU(),
            nn.Linear(emb_size,emb_size)
        )

        # label emb
        self.label_emb=nn.Embedding(num_embeddings=label_num,
embedding_dim=emb_size)

        # DiT Blocks
        self.dims=nn.ModuleList()
        for _ in range(dit_num):
            self.dims.append(DimBlock(emb_size,head))

        # layer norm
        self.ln=nn.LayerNorm(emb_size)

        # linear back to patch
        self.linear=nn.Linear(emb_size,channel*patch_size**2)

    def forward(self,x,t,y): # x:(batch,channel,height,width)  t:(batch,)
y:(batch,)
        # label emb
        y_emb=self.label_emb(y) #   (batch,emb_size)
        # time emb
        t_emb=self.time_emb(t)  #   (batch,emb_size)

        # condition emb
        cond=y_emb+t_emb

        # patch emb
        x=self.conv(x)  # (batch,new_channel,patch_count,patch_count)
        x=x.permute(0,2,3,1)    # (batch,patch_count,patch_count,new_channel)
        x=x.view(x.size(0),self.patch_count*self.patch_count,x.size(3)) #
(batch,patch_count**2,new_channel)

        x=self.patch_emb(x) # (batch,patch_count**2,emb_size)
        x=x+self.patch_pos_emb # (batch,patch_count**2,emb_size)

        # dit blocks
        for dim in self.dims:
            x=dim(x,cond)
```

```
        # # layer norm
        x=self.ln(x)    #  (batch,patch_count**2,emb_size)

        # # linear back to patch
        x=self.linear(x)    # (batch,patch_count**2,channel*
patch_size*patch_size)

        # reshape
        x=x.view(x.size(0),self.patch_count,self.patch_count,
self.channel,self.patch_size,self.patch_size) #
(batch,patch_count,patch_count,channel,patch_size,patch_size)
        x=x.permute(0,3,1,2,4,5)    #
(batch,channel,patch_count(H),patch_count(W),patch_size(H),patch_size(W))
        x=x.permute(0,1,2,4,3,5)    #
(batch,channel,patch_count(H),patch_size(H),patch_count(W),patch_size(W))

x=x.reshape(x.size(0),self.channel,self.patch_count*self.patch_size,self.patch_
count*self.patch_size)    # (batch,channel,img_size,img_size)
        return x
```

在上述代码中，我们仅替换了作为核心计算部分的 DitBlock，使用新的基于 Mamba 架构的 DimBlock 模块进行后续的计算。

其他部分，例如本节所讨论的训练（train）与推理（inference）部分，并未进行修改，有兴趣的读者可以根据需要自行学习和实现。

13.4　本章小结

本章深入探讨了基于 Mamba 架构的 Diffusion 生成模型，并通过实战演练全面掌握了利用该模型进行图像生成的技术细节。我们详细讲解了 Mamba 模型在图像生成方面的应用，从模型的基本原理到具体实现步骤，都进行了深入浅出的阐述。

首先，我们明确了 Diffusion 模型的核心思想，以经典的 Diffusion 模型为例，通过迭代的方式逐步添加噪声来生成图像。在这一过程中，Diffusion 架构的高效性和灵活性得到了充分体现，使得图像生成过程更加顺畅和高效。

接着，我们深入剖析了 Diffusion 模型的内部结构和运行机制。通过对模型的详细解读，读者能够更清晰地理解图像生成过程中的各个关键环节，包括噪声的添加方式、生成网络的构建以及训练策略等。

在实战环节，我们首先带领读者一步一步完成了基于 DiT 架构的 Diffusion 生成模型的搭建和训练。通过具体的代码示例和详细的操作指引，读者能够轻松上手，快速掌握图像生成的技术要领。

在使用 Mamba 为核心进行 Diffusion 图像生成时，我们进一步展现了 Mamba 架构的独特优势。Mamba 架构以其高效的数据处理能力和灵活的扩展性，使得 Diffusion 生成模型在图像生成方面表现出色。我们详细指导读者如何利用 Mamba 架构的特点优化模型的训练过程，从而生成更高质量的图像。

通过实战演练，读者不仅能够深入理解 Diffusion 生成模型的工作原理，还能够学习如何根据文本输入生成可控图像输出。无论是对于学术研究还是商业应用，这为读者提供了宝贵的经验和技能。

总的来说，本章通过深入探讨和实战演练，帮助读者全面掌握基于 Mamba 架构的 Diffusion 生成模型在图像生成方面的技术细节。我们相信，这将为读者未来的学习和工作中提供有力的支持。

第14章

Mamba 实战 1：知识图谱的构建与展示

知识图谱是自然语言处理领域的重要发展方向。它能够将复杂的自然语言信息转换为结构化的图形表示，通过"结点"代表实体或概念，以"边"表示它们之间的语义关系。这种图形化的表达方式不仅揭示了事物之间及事物内部的联系，还为人工智能的推理和决策提供了丰富的背景信息。

Mamba 模型是一个强大的序列处理工具，结合了深度学习和其他先进技术，能够有效地从文本中提取出实体、概念以及它们之间的关系。利用 Mamba 模型，我们可以更加准确地识别和拆解自然语言中的信息，进而构建出详尽且精准的知识图谱。

为了帮助读者更好地理解和应用知识图谱，本章将从基础理论知识出发，逐步深入知识图谱的实现，并通过一个具体的实战案例，引导读者亲身实践知识图谱的构建过程。通过这个案例，读者将能够亲身体验到 Mamba 模型在知识图谱构建中的强大功能，并由此开启知识图谱实战的新篇章。

14.1 什么是知识图谱

在深入本章内容之前，我们有必要了解知识图谱的基本概念。从本质上讲，知识图谱是一种特殊的语义网络，它以图状数据结构为基础，包含节点（Points）与边（Edges），如图 14-1 所示。在这种图谱中，每一个节点都代表现实世界中的一个具体"实体"，而每一条边则是这些实体之间的"关系"纽带。可以说，知识图谱是表达关系的极致方式。简单来说，知识图谱通过巧妙地连接各类异构信息（Heterogeneous Information），构建出一个错综复杂的关系网络。借助这个网络，我们能够从一个全新的"关系"视角来分析和解决问题。

图 14-1　知识图谱

14.1.1　知识图谱的应用

从发展历程来看,知识图谱是在自然语言处理技术的基础上逐步发展起来的。虽然知识图谱的概念并没有统一的严格定义,但通常来说,其主要目标是描述现实世界中形形色色的实体与概念,以及这些实体和概念之间纷繁复杂的关系。例如,知识图谱能够清晰展现出家庭成员之间的关系,如父亲、母亲与女儿、儿子之间的联系。此外,知识图谱还能通过人为构建和定义,来描绘诸如"上学"与"结婚"这类较为抽象、关联性较弱的概念关系。

简而言之,知识图谱相当于一个庞大的知识库。用户可以通过查询,在这个知识库中进行关联分析与推理,从而使机器更好地理解用户意图,并提供与查询内容相关的更多关联信息。

举个例子,假如我们利用所有菜谱构建了一个知识图谱,当用户询问"夏天如何用西红柿做汤"时,知识图谱会迅速检索"夏天""西红柿"和"汤"这三个关键词在菜谱中的直接和间接关联,进而为用户推荐最合适的菜谱。

总的来说,知识图谱主要应用于两大场景:一是搜索与问答类应用;二是自然语言理解类应用。这些典型应用场景如图 14-2 所示。

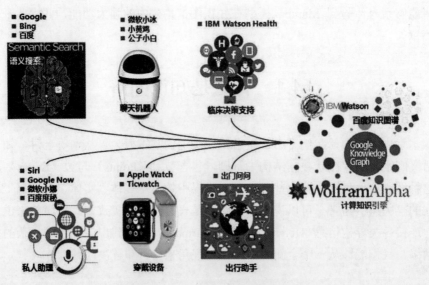

图 14-2　知识图谱的典型应用场景

知识图谱的核心部分是知识库。简而言之，知识库囊括了所有规则的集合，这些规则能够将事实和数据紧密相连，从而构建一个基于知识的智能系统。如今，存在众多广为人知的知识库，如图 14-3 所示。更通俗地说，知识库就是海量知识的汇聚之地。举例来说，当用户对某些问题产生浓厚兴趣时，便可以从维基百科、百度百科、搜狗百科等网站中汲取丰富的知识。

图 14-3　常见的知识库

14.1.2　知识图谱中的三元组

知识图谱虽然能够总结和提取自然语言中的信息，但这些知识通常由非结构化的自然语言组合而来，这样尽管有助于人们阅读，却不利于计算机处理。为了让计算机能够更方便地处理和理解，我们需要以更加形式化、简洁化的方式表示这些知识。

为了解决以上问题，知识图谱引入了三元组这一架构。三元组的模型可以简单地表示为（实体，实体关系，实体）。如果将实体看作结点，把实体关系（如属性、特征、类别等）看作一条边，那么包含大量三元组的知识库就会形成一个庞大的知识图，如图 14-4 所示。

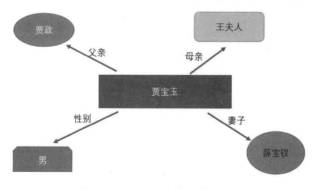

图 14-4　由三元组构成的知识图

其中，中心的方块代表主体，而四周的图形则分别表示不同的属性值。需要注意的是，无论是主体还是这些属性值，它们都是知识库中的实体。图中的不同箭头象征着不同的关系。通过连线，我们可以用三元组精确地描述实体与属性之间的联系。

知识图谱的构建过程包含以下三个核心步骤。

步骤01 数据采集：构建知识图谱的首要任务是进行大规模的数据采集，这是整个构建过程的基础。数据来源广泛，可能包括网络上的公开数据、学术界的开放数据，或是商业领域的共享与合作数据。这些数据可能以结构化、半结构化或非结构化的形式存在，因此数据采集工具需要具备处理各种数据类型的能力。

步骤02 知识抽取：在采集数据之后，下一步是对数据进行初步处理，将其提炼成实体-关系三元组的形式。根据数据所属领域的不同，抽取方法可分为开放支持抽取和专有领域知识抽取两种。

步骤03 知识链接与融合：由于实体-关系三元组是从不同来源的数据中抽取的，因此可能需要对不同的实体进行进一步整合，以形成新的、更抽象的实体。在此基础上，可以对三元组集合进行更深入的学习和推理，例如合并表达相似含义的不同关系，或检测相同实体对之间的关系冲突等。

完成上述步骤后，一个无向图网络形式的知识图谱便构建完毕。此时，我们可以利用图论等方法对网络进行关联分析，并将其应用于文档处理、信息检索以及智能决策等领域。

14.2　知识图谱的可视化展示

本节首先向读者阐述知识谱图的基本内容、应用及其构建方法，接着搭建开发环境，让读者动手编写代码。下面以一个后续使用的知识图谱数据为例，展示一个简单的知识图谱。

14.2.1　数据的准备与处理

构建知识图谱的第一步也是最重要的步骤之一，就是数据的准备。数据来源多种多样，既包括不同类型的数据集，也包括根据项目需求由项目组自行准备的数据集。在本例中，我们准备了一份三元组数据，形式如图 14-5 所示。

```
{
    "text": "《舞梦成真》是 Darren Grant 执导的剧情片，玛丽·伊丽莎白·文斯蒂德、瑞利·史密斯参加演出",
    "new_spo_list": [
        {
            "s": {"entity": "舞梦成真", "type": "film_tv"},
            "p": {"entity": "导演", "type": "_rel"},
            "o": {"entity": "Darren Grant", "type": "people"}
        },
        {
            "s": {"entity": "舞梦成真", "type": "film_tv"},
            "p": {"entity": "主演", "type": "_rel"},
            "o": {"entity": "瑞利·史密斯", "type": "people"}
        }
    ]
}
```

图 14-5　一份影视明星数据集

文本是由 JSON 这种非结构化数据构成的，不同的 key 值对应不同的内容。获取其内容时可以采用字典的形式。在数据集中需要注意以下几个特定的 key。

- text: 文本内容。
- new_spo_list: 三元组实体组合。
- s: 主体。
- p: 依赖关系。
- o: 属性。
- entity: 内容。

做好数据准备后，下一个任务是数据处理。我们需要将 JSON 格式的文本数据转换为另一种更规整的表示方式，代码如下：

```python
import json

with open('./data/train_data.json', 'r',encoding="UTF-8") as f:
    data = json.load(f)
    for line in data:
        text = line["text"]
        new_spo_list = line["new_spo_list"]
        print(text)
        for spo in new_spo_list:
            s_entity = spo["s"]["entity"]
            p_entity = spo["p"]["entity"]
            o_entity = spo["o"]["entity"]

print(s_entity,p_entity,o_entity)

        print("--------------------------")
```

这段代码打印的是知识图谱抽取的结果。第一行是文本部分，接下来的部分分别是主体、关系以及客体部分。主体、关系和客体部分按顺序打印输出。根据不同的依赖关系，可以观察到即使主体相同，在不同的关系条件下，结果值也会不同。

14.2.2 知识图谱的可视化展示

我们需要将获取到的知识图谱内容进行可视化展示。为此，我们准备了一个网页，用于展示连接后的知识图谱内容，部分代码如下（完整代码请参考本章附带的代码库中的 index.html 文件）：

```html
<!DOCTYPE html>
<meta charset="utf-8">
<style>.link { fill: none; stroke: #666; stroke-width: 1.5px;}#licensing
{ fill: green;}.link.licensing { stroke: green;}.link.resolved
```

```
{ stroke-dasharray: 0,2 1;}circle { fill: #ccc; stroke: #333; stroke-width:
1.5px;}text { font: 12px Microsoft YaHei; pointer-events: none; text-shadow: 0
1px 0 #fff, 1px 0 0 #fff, 0 -1px 0 #fff, -1px 0 0 #fff;}.linetext {   font-size:
12px Microsoft YaHei;}</style>
    <body>
    <script src="https://d3js.org/d3.v3.min.js"></script>
    <script>

    var links =
    [
    {source: '熊的故事', target: '切基·卡尤', 'rela': '主演', type: 'resolved'},
    {source: '熊的故事', target: '让·雅克·阿诺', 'rela': '导演', type: 'resolved'},
    {source: '熊的故事', target: 'Jack Wallace', 'rela': '主演', type: 'resolved'},
    ];
```

在上述代码中，var links 部分表示知识图谱的连接内容。这样生成的知识图谱展示内容如图 14-6
所示。

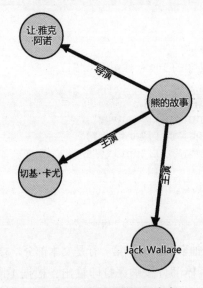

图 14-6 知识图谱展示内容

从主体"熊的故事"连接出两种不同的依赖关系，分别是导演与主演。主演部分根据不同
的内容（即不同的人物）引出了两条不同的连线。

生成新的数据格式的代码如下：

```python
import json

with open('./data/train_data.json', 'r',encoding="UTF-8") as f:
    data = json.load(f)
    for line in data:
        text = line["text"]
        new_spo_list = line["new_spo_list"]
```

```
        print(text)
        for spo in new_spo_list:
            s_entity = spo["s"]["entity"]
            p_entity = spo["p"]["entity"]
            o_entity = spo["o"]["entity"]

            kg_json = "{" + "source: '{}', target: '{}', 'rela': '{}', type:
'resolved'".format(s_entity,o_entity,p_entity) +"},"
            print(kg_json)
        print("--------------------------")
```

图中展示了同一个主体下知识图谱的依赖关系和值的对应关系。既然同一个主体可以根据不同的依赖关注连出不同的线，那么能否将不同的主体指向同一个内容呢？答案是可以的。下面对输入的数据进行修正，在原有的三条数据基础上增加一条额外数据：

```
{source: '你好色彩', target: '切基·卡尤', 'rela': '主演', type: 'resolved'},
{source: '熊的故事', target: '切基·卡尤', 'rela': '主演', type: 'resolved'},
{source: '熊的故事', target: '让·雅克·阿诺', 'rela': '导演', type: 'resolved'},
{source: '熊的故事', target: 'Jack Wallace', 'rela': '主演', type: 'resolved'},
```

修正后的知识图谱展示页面如图 14-7 所示，额外增加了一条连线，表明不同的主体可以指向同一个内容。

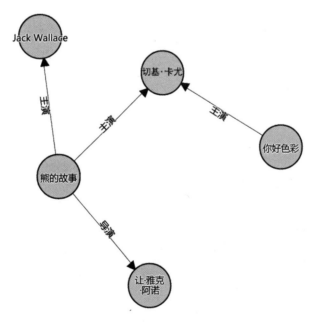

图 14-7　知识图谱展示页面

可以看到，借助提供的 index 页面，能够便捷地编辑和展示知识图谱的内容，或者通过数据编辑来探寻不同内容之间的连接和依赖关系。这种方式为我们提供了可视化和理解数据关系的手段。

然而，有一个问题值得我们深思：仅仅通过 JSON 格式直接提取对应的主体与依赖关系，是否等同于我们期望掌握的"知识图谱实战"技能呢？

答案显然是否定的。我们的目标远不止于使用 Python 简单地抽取数据，或仅仅更新网页来展示数据间的依赖关系。我们的真正目标是利用 Mamba 模型从自然语言文本中精确地提取出主体、依赖关系以及客体。这才是我们追求的知识图谱实战能力的核心。

通过 Mamba 模型，我们可以更深入地理解和分析自然语言中的复杂关系，从而构建出更加丰富和精准的知识图谱。这种能力不仅能够帮助我们更好地组织和理解海量信息，还能够为智能问答、推荐系统等应用提供强大的支持。因此，掌握 Mamba 模型并从自然语言中提取主体、依赖关系与客体，才是我们迈向知识图谱实战的重要一步。

14.3　分词与数据的编码与解码

在学习知识图谱之前，我们首先需要熟练掌握分词技巧与数据处理能力。分词是自然语言处理中的一项基础技术，它能够将连续的文本切分为有意义的词汇单元，为后续的知识抽取和图谱构建提供便利。同时，数据处理也是一个不可或缺的环节，它涉及数据的清洗、转换和标准化，确保数据的质量和一致性，为知识图谱的构建提供准确可靠的数据基础。只有掌握了这些前置技能，我们才能更好地深入学习和应用知识图谱，从而更有效地从海量信息中提炼出有价值的知识关联。

14.3.1　分词器 Tokenizer 的构建与使用

分词器（Tokenizer）是自然语言处理中的一个重要部分。在前面的章节中，我们介绍了一种简单的分词方案，即对每个字符、数字或字母进行单独分词。这种方法的优势在于其简洁性和直观性，使得内容处理变得相对容易。然而，如果仅仅依赖字符对自然语言进行分割，可能会破坏文字本身的意义和完整性。

自然语言中的词汇往往承载着特定的含义，而单个字符可能无法充分表达这些含义。因此，过于简化的分词方法可能会导致信息的损失和语境的断裂。例如，在中文中，"苹果"作为一个整体表达了一种水果，但如果将其拆分为"苹"和"果"两个字符，就失去了原有的意义。

为了更精确地处理自然语言，我们需要采用更先进的分词技术，基于 Sentence Piece 的分词模型，可以让我们在较为简单的情况下，采用命令行的形式完成分词的构建。首先，简单地使用如下代码：

```
# 导入 json 模块，用于处理 JSON 文件
import json
# 导入 tqdm 模块，用于显示进度条
from tqdm import tqdm

# 初始化一个空列表，用于存储训练文本
```

```
train_text = []

# 打开'./data/train_data.json'文件，以只读模式和 UTF-8 编码读取内容
with open('./data/train_data.json', 'r', encoding="UTF-8") as f:
    # 使用 json 模块的 load 函数读取 JSON 文件的内容，并将其存储在 data 变量中
    data = json.load(f)
    # 遍历 data 中的每一行数据，tqdm 用于显示处理进度
    for line in tqdm(data):
        # 从当前行中提取 text 键对应的值，并添加到 train_text 列表中
        text = line["text"]
        train_text.append(text)

# 在训练文本列表的末尾添加一个分隔符"[SEP]"
train_text.append("[SEP]")

# 以相同的方式处理'./data/valid_data.json'文件，并将其内容添加到 train_text 列表中
with open('./data/valid_data.json', 'r', encoding="UTF-8") as f:
    data = json.load(f)
    for line in tqdm(data):
        text = line["text"]
        train_text.append(text)

# 再次在训练文本列表的末尾添加一个分隔符"[SEP]"，以区分训练数据和验证数据
train_text.append("[SEP]")

# 将训练文本数据写入 train_data.txt 文件中
with open('train_data.txt', 'w', encoding='utf-8') as file:
    # 遍历 train_text 列表中的每一个句子
    for sentence in train_text:
        # 将句子写入文件，并在每个句子后面添加一个换行符
        file.write(sentence + '\n')

# 导入 sentencepiece 模块，用于文本的分词和词汇表构建
import sentencepiece as spm
# 使用 sentencepiece 的 SentencePieceTrainer 类的 Train 方法训练分词模型
# 指定输入文件为 train_data.txt，模型前缀为./data/my_model，并设置词汇表大小为 7500
spm.SentencePieceTrainer.Train('--input=train_data.txt
--model_prefix=./data/my_model --vocab_size=7500')
```

前面我们完成了数据列表的构建，通过读取作者提供的文本内容，构建了一个可供使用的模型训练执行命令。其中可用参数指定输入文件为 train_data.txt，模型前缀为./data/my_model，并设置词汇表大小为 7500。然后使用 SentencePiece 库训练一个分词模型，如图 14-8 所示。

```
trainer_interface.cc(609) LOG(INFO) Done! 169581
unigram_model_trainer.cc(602) LOG(INFO) Using 169581 sentences for EM training
unigram_model_trainer.cc(618) LOG(INFO) EM sub_iter=0 size=400136 obj=162.681 num_tokens=2894503 num_tokens/piece=7.2338
unigram_model_trainer.cc(618) LOG(INFO) EM sub_iter=1 size=363400 obj=147.215 num_tokens=2927757 num_tokens/piece=8.05657
unigram_model_trainer.cc(618) LOG(INFO) EM sub_iter=0 size=271895 obj=148.491 num_tokens=3018329 num_tokens/piece=11.1011
unigram_model_trainer.cc(618) LOG(INFO) EM sub_iter=1 size=270944 obj=147.725 num_tokens=3024044 num_tokens/piece=11.1611
unigram_model_trainer.cc(618) LOG(INFO) EM sub_iter=0 size=203126 obj=150.347 num_tokens=3129643 num_tokens/piece=15.4074
unigram_model_trainer.cc(618) LOG(INFO) EM sub_iter=1 size=203049 obj=149.565 num_tokens=3130818 num_tokens/piece=15.419
unigram_model_trainer.cc(618) LOG(INFO) EM sub_iter=0 size=152271 obj=152.809 num_tokens=3244065 num_tokens/piece=21.3045
```

图 14-8　自定义的 SentencePiece Trainer 模型训练过程

训练结束后，在对应的目录下可以看到，生成了后缀分别为.model 和.vocab 的两个文件，它们分别对应分词器的存档和词库列表，如下所示：

```
<unk>   0
<s> 0
</s>    0
,   -2.72118
》   -3.84284
的   -3.92392
...
_   -3.93847
年   -4.20553
、   -4.31318
《   -4.42718
是   -4.51958
```

可以看到，在 SentencePiece 的词汇表（Vocab）文件中，每一行通常包含一个词（或子词、符号等）及其相关的数值。这个数值代表该词的对数概率（Log Probability），用于表示这个词在模型中的出现概率。具体来说，这个数值是词的概率的自然对数（以 e 为底）。例如：

● <unk>、<s>和</s>是特殊标记，分别代表未知词（Unknown Token）、句子的开始和结束。它们的对数概率为 0，这通常是因为这些特殊标记在模型中有固定的、预设的概率。

● 对于其他词（如逗号、顿号、的、年等），后面的数值表示这些词在训练数据中出现的对数概率。例如，"的"的对数概率为-2.72118。这个数值越小，表示该词在训练语料中出现的频率相对较低。

● 需要注意的是，这里的对数概率是负数，这是因为概率值总是在 0 和 1 之间，其对数值自然是负数。对数概率的绝对值越大，表示原始概率越小。

在解码时，SentencePiece 会使用这些对数概率来帮助确定最可能的词序列。虽然对数概率在直观上可能不太容易理解，但它们在计算上是高效的，特别是在处理长序列和进行概率连乘时，对数概率可以避免数值下溢问题。

使用构建好的分词模型时，只需直接加载训练好的模型即可，代码如下：

```
import SentencePiece as spm
sp = spm.SentencePieceProcessor()
```

```
sp.Load('./data/my_model.model')

# 对文本进行分词并转换为索引数字
text = "这是一个使用 SentencePiece 进行分词的示例。"
# 对文本进行分词并转换为索引数字
tokens = sp.EncodeAsIds(text)
print("索引数字:", tokens)

# 将索引数字转换回文本
decoded_text = sp.DecodeIds(tokens)
print("解码后的文本:", decoded_text)
```

运行结果如下：

索引数字: [6, 151, 1593, 896, 226, 436, 1019, 539, 1019, 3215, 758, 2925, 3215, 1395, 248, 596, 5, 2484, 1946, 6086]
解码后的文本：这是一个使用 SentencePiece 进行分词的示例。

14.3.2　数据的编码处理

接下来，我们需要对数据进行处理。作者准备的数据是以列表形式存储的 SPO（Subject-Predicate-Object），然后根据对应的键（key）值分别进行定义。代码如下：

```
import json
import copy as copy
import numpy as np
from tqdm import tqdm


import char_until

import sentencepiece as spm
# 训练模型
# spm.SentencePieceTrainer.Train('--input=train_data.txt
--model_prefix=./data/my_model --vocab_size=7500')
# 加载模型
sp = spm.SentencePieceProcessor()
sp.Load('./data/my_model.model')

# 这一段代码是用来查找某个序列 arr 中的特定一个小片段 span
def search(arr,span):
    start_index = -1
    span_length = len(span)
    for i in range((len(arr) - span_length)):
        if arr[i:i + span_length] == span:
            start_index = i
            break
    end_index = start_index + len(span)
```

```
        return start_index,end_index

    p_entitys = ["",'丈夫', '上映时间', '主持人', '主演', '主角', '作曲', '作者', '作词
', '出品公司', '出生地', '出生日期', '创始人', '制片人', '号', '嘉宾', '国籍', '妻子', '
字', '导演', '所属专辑', '改编自', '朝代', '歌手', '母亲', '毕业院校', '民族', '父亲', '
祖籍', '编剧', '董事长', '身高', '连载网站']

    p_customer_entitys = ["主演","作者"]
    max_length = 128
    token_list = []
    label_list = []
    with open('./data/train_data.json', 'r',encoding="UTF-8") as f:
        data = json.load(f)

        for line in tqdm(data):
            text = line["text"]
            new_spo_list = line["new_spo_list"]

            for spo in new_spo_list:

                s_entity = spo["s"]["entity"]
                p_entity = spo["p"]["entity"]
                o_entity = spo["o"]["entity"]

                text = p_entity + "[SEP]" + text
                token = sp.EncodeAsIds(text)
                if len(token) <= max_length and p_entity in p_customer_entitys:
                    label = [0] * len(token)

                    p_entity_token = p_entitys.index(p_entity)
                    s_label = (2 * p_entity_token) - 1
                    o_label = (2 * p_entity_token)

                    s_entity_token = sp.EncodeAsIds(s_entity)[1:-1]
                    o_entity_token = sp.EncodeAsIds(o_entity)[1:-1]

                    s_entity_start_index, s_entity_end_index = search(token,
s_entity_token)
                    if s_entity_start_index != -1:
                        for j in range(s_entity_start_index,s_entity_end_index):
                            label[j] = s_label

                    o_entity_start_index, o_entity_end_index = search(token,
o_entity_token)
                    if o_entity_start_index != -1:
```

```
                        for j in range(o_entity_start_index,o_entity_end_index):
                            label[j] = o_label

                    token_list.append(token)
                    label_list.append(label)
```

其中，p_entitys 是获取到的所有实体的依赖关系。需要注意的是，在本例中为了甄别在不同实体依赖关系下获取的实体内容，使用了自定义的训练规则的文本分割模式，即：

```
"依赖关系" + "[SEP]" + "文本内容"
```

为了统一编码格式，这里使用预训练的 SPM 编码器对文本内容进行编码。search 函数的作用是在文本序列中找到特定的字符串并返回第一个字符的位置，若未找到，则返回-1。

需要注意的是，这里在设计 label 时，对于不同的依赖关系设计了不同的值，例如基于丈夫的依赖关系对标签进行处理能够以如下形式展示：

```
0 0 1 1 0 0 0 2 2 2 0 0 0 0
```

这里使用 1 和 2 分别代表"丈夫"这个依赖关系，而 1 是"主语"的标注，2 是"谓语"的标注。

对于生成的数据 list，需要在后续进行进一步的操作，首先是将 list 补全到同样的长度，一个简单的补全代码如下：

```python
def pad_sequences(sequences, maxlen=None, dtype='int32', value=0.):
    if not hasattr(sequences, '__len__'):
        raise ValueError('`sequences` must be iterable.')
    num_samples = len(sequences)

    lengths = []
    for x in sequences:
        try:
            lengths.append(len(x))
        except TypeError:
            raise ValueError('`sequences` must be a list of iterables. '
                            'Found non-iterable: ' + str(x))

    if maxlen is None:
        maxlen = np.max(lengths)

    sample_shape = tuple()
    for s in sequences:
        if len(s) > 0:
            sample_shape = np.asarray(s).shape[1:]
            break

    x = np.full((num_samples, maxlen) + sample_shape, value, dtype=dtype)
    for idx, s in enumerate(sequences):
```

```
        trunc = s[:maxlen]
        trunc = np.asarray(trunc, dtype=dtype)
        if trunc.shape[1:] != sample_shape:
            raise ValueError('Shape of sample %s of sequence at position %s '
                             'is different from expected shape %s' %
                             (trunc.shape[1:], idx, sample_shape))
        x[idx, :len(trunc)] = trunc
    return x
```

根据我们自定义的长度对数据进行截断或补全操作，从而形成一个固定长度的列表 list。代码如下：

```
token_list = char_until.pad_sequences(token_list,maxlen=max_length)
label_list = char_until.pad_sequences(label_list,maxlen=max_length)


token_list = np.array(token_list)
label_list = np.array(label_list)


import torch
from torch.utils.data import Dataset, random_split

class TextSamplerDataset(torch.utils.data.Dataset):
    def __init__(self, feature = token_list, label_list = label_list):
        super().__init__()
        self.feature = torch.tensor(feature).int()
        self.label_list = torch.tensor(label_list).int()

    def __getitem__(self, index):
        return self.feature[index],self.label_list[index]

    def __len__(self):
        return len(self.label_list)


train_dataset = TextSamplerDataset(token_list,label_list)
```

可以看到，这段代码主要执行了以下操作：首先，加载了一个预训练的 SentencePiece 模型用于文本分词。然后，定义了一个搜索函数用于在序列中查找特定片段。接着，从 JSON 文件中读取数据，对每条数据中的文本和实体关系进行遍历，对满足特定条件的实体关系对进行编码，并为这些编码生成对应的标签。

这些编码和标签被添加到列表中，并在之后被填充到固定长度，然后转换为 NumPy 数组。最后，定义了一个 PyTorch 数据集类，将编码和标签转换为 PyTorch 张量，以便于后续的模型处理。

14.3.3　数据的解码处理

本小节进行数据的解码处理。简单来说，就是将编码后的序列依据传入的 p_entity_token 还原出对应的 s_entity、p_entity 和 o_entity 的文本内容。实现代码如下：

```python
import sentencepiece as spm
# 训练模型
#spm.SentencePieceTrainer.Train('--input=train_data.txt
--model_prefix=./data/my_model --vocab_size=7500')
# 加载模型
sp = spm.SentencePieceProcessor()
sp.Load('./data/my_model.model')

def find_sublist_indices(lst, num):
    start_index = None
    end_index = None
    for i, val in enumerate(lst):
        if val == num:
            if start_index is None:
                start_index = i
            end_index = i
    return start_index, end_index

p_customer_entitys = ["主演","作者"]
max_length = 128
p_entitys = ["",'丈夫', '上映时间', '主持人', '主演', '主角', '作曲', '作者', '作词
', '出品公司', '出生地', '出生日期', '创始人', '制片人', '号', '嘉宾', '国籍', '妻子', '
字', '导演', '所属专辑', '改编自', '朝代', '歌手', '母亲', '毕业院校', '民族', '父亲', '
祖籍', '编剧', '董事长', '身高', '连载网站']

import json
with open('./data/valid_data.json', 'r',encoding="UTF-8") as f:
    data = json.load(f)

    for line in (data):

        text = line["text"]
        spo = line["new_spo_list"][0]

        s_entity = spo["s"]["entity"]
        p_entity = spo["p"]["entity"]
        o_entity = spo["o"]["entity"]

        text = p_entity + "[SEP]" + text
        token = sp.EncodeAsIds(text)
        try:
```

```
            if len(token) <= max_length and p_entity in p_customer_entitys:
                "---------------------------------------------------"
                label = [0] * len(token)

                p_entity_token = p_entitys.index(p_entity)
                s_label = (2 * p_entity_token) - 1
                o_label = (2 * p_entity_token)

                s_entity_token = sp.EncodeAsIds(s_entity)[1:-1]
                o_entity_token = sp.EncodeAsIds(o_entity)[1:-1]

                s_entity_start_index, s_entity_end_index = search(token,
s_entity_token)
                if s_entity_start_index != -1:
                    for j in range(s_entity_start_index, s_entity_end_index):
                        label[j] = s_label

                o_entity_start_index, o_entity_end_index = search(token,
o_entity_token)
                if o_entity_start_index != -1:
                    for j in range(o_entity_start_index, o_entity_end_index):
                        label[j] = o_label
                "---------------------------------------------------"
                s_tok = (2 * p_entity_token) - 1
                o_tok = (2 * p_entity_token)

                print(text)
                print(token)
                print(label)
                start_index, end_index = find_sublist_indices(label,s_tok)
                s_entity_token = (token[start_index:end_index + 2])
                s_entity = sp.DecodeIds(s_entity_token)

                start_index, end_index = find_sublist_indices(label, o_tok)
                o_entity_token = (token[start_index:end_index + 2])
                o_entity = sp.DecodeIds(o_entity_token)

                print(s_entity,p_entity,o_entity)

                print("---------------------------------------------------")
    except:
        print(token)
```

上面代码主要用到了 find_sublist_indices 函数，其作用是从对应的列表（list）中找到对应数字的起始与结束序号，从而根据需要在原始的 Token 中获取对应的 Token。而 sp.DecodeIds 的作用是将 Token 还原成文本，从而使得内容具有可读性。

14.4　基于 Mamba 的知识图谱模型构建

Mamba 给我们提供了一种高效的特征提取方法。与注意力 Transformer 架构相比，Mamba 展现了其独特的优势，它能够更加精确地捕捉和提炼数据中的关键特征。这一特性使得 Mamba 在处理复杂数据时更为灵活和高效。

因此，使用 Mamba 架构构建的知识图谱可以更加细致和深入地反映数据的内在结构和关系。这种图谱不仅能够帮助我们更全面地理解数据的本质，还能为后续的机器学习和数据分析提供强有力的支持。通过 Mamba 架构，我们可以期待在知识表示、推理和发现新关联方面取得更为显著的成果。

14.4.1　基于 Mamba 的知识图谱模型构建

在模型构建过程中，我们可以直接导入已经完成的 MambaBlock 模块，并在其基础上进一步构建我们的模型。需要特别指出的是，模型的输出部分需要根据我们设计的标签中包含的标记来确定。一个基本的知识图谱构建模型如下：

```python
import torch
from moudle import MambaBlock
import base_attention_moudle

class TransformerBlock(torch.nn.Module):
    def __init__(self,d_model,attention_head_num):
        super().__init__()

        self.rm_norm_1 = base_attention_moudle.RMSNorm(d_model)
        self.attn = base_attention_moudle.MultiHeadAttention(d_model,
attention_head_num)
        self.rm_norm_2 = base_attention_moudle.RMSNorm(d_model)
        self.ffn = base_attention_moudle.MLP(d_model)
    def forward(self,x):
        skip = x
        x = self.rm_norm_1(x)
        x = self.attn(x)
        x += skip

        skip_two = x
        x = self.rm_norm_2(x)
        x = self.ffn(x) + skip_two
        return x

class KGNet(torch.nn.Module):
    def __init__(self,dim = 312,vocab_size = 7500,out_dim = 128,state_size: int
```

322 | 深入探索 Mamba 模型架构与应用

```
= 16,num_layer = 2):
        super(KGNet, self).__init__()

        self.embedding_layer = torch.nn.Embedding(vocab_size,dim)
        self.mamba_layers = torch.nn.ModuleList(MambaBlock(dim,
state_size=state_size) for _ in range(num_layer))
        self.transformer_layer =
TransformerBlock(d_model=dim,attention_head_num=6)

        self.outlayer = torch.nn.Linear(dim,out_dim)

    def forward(self, input):
        embedding = self.embedding_layer(input)

        for mamba in self.mamba_layers:
            embedding = mamba(embedding)
        embedding = self.transformer_layer(embedding)

        embedding = torch.nn.Dropout(0.1)(embedding)
        logits = self.outlayer(embedding)
        return logits
```

KGNet 正是我们所定义的知识图谱模型，它融合了多种先进的神经网络组件以优化性能。在这个模型中，我们巧妙地运用了 Mamba 模块来构建特征提取层，这一层能够有效地从原始数据中提炼出关键信息，为后续的分析和处理奠定坚实基础。然而，为了更全面地捕捉数据中的远程依赖关系和特征，我们并未止步于此。

为了进一步增强模型对远程特征的提取能力，我们精心集成了 TransformerBlock。这一组件的加入使得 KGNet 能够在处理序列数据时，更加敏锐地捕捉到元素间的长距离依赖关系，从而提取出更为精细和全面的特征。通过自注意力机制，TransformerBlock 让每个元素都能关注到序列中的其他所有元素，并根据它们之间的相关性来动态调整权重。

这种结合 Mamba 模块和 Transformer Block 的策略，不仅增强了 KGNet 在特征提取方面的能力，还赋予了它更强的上下文感知能力和灵活性。因此，无论是处理复杂的知识图谱任务，还是应对其他需要深入理解数据内在结构的挑战，KGNet 都展现出了卓越的性能和广泛的适用性。

14.4.2　基于 Mamba 的知识图谱模型训练与预测

对于模型的训练，在我们搭建好基于 Mamba 的知识图谱模型后，需要载入准备好的数据。与前面对模型的训练类似，读者可以直接使用已有训练框架完成对模型的训练，代码如下：

```
import torch
from tqdm import tqdm
import get_data
```

```python
from torch.utils.data import DataLoader
import model
model = model.KGNet()

batch_size = 320
device = "cuda"
save_path = "./saver/mamba_kg.pth"
model = model.to(device)
model.load_state_dict(torch.load(save_path),strict=False)

# 创建数据加载器
train_loader = DataLoader(get_data.train_dataset, batch_size=batch_size,
shuffle=True)

import torch
optimizer = torch.optim.AdamW(model.parameters(), lr = 2e-4)
lr_scheduler = torch.optim.lr_scheduler.CosineAnnealingLR(optimizer,T_max =
6000,eta_min=2e-6,last_epoch=-1)
criterion = torch.nn.CrossEntropyLoss()

for epoch in range(224):
    correct = 0        # 用于记录正确预测的样本数量
    total = 0          # 用于记录总样本数量
    pbar = tqdm(train_loader,total=len(train_loader))
    for feature,label in pbar:
        optimizer.zero_grad()
        feature = feature.to(device)
        label = label.long().to(device)

        logits = model(feature)
        loss = criterion(logits.view(-1, logits.size(-1)), label.view(-1))

        loss.backward()
        optimizer.step()
        lr_scheduler.step()   # 执行优化器

        pbar.set_description(f"epoch:{epoch +1}, train_loss:{loss.item():.5f},
lr:{lr_scheduler.get_last_lr()[0]*1000:.5f}")

    torch.save(model.state_dict(), save_path)
```

　　训练的过程读者可以自行完成。另外，需要注意的是，作者提供的数据集较大，需要训练的时间较长，因此仅随机选择了 p_customer_entitys = ["主演","作者"]作为我们的训练目标。有兴趣的读者可以自行选择不同的实体类型与数量。

　　对于模型的预测，我们可以载入训练好的模型参数，并根据 entity 类型的不同，在原有的文本上加上对应的实体，从而做出预测，代码如下：

```python
import sentencepiece as spm
import torch
import char_until

# 加载模型
sp = spm.SentencePieceProcessor()
sp.Load('./data/my_model.model')

device = "cuda"
import model
model = model.KGNet()
save_path = "./saver/mamba_kg.pth"
model.load_state_dict(torch.load(save_path),strict=False)
model = model.to(device)

def find_sublist_indices(lst, num):
    start_index = None
    end_index = None
    for i, val in enumerate(lst):
        if val == num:
            if start_index is None:
                start_index = i
            end_index = i
    return start_index, end_index

p_customer_entitys = ["主演","作者"]
max_length = 128
p_entitys = ["",'丈夫', '上映时间', '主持人', '主演', '主角', '作曲', '作者', '作词
', '出品公司', '出生地', '出生日期', '创始人', '制片人', '号', '嘉宾', '国籍', '妻子', '
字', '导演', '所属专辑', '改编自', '朝代', '歌手', '母亲', '毕业院校', '民族', '父亲', '
祖籍', '编剧', '董事长', '身高', '连载网站']

import json
with open('./data/valid_data.json', 'r',encoding="UTF-8") as f:
    data = json.load(f)

    for line in (data):

        text = line["text"]
        spo = line["new_spo_list"][0]

        s_entity = spo["s"]["entity"]
        p_entity = spo["p"]["entity"]
        o_entity = spo["o"]["entity"]
```

```
text = p_entity + "[SEP]" + text
_token = sp.EncodeAsIds(text)
if len(_token) <= max_length and p_entity in p_customer_entitys:
    token = char_until.pad_sequences([_token],maxlen=max_length)
    token = torch.tensor(token).to(device=device)

    logits = model(token)
    pred_label = torch.argmax(logits,dim=-1).cpu().numpy()[0]

    p_entity_token = p_entitys.index(p_entity)
    s_tok = (2 * p_entity_token) - 1
    o_tok = (2 * p_entity_token)

    try:
        if s_tok in pred_label and o_tok in pred_label:

            start_index, end_index = find_sublist_indices(pred_label,
s_tok)
            s_entity_token = (_token[start_index:end_index + 2])
            s_entity = sp.DecodeIds(s_entity_token)

            start_index, end_index = find_sublist_indices(pred_label,
o_tok)
            o_entity_token = (_token[start_index:end_index + 2])
            o_entity = sp.DecodeIds(o_entity_token)

            print(text)
            print(s_entity,p_entity,o_entity)

    except:
        pass

    print("----------------")
```

读者可以自行运行代码并查阅打印结果。

14.4.3　命名实体识别在预测时的补充说明

可能有读者已经注意到，在我们的模型中，无论是在训练阶段还是在实际应用中，我们都会在原有的文本前加上一个 hat 符号，作为特定提示来对文本进行进一步的加工处理。

这种做法的优势显而易见。借助 hat 提示，我们能够更有针对性地指引模型来捕捉并提炼与当前实体相关的依赖关系，从而让文本内容更加聚焦于关键信息，进而提升信息抽取的精确度和效率。

但不可忽视的是，这种方法也伴随着某些潜在的缺陷。特别是当文本中提及并不存在的实体时，这种提示方式有可能引导模型走向误区。因为模型可能因 hat 提示而错误地识别或构建出并不存在的实体关系，从而导致信息的误导。

为了应对这一问题，我们可以考虑在模型中融入一些附加的验证步骤。举例而言，在完成实体关系抽取后，可以增加一个核实环节来检验所抽取的实体是否真实存在。此外，通过引入更为丰富的上下文信息，我们能够辅助模型更加精确地判断实体的真实性。

对于特定范畴的实体，我们还可以采用一种创新的训练技巧：即使文本中不存在某些实体依赖，也将其作为 hat 添加到文本中，但将其标签全部设为 0。这种做法能够明确地向模型传达一个信息，即这些被标记为 0 的 hat 并不代表真实的实体关系。

通过这种方式，我们期望模型能够在面对不存在的实体时，更加明智地进行判断和处理，从而减少误导和提高准确性。这种训练技巧有助于模型在实际应用中更加稳健和可靠，特别是在处理包含虚构或误导性实体的文本时。

14.5　本章小结

本章深入探讨了以 Mamba 架构为基础的命名实体识别模型的构建过程。我们不仅详细阐述了数据获取的策略，还实现了对识别结果的可视化展示。通过这一系列流程，我们为读者提供了一个从数据处理到模型构建，再到结果呈现的完整解决方案。

在构建命名实体识别模型时，我们选择了强大的 Mamba 架构作为基础，以确保模型的高效性和准确性。在数据获取阶段，我们精心设计了策略，以确保所收集的数据既具有代表性又丰富多样，从而满足模型训练的需求。

为了更直观地展示命名实体识别的效果，我们还特别实现了对识别结果的可视化功能。这一功能不仅能够帮助我们更清晰地理解模型的识别效果，还能为后续的优化提供有力的支持。

总的来说，本章内容涵盖从数据准备到模型构建，再到结果展示的整个流程，旨在为读者提供一个全面、系统的命名实体识别解决方案。通过本章的学习，读者将能够深入理解 Mamba 架构在命名实体识别任务中的应用，并掌握相关的数据处理和可视化技术。

第15章

Mamba 实战 2：基于特征词的语音唤醒

随着科技的日新月异，语音转换文字技术已日趋成熟，并在各个领域的应用变得愈发广泛。特别是在移动应用领域，语音转换文字的应用如雨后春笋般涌现，凭借其便捷性和高效性，赢得了众多用户的喜爱与追捧。

作为序列分析和应用的重要分支，Mamba 以其卓越的性能在语音转换文字领域独领风骚。基于 Mamba 的语音转换文字技术在转换速度和准确率方面均实现了显著提升，同时在用户体验和功能创新上也取得了前所未有的进步。

本章将深入探讨基于 Mamba 的语音唤醒技术，并在这个过程中深入了解语音特征的提取与转换方法。借助先进的深度学习和自然语言处理技术，Mamba 展现出了对语音信号极高的识别精度和转换能力。无论是置身于嘈杂的环境中，还是面对各种口音的挑战，Mamba 都能游刃有余地处理。

在语音唤醒技术的应用中，Mamba 通过智能算法精准地捕捉用户语音中的特定指令，实现了设备的快速响应。这一技术的实现不仅依赖于高精度的语音识别，还得益于对语音特征深入而精细的分析。在学习过程中，我们将逐步揭示 Mamba 如何提取并转换这些关键特征，进而理解其背后的工作原理。

本章将简要介绍语音处理的初阶内容，而更详细的讲解，读者可以参看作者的另一本专门对深度学习语音识别进行讲解的著作《PyTorch 语音识别实战》。

15.1　音频特征工具 Librosa 包的基础使用

要使用深度学习进行语音特征抽取，首先需要准备能够解析语音特征的工具。

Librosa 是一个用于音频和音乐分析与处理的 Python 工具包，涵盖了常见的时频处理、特征提取和绘制声音图形等强大功能。Librosa 支持提多种音频格式的读取和写入，如 WAV、FLAC、

MP3 等。Librosa 提供了多种音频特征提取的方法，如 MFCC（梅尔频率倒谱系数）、Chromagram 等，并支持多种音频可视化方法，如绘制声谱图和频谱图等。

接下来，我们将使用 Librosa 完成音频信号的特征提取和可视化，并对相关内容进行详细讲解。

15.1.1　基于 Librosa 的音频信号读取

音频信号是日常生活中最常见且人们接触最多的信号类型，它们以具有频率、带宽、分贝等参数的音频信号形式存在。典型的音频信号可以表示为振幅随时间变化的函数，如图 15-1 所示。

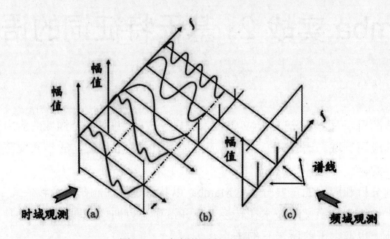

图 15-1　音频信号的分解

在具体的音频文件上，音频文件的格式多种多样，计算机可以读取和分析这些文件。常见的音频格式包括：

- MP3 格式
- WMA（Windows 媒体音频）格式
- WAV（波形音频文件）格式

对于已经存储在计算机中的音频文件，需要使用特定的 Python 库进行处理。在这里，我们选择了 Librosa。这是一个专门用于音频信号分析的 Python 第三方库，尤其适用于音乐分析。Librosa 涵盖了构建音乐信息检索（Music Information Retrieval，MIR）系统的具体细节，并提供了详尽的文档记录，以及丰富的示例和教程。

1. 采用 Librosa 对音频进行读取

为了简化起见，我们首先使用 Librosa 对音频信号进行读取，代码如下：

```
import librosa as lb

audio_path = "../第三章/carsound.wav"
```

```
audio, sr = lb.load(audio_path)
print(len(audio),type(audio))
print(sr,type(sr))
```

此时，load 函数会直接根据音频路径读取数据，返回两个参数：audio 为音频序列，sr 则是音频的采样率，输出结果如下：

```
88200 <class 'numpy.ndarray'>
22050 <class 'int'>
```

第一行显示音频的长度与生成的数据类型，第二行显示音频的采样率。如果想更换采样率对音频信号进行采集，可以使用如下代码：

```
audio, sr = lb.load(audio_path,sr=16000)
```

同样，可以对结果进行打印，请读者自行尝试。

对于将音频采样率修正后的复制和写入操作，读者可以使用 SciPy 库来完成，代码如下：

```
from scipy.io import wavfile
wavfile.write("example.wav",sr, audio)
```

读者可以自行尝试。

2. 音频可视化

对于获取的音频，读者可以使用以下代码对音频进行可视化：

```
import matplotlib.pyplot as plt
import librosa.display
librosa.display.waveshow(audio, sr=sr)
plt.show()
```

这里使用 waveshow 函数对读取到的音频进行转换，并将结果输出。生成的图形如图 15-2 所示。

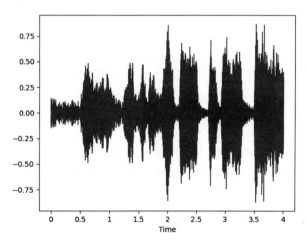

图 15-2　音频转换结果

3. 一般频谱图（非 MFCC）的可视化展示

频谱图是音频信号频谱的直观表示，前面在 3.3.2 节中使用短时傅里叶变换（Short-Time Fourier Transform，STFT）展示了频谱图。在这里，我们使用相同的函数对信号进行处理，代码如下：

```
audio = lb.stft(audio)                              # 短时傅里叶变换
audio_db = lb.amplitude_to_db(abs(audio))  # 将幅度频谱转换为 dB 标度频谱。也就是对
序列取对数
lb.display.specshow(audio_db, sr=sr, x_axis='time', y_axis='hz')
plt.colorbar()
plt.show()
```

首先使用短时傅里叶变换完成图谱转换，然后通过 amplitude_to_db 将幅度频谱转换为 dB 标度频谱，即对序列取对数。读者可以使用如下代码进行验证：

```
arr = [10000,20000]
audio_db = librosa.amplitude_to_db(arr)
print(audio_db)
```

specshow 函数用于展示图谱，生成的音频图谱如图 15-3 所示（颜色越红，表示信息含量越多）。

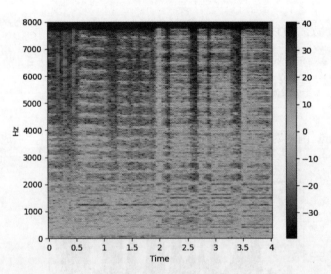

图 15-3 特定音频的频谱图（颜色越红，表示信息含量越多）

图 15-3 展示了生成的音频频谱图，横坐标表示时间，纵坐标表示频率（0~10000Hz）。我们会注意到，图谱底部的信息含量比顶部多。可以通过变换纵坐标对所有数值取对数。代码如下：

```
lb.display.specshow(audio_db, sr=sr, x_axis='time', y_axis='log')
```

新的图谱如图 15-4 所示。

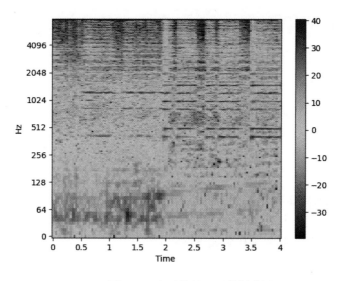

图 15-4　取对数处理后的频谱图

可以明显看出，与原始频谱图相比，取对数后的频谱图对信息丰富的部分提供了更为显著的显示。

15.1.2　基于 Librosa 的音频多特征提取

在音频特征提取中，较为常用的包括 MFCC（梅尔频率倒谱系数）、chroma_stft（色度频率）以及梅尔频谱图。Librosa 库提供了专门的特征提取方法。下面我们依次对这些特征及其提取方法进行详细讲解。

1. MFCC 音频特征

首先，我们使用 Librosa 提取 MFCC 特征，代码如下：

```
import librosa as lb
import matplotlib.pyplot as plt

audio , sr = lb.load("example.wav",sr=16000)
melspec = lb.feature.mfcc(y=audio, sr=sr, n_mels=40)

lb.display.specshow(melspec, sr=sr, x_axis='time', y_axis='log')
plt.colorbar()
plt.show()
```

生成的 MFCC 频谱图请读者自行查看。

在生成 MFCC 频谱的基础上，还可以执行特征缩放，使每个系数维度具有零均值和单位方差：

```
from sklearn import preprocessing
```

```
melspec = preprocessing.scale(melspec, axis=1)
```

请读者自行尝试使用。

2. chroma_stft 音频特征

除常用的 MFCC 外，Librosa 还提供了其他一些特征提取函数。其中，librosa.feature.chroma_stft 是 Librosa 库中的一个函数，用于计算音频信号的基于音高的谱图特征。该函数首先使用短时傅里叶变换将音频信号转换为频谱图，然后计算出每个分带中的音高强度。

具体来说，librosa.feature.chroma_stft 函数的输入参数包括音频时间序列和采样率，输出结果是一个二维数组，其中每一行代表一个分带，每一列代表一个时间帧，数组中的值表示该时间帧在该分带中的音高强度。其实现代码如下：

```python
import librosa as lb
import matplotlib.pyplot as plt
import numpy as np

audio , sr = lb.load("example.wav",sr=16000)

stft=np.abs(lb.stft(audio))
chroma = lb.feature.chroma_stft(S=stft, sr=sr)
lb.display.specshow(chroma, sr=sr, x_axis='time', y_axis='log')
plt.colorbar()
plt.show()
```

请读者自行打印图谱图形。

顺便讲一下，chroma_stft 和 MFCC 都是音频处理中常用的特征提取方法。其中，MFCC 基于梅尔倒谱系数，用于描述音频信号的频谱特性；而 chroma_stft 则是基于音高的谱图特征，用于描述音频信号的时域特性。

3. 梅尔频谱图

librosa.feature.melspectrogram 是 Librosa 库中的一个函数，用于计算音频信号的梅尔频谱图。该函数的输入参数包括音频时间序列 y 和采样率 sr，输出结果是一个二维数组，其中每一行代表一个时间帧，每一列代表一个频率，数组中的值表示该时间帧在该频率中的梅尔频谱强度。实现代码如下：

```python
mel = lb.feature.melspectrogram(y=audio, sr=sr, n_mels=40, fmin=0, fmax=sr//2)
mel = lb.power_to_db(mel)
lb.display.specshow(mel, sr=sr, x_axis='time', y_axis='log')
plt.colorbar()
plt.show()
```

梅尔频谱图形请读者自行查看。

梅尔频谱图是通过以下步骤生成的：首先将音频信号分帧，并对每一帧音频信号进行短时傅里叶变换，得到每个时间帧对应的频谱图；接着，应用梅尔滤波器组对每个频谱图进行变换，得到每个频率对应的梅尔功率谱密度；最后，将所有频率对应的梅尔功率谱密度合并成一个二维数组，得到梅尔频谱图。

MFCC 和梅尔频谱图都是音频信号处理中常用的特征提取方法。MFCC 基于梅尔倒谱系数，用于描述音频信号的频谱特性；而梅尔频谱图则是基于梅尔滤波器组的变换，将音频信号从时域转换到频域，计算每个频率对应的梅尔功率谱密度。

15.2　Mamba 实战：基于特征词的语音唤醒

本章前面介绍了纯理论知识，目的是向读者阐述语音识别的方法。接下来，通过识别特定词为例，使用 Mamba 架构实现一个实战项目——基于特征词的语音唤醒。

15.2.1　数据的准备

深度学习的第一步，也是至关重要的一步，就是数据的准备。数据的来源多种多样，既有不同类型的数据集，也有根据项目需求由项目组自行准备的数据集。由于本例的目的是识别特定词语而进行语音唤醒，因此采用了一整套专门的语音识别数据集——Speech Commands。读者可以利用 PyTorch 内置的下载工具代码轻松获取完整的数据集，具体实现如下：

```
# 直接下载 PyTorch 数据库的语音文件
from torchaudio import datasets

datasets.SPEECHCOMMANDS(
    root="./dataset",                  # 保存数据的路径
    url='speech_commands_v0.02',       # 下载数据版本 URL
    folder_in_archive='SpeechCommands',
    download=True                      # 记得选 True
)
```

数据量约为 2GB，等待下载完毕后，可以在下载路径中查看下载的数据集，如图 15-5 所示。

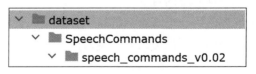

图 15-5　下载到的数据集

打开数据集后，您会发现，数据集根据不同的文件夹名称被分成了 40 个类别，每个类别以名称命名，包含符合该文件名的语音发音，如图 15-6 所示。

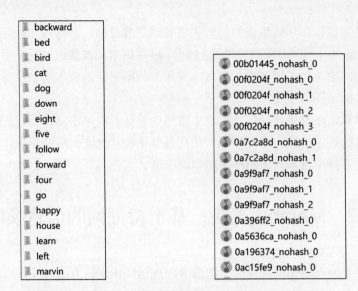

图 15-6　speech commands 数据集与特定文件夹内部的内容

可以看到，数据集根据文件名对每个发音进行了归类，其中：

- 训练集包含 51 088 个 WAV 语音文件。
- 验证集包含 6 798 个 WAV 语音文件。
- 测试集包含 6 835 个 WAV 语音文件。

读者可以使用计算机自带的语音播放程序试听部分语音。

15.2.2　数据的处理

相信读者已经试听过部分语音内容，接下来面前的第一个难题是：如何将语音转换成计算机可以识别的信号。

前面我们讲解过梅尔频率，这是基于人耳听觉特性提出的概念，它与赫兹（Hz）频率之间存在非线性对应关系。梅尔频率倒谱系数（Mel-Frequency Cepstral Coefficients，MFCC）是利用这种关系从赫兹频谱特征中计算得到的，主要用于语音数据的特征提取和降维处理。例如，对于一帧具有 512 个采样点的数据，经过 MFCC 处理后，可以提取出最重要的 40 个特征维度（通常如此），同时也实现了数据降维的目的。

这里，读者可以将其理解为使用一个"数字矩阵"来替代一段语音。计算 MFCC 实际上是一个烦琐的任务，在这里我们使用专门的类库来实现对语音 MFCC 的提取，代码如下：

```python
import os
import numpy as np

# 获取文件夹中所有的文件地址
def list_files(path):
    files = []
    for item in os.listdir(path):
```

```
            file = os.path.join(path, item)
            if os.path.isfile(file):
                files.append(file)
    return files


# 对单独序列进行裁剪或者填充操作
# 这里输入的 y 是一个一维序列，将输入的一维序列 y 拉伸或者裁剪到一个 length 长度
def crop_or_pad(y, length, is_train=True, start=None):
    if len(y) < length:        # 对长度进行判断
        # 若长度过短，则进行补全操作
        y = np.concatenate([y, np.zeros(length - len(y))])

        n_repeats = length // len(y)
        epsilon = length % len(y)
        y = np.concatenate([y] * n_repeats + [y[:epsilon]])

    elif len(y) > length:      # 对长度进行判断，若长度过长，则进行截断操作
        if not is_train:
            start = start or 0
        else:
            start = start or np.random.randint(len(y) - length)

        y = y[start:start + length]
    return y


import librosa as lb
# 计算梅尔频谱图
def compute_melspec(y, sr, n_mels, fmin, fmax):
    """
    :param y:传入的语音序列，每帧的采样
    :param sr: 采样率
    :param n_mels: 梅尔滤波器的频率倒谱系数
    :param fmin: 短时傅里叶变换(STFT)的分析范围 min
    :param fmax: 短时傅里叶变换(STFT)的分析范围 max
    :return:
    """
    # 计算梅尔频谱图的函数
    melspec = lb.feature.melspectrogram(y=y, sr=sr, n_mels=n_mels, fmin=fmin,
fmax=fmax)  # (128, 1024) 是输出一个声音的频谱矩阵
    # 是 Python 中用于将语音信号的功率值转换为分贝(dB)值的函数
    melspec = lb.power_to_db(melspec).astype(np.float32)
    return melspec


# 对输入的频谱矩阵进行正则化处理
def mono_to_color(X, eps=1e-6, mean=None, std=None):
    mean = mean or X.mean()
```

```python
    std = std or X.std()
    X = (X - mean) / (std + eps)

    _min, _max = X.min(), X.max()

    if (_max - _min) > eps:        # 对超过阈值的内容进行处理
        V = np.clip(X, _min, _max)
        V = 255. * (V - _min) / (_max - _min)
        V = V.astype(np.uint8)
    else:
        V = np.zeros_like(X, dtype=np.uint8)
    return V


# 创建语音特征矩阵
def audio_to_image(audio, sr, n_mels, fmin, fmax):
    # 获取梅尔频谱图
    melspec = compute_melspec(audio, sr, n_mels, fmin, fmax)
    # 进行正则化处理
    image = mono_to_color(melspec)
    return image
```

使用创建好的 MFCC 函数来获取特定语音的 MFCC 矩阵也很简单，代码如下：

```python
import numpy as np
from torchaudio import datasets
import sound_untils
import soundfile as sf

print("开始数据处理")
target_classes = ["bed","bird","cat","dog","four"]

counter = 0
sr = 16000
n_mels = 128
fmin = 0
fmax = sr//2
file_folder = "./dataset/speech_commands_v0.02/"
labels = []
sound_features = []
for classes in target_classes:
    target_folder = file_folder + classes
    _files = sound_untils.list_files(target_folder)
    for _file in _files:
        # 这里均值是 1308338，0.8 中位数是 1730351，所以采用了中位数的部分
        audio, orig_sr = sf.read(_file, dtype="float32")
        # 作者的想法是把 audio 做一个整体输入，在这里所有的都做了输入
        audio = sound_untils.crop_or_pad(audio, length=orig_sr)
```

```
        image = sound_untils.audio_to_image(audio, sr, n_mels, fmin, fmax)
        sound_features.append(image)
        label = target_classes.index(classes)
        labels.append(label)
sound_features = np.array(sound_features)
print(sound_features.shape) #(11965, 128, 32)
print(len(labels))          #(11965, 128, 32)
```

最终打印结果如下：

```
(11965,128,32)
11965
```

可以看到，根据作者设定的参数，特定路径指定的语音被转换成一个固定大小的矩阵，这是根据前面超参数的设定而计算出的特定矩阵内容。有兴趣的读者可以将其打印出来并观察其内容。

15.2.3　模型的设计

对于深度学习而言，模型的设计是至关重要的一步。我们将以 Mamba 为基本架构，构建一个语音识别模型，代码如下：

```
import torch

from moudle import MambaBlock

class SoundClassic(torch.nn.Module):
    def __init__(self,dim = 32,out_dim = 5,state_size = 4,num_layer = 2):
        super().__init__()
        # 定义初始化神经网络层
        self.mamba_layers = torch.nn.ModuleList(MambaBlock(dim,
state_size=state_size) for _ in range(num_layer))
        self.logit_layer = torch.nn.Linear(4096, out_dim)


    def forward(self,x):
        # 使用初始化定义的神经网络计算层进行计算

        for mamba in self.mamba_layers:
            x = mamba(x)
        output = torch.nn.Flatten()(x)
        logits = self.logit_layer(output)
        return logits
```

这段代码定义了一个名为 SoundClassic 的神经网络模型类，继承自 torch.nn.Module。在初始化方法 __init__ 中，该模型设置了多个参数，包括特征维度 dim、输出维度 out_dim、状态大小 state_size 和网络层数 num_layer。

模型包含两个主要部分：多个 MambaBlock 层（通过 torch.nn.ModuleList 创建，层数由 num_layer 决定）和一个线性分类层 logit_layer。在 forward 方法中，输入 *x* 依次经过每一层 MambaBlock 进行处理，然后通过 Flatten 操作展平成一维向量，最后通过 logit_layer 线性层得到输出 logits。

15.2.4 模型的数据输入方法

下面介绍模型的数据输入方法。由于深度学习模型在每一步都需要输入数据，且由于计算硬件（显存）的大小有限制，因此在输入数据时需要分批次将数据输入训练模型中。以下是数据输入方法的代码：

```python
# 创建了基于 PyTorch 的数据读取格式
import torch
class SoundDataset(torch.utils.data.Dataset):
    # 初始化数据读取地址
    def __init__(self, sound_features = sound_features,labels = labels):

        self.sound_features = sound_features
        self.labels = labels


    def __len__(self):
        return len(self.labels)  # 获取完整的数据集长度


    def __getitem__(self, idx):
        # 对数据进行读取，在模板中每次读取一个序号指向的数据内容
        image = self.sound_features[idx]
        image = torch.tensor(image).float()        # 对读取的数据进行类型转换


        label = self.labels[idx]
        label = torch.tensor(label).long()         #对读取的数据进行类型转换

        return image, label
```

在上面代码中，首先根据传入的数据在初始化时生成用于训练的数据和对应的标签，之后通过 getitem 函数建立了一个"传送带"，目的是源源不断地将待训练的数据传递给训练模型，从而完成模型的训练。

15.2.5 模型训练

在训练模型时，需要定义一些训练参数，如优化器、损失函数、准确率以及训练的迭代次数等，模型训练代码如下（这里不要求读者理解，能够运行即可）：

```python
import torch
from torch.utils.data import DataLoader, Dataset
from tqdm import tqdm

device = "cuda"

from sound_model import SoundClassic
sound_model = SoundClassic().to(device)

BATCH_SIZE = 32
LEARNING_RATE = 2e-5

import get_data
# 导入数据集
train_dataset = get_data.SoundDataset()
# 以 PyTorch 生成数据模板进行数据的读取和输出操作
train_loader = (DataLoader(train_dataset,
batch_size=BATCH_SIZE,shuffle=True,num_workers=0))

# PyTorch 中的优化器
optimizer = torch.optim.AdamW(sound_model.parameters(), lr = LEARNING_RATE)
# 对学习率进行修正的函数
lr_scheduler = torch.optim.lr_scheduler.CosineAnnealingLR(optimizer,T_max =
1600,eta_min=LEARNING_RATE/20,last_epoch=-1)
# 定义损失函数
criterion = torch.nn.CrossEntropyLoss()

for epoch in range(9):
    pbar = tqdm(train_loader,total=len(train_loader))
    train_loss = 0.
    for token_inp,token_tgt in pbar:
        # 将数据传入硬件中
        token_inp = token_inp.to(device)
        token_tgt = token_tgt.to(device)
        # 采用模型进行计算
        logits = sound_model(token_inp)
        # 使用损失函数计算差值
        loss = criterion(logits, token_tgt)
        # 计算梯度
        optimizer.zero_grad()
        loss.backward()
        optimizer.step()
        lr_scheduler.step()  # 执行优化器
        train_accuracy = ((torch.argmax(torch.nn.Softmax(dim=-1)(logits),
dim=-1) == (token_tgt)).type(torch.float).sum().item() / len(token_tgt))
```

```
      pbar.set_description(
          f"epoch:{epoch + 1}, train_loss:{loss.item():.4f},,
train_accuracy:{train_accuracy:.2f}, lr:{lr_scheduler.get_last_lr()[0] *
1000:.5f}")
```

上述代码完成了一个可以运行并持续对输出结果的训练模型。首先初始化模型实例，然后建立数据的传递通道，优化函数和损失计算函数也通过显式定义来完成。

15.2.6　模型结果展示

在模型结果的展示中，我们使用 epochs=9，即运行 9 轮对数据进行训练，结果如图 15-7 所示。

```
开始数据处理
(11965, 128, 32)
11965
数据处理完毕~
epoch:1, train_loss:13.4581,, train_accuracy:0.45, lr:0.01755: 100%|████████████| 374/374 [00:03<00:00, 117.92it/s]
epoch:2, train_loss:7.6630,, train_accuracy:0.45, lr:0.01147: 100%|████████████| 374/374 [00:01<00:00, 294.65it/s]
epoch:3, train_loss:5.5695,, train_accuracy:0.62, lr:0.00489: 100%|████████████| 374/374 [00:01<00:00, 290.15it/s]
epoch:4, train_loss:5.5164,, train_accuracy:0.59, lr:0.00120: 100%|████████████| 374/374 [00:01<00:00, 301.74it/s]
epoch:5, train_loss:5.6408,, train_accuracy:0.55, lr:0.00230: 100%|████████████| 374/374 [00:01<00:00, 306.62it/s]
epoch:6, train_loss:4.5648,, train_accuracy:0.62, lr:0.00764: 100%|████████████| 374/374 [00:01<00:00, 313.19it/s]
epoch:7, train_loss:5.8655,, train_accuracy:0.48, lr:0.01444: 100%|████████████| 374/374 [00:01<00:00, 303.27it/s]
epoch:8, train_loss:6.4659,, train_accuracy:0.48, lr:0.01922: 100%|████████████| 374/374 [00:01<00:00, 307.03it/s]
epoch:9, train_loss:3.0568,, train_accuracy:0.72, lr:0.01950: 100%|████████████| 374/374 [00:01<00:00, 303.81it/s]
```

图 15-7　结果展示

15.3　本章小结

本章成功实现了基于 Mamba 特征词的语音唤醒系统。该系统巧妙地融合了先进的 MambaBlock 模块，通过精细的设计与实现，成功捕捉并识别了预设的特征词汇，从而实现了高效且准确的语音唤醒功能。

在系统构建过程中，我们充分利用了 MambaBlock 模块的强大性能，通过多层堆叠与参数优化，确保了系统对特征词的敏锐感知与准确识别。同时，我们对系统的整体架构进行了精心规划，以确保语音信号的顺畅处理，进一步提升了系统的响应速度与稳定性。

第 16 章

Mamba 实战 3：多模态视觉问答

视觉问答（Vision Question Answer，VQA）技术作为计算机视觉与自然语言处理的交叉领域，旨在通过结合图像与文本信息，回答关于图像内容的自然语言问题。这一技术不仅要求系统能够深入理解图像内容，如识别对象、属性及关系，还需准确解析问题的语义，实现图像与问题的有效匹配，最终生成精确且语义清晰的答案。

在 VQA 技术的实现过程中，首先面临的是多模态信息的融合挑战。图像特征通常通过卷积神经网络（CNN）提取，而问题文本则利用循环神经网络（RNN）或其变体转换为向量表示。随后，这些来自不同模态的特征需要通过特定的融合策略进行整合，如元素级操作、连接或多模态融合方法（例如双线性池化、注意力机制），以实现信息的有效整合。基于融合后的特征，系统进一步进行推理，这一过程可能涉及分类或生成器模型，以从预定义答案集中选择或生成新的答案文本。

本章将基于 Mamba 实战视觉问答技术，选择合适的资源和模型架构，进行 Mamba 模型的训练，实现多模态图像问答的功能。通过这一过程，我们不仅能够深入理解 VQA 技术的核心原理，还能在实践中不断优化模型性能，推动其在更多领域的应用与发展。

16.1 视觉问答数据集的准备

视觉问答数据集的准备是一项繁杂且精细的任务，要求深入研究与精心策划。为了构建一个高质量、多样化的 VQA 数据集，不仅需要收集大量的图像，还需要针对每幅图像设计一系列既具挑战性又贴近实际应用的问题。在这一过程中，确保问题的广度与深度，以及图像与问题之间的相关性，是至关重要的。

16.1.1　VQA 数据集介绍

VQA v2.0 数据集作为机器视觉与自然语言处理交叉领域的重要资源,为视觉问答技术的评估与发展提供了坚实的基础。该数据集在 VQA v1.0 的基础上进行了改进与扩展,不仅包含大量来自 COCO 和 Abstract Scenes 的图像,还针对每幅图像设计了多个问题,并提供了丰富的基准真相答案,确保了数据的多样性和挑战性。

VQA v2.0 数据集的核心特点在于其多模态融合、开放式问答以及减少语言偏见的设计。它要求模型能够同时处理图像和文本信息,对图像内容进行深入理解,并具备复杂的推理能力以回答开放式问题。同时,VQA v2.0 提高了评估的准确性和公正性,如图 16-1 所示。

图 16-1　VQA_v2 中含有的图像问题与多个回答

自发布以来,VQA v2.0 数据集在视觉问答领域产生了广泛影响,成为研究人员评估多模态模型性能的基准数据集之一。它不仅推动了视觉问答技术的快速发展,还为该技术的实际应用提供了有力支持。许多先进的视觉问答模型都是在 VQA v2.0 数据集上进行训练和评估的,这充分证明了该数据集在视觉问答领域的重要地位和研究价值。

16.1.2　VQA 数据集的下载与预处理

读者可以下载完整的 VQA v2.0 数据集,如图 16-2 所示。

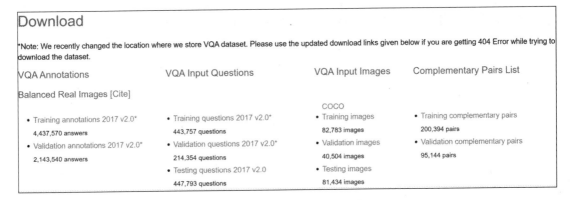

图 16-2　VQA v2.0 数据集下载

该数据集包括：

- 204 721 幅图像（源自 COCO 以及 Abstract Scenes 数据集）。
- 每幅图像涉及的问题数量大于或等于 3（平均 5.4 个问题）。
- 每个问题包含 10 个基准真相（Ground Truth）。
- 每个问题包含 3 个合理（但不一定正确）的答案。

问题（question）被保存为 JSON 文件，JSON 的数据结构如下：

```
{
    "info" : info,
    "task_type" : str,
    "data_type": str,
    "data_subtype": str,
    "questions" : [question],
    "license" : license
}
question{
    "question_id" : int,
    "image_id" : int,
    "question" : str
}
```

从其关键部分可以看出，所有问题（question）包含在一个列表中，每个列表元素是一个 question 的信息，每个信息包含的内容如下：

- 问题的 id："question_id"：int。
- 图片的 id："image_id"：int。
- 具体的问题："question"：str。

在此需要解释一下，虽然一幅图像包含多个问题，且一个问题也可能出现在多幅图像中，不过数据集中的 ID 是唯一且一致的。因为 image_id 是固定的，所以同一个问题出现在不同的图像中会有不同的 question_id。

回答（answer）部分则被保存在 annotation 中。同样以 JSON 文件格式保存，该文件的数据结构如下：

```
{
"info" : info,
"data_type": str,
"data_subtype": str,
"annotations" : [annotation],
"license" : license
}
annotation{
"question_id" : int,
"image_id" : int,
"question_type" : str,
"answer_type" : str,
"answers" : [answer],
"multiple_choice_answer" : str
}
answer{
"answer_id" : int,
"answer" : str,
"answer_confidence": str
}
```

可以细看一下其中的几个参数：

- question_type：这是由问题的前几个词所决定的问题类型。
- answe_type：这是答案的类型，包含 yes/no、number 和 other 三种。
- multiple_choice_answer：最常见的 ground-truth。
- question_id：可以理解为问题的唯一标识符。

所有的 annotation 包含在一个列表（list）中，每个列表元素代表一个 annotation（注释）的 information（信息），每一个 information 包含如下内容：

- 问题的 id："question_id": int。
- 图片的 id："image_id" : int。
- 对应的答案："answers" : [answer]，这是一个包含 10 个元素的列表。

每一个 answer 包含的信息如下：

- 答案的 id："answer_id" : int。
- 具体的答案："answer" : str。
- 答案置信度："answer_confidence" : [answer]。

在了解了一些声明信息后，我们可以结合 questions（问题）与 annotations（注释）进行联结的文本读取，代码如下：

```
import json
questions = []

answer_type = "yes/no"

queID_que = {}
# 读取 JSON 数据
with open('../多模态数据集/v2_OpenEnded_mscoco_train2014_questions.json', 'r',
encoding='utf-8') as file:
    datas = json.load(file)
    questions = datas['questions']
    for line in questions:
        question_id = line['question_id']
        question = line['question']
        queID_que[question_id] = question

question_answer_list = []
image_path = []

# 读取 JSON 数据
with open('../多模态数据集/v2_mscoco_train2014_annotations.json', 'r',
encoding='utf-8') as file:
    datas = json.load(file) #   info  license  data_subtype  annotations
data_type

    annotations = datas['annotations']
    for line in annotations:
        if line["answer_type"] == answer_type:

            answers = line['answers'][0]["answer"]
            question_id = line["question_id"]
            question = queID_que[question_id].replace("?", "")

            line = "#Question:" + question +"&Answer:" + answers + "$"
            question_answer_list.append(line)

# 将训练文本数据写入 train_data.txt 文件中
with open('train_data.txt', 'w', encoding='utf-8') as file:
    # 遍历 train_text 列表中的每一个句子
    for sentence in question_answer_list:
        # 将句子写入文件，并在每个句子后面添加一个换行符
        file.write(sentence + '\n')
# 导入 sentencepiece 模块，用于文本的分词和词汇表构建
import sentencepiece as spm
# 使用 sentencepiece 的 SentencePieceTrainer 类的 Train 方法训练分词模型
# 指定输入文件为 train_data.txt，模型前缀为 ./data/my_model，并设置词汇表大小为 7500
```

```
spm.SentencePieceTrainer.Train('--input=train_data.txt
--model_prefix=./vocab/my_model --vocab_size=9000')
```

此时，我们将 question（问题）与 answer（答案）对应地写入文本中：

```
#Question:Is this man a professional baseball player&Answer:yes$
#Question:Is the dog waiting&Answer:yes$
#Question:Is the sky blue&Answer:yes$
#Question:Is there snow on the mountains&Answer:yes$
...
#Question:Is the window open&Answer:yes$
#Question:Is she brushing&Answer:yes$
```

按照读取的顺序，我们将相应的图片地址存储起来，以便后续使用。

为了对文本进行编码处理，我们采用了上一章学习的 SentencePiece 分词器对文本进行编码，并将编码结果存储起来。

此外，由于本章所使用的 VQA 数据集规模较大，导致图片读取较为困难，作者选择了限定问答类型为 yes/no（answer_type = "yes/no"）。读者可以根据自己的实际情况决定是否采用这一限定。

16.1.3 VQA 数据集的准备

在数据集处理的最终阶段，我们需要完成数据准备工作。首先，我们必须读取数据。文本数据可以通过预训练的编码器进行处理，而图像数据则需要进行相应的处理，包括调整不同尺寸的图像大小以及将灰度图像转换为多通道图像。代码如下：

```
from PIL import Image

import sentencepiece as spm
sp = spm.SentencePieceProcessor()
sp.Load('./vocab/my_model.model')
print(sp.vocab_size())

def pad_number_to_length(number, length=12):
    # 将数字转换成字符串
    number_str = str(number)
    # 使用 zfill 方法在前面补零，直到字符串长度达到指定值
    padded_number_str = number_str.zfill(length)
    # 如果需要，可以将结果转换回整数（但通常保持字符串形式更有用）
    # padded_number = int(padded_number_str)
    return padded_number_str

import json
questions = []
```

```python
    answer_type = "yes/no"

    queID_que = {}
    # 读取 JSON 数据
    with open('../多模态数据集/v2_OpenEnded_mscoco_train2014_questions.json', 'r',
encoding='utf-8') as file:
        datas = json.load(file)
        questions = datas['questions']
        for line in questions:
            question_id = line['question_id']
            question = line['question']
            queID_que[question_id] = question

    token_list = []
    image_path = []
    new_size = (224, 224)
    max_length = 24
    # 读取 JSON 数据
    with open('../多模态数据集/v2_mscoco_train2014_annotations.json', 'r',
encoding='utf-8') as file:
        datas = json.load(file) #   info license data_subtype annotations
data_type

        annotations = datas['annotations']
        for line in annotations:
            if line["answer_type"] == answer_type:

                image_id = int(line['image_id'])
                image_id = "../多模态数据集/train2014/COCO_train2014_" +
pad_number_to_length(image_id) + ".jpg"
                answers = line['answers'][0]["answer"]
                question_id = line["question_id"]
                question = queID_que[question_id].replace("?", "")

                _question = "#Question:" + question +"&Answer:" + answers  + "$"
                question_token = (sp.EncodeAsIds(_question))

                if len(question_token) <= max_length:
                    token_list.append(question_token)
                    image_path.append(image_id)

import torch
from torchvision.transforms.v2 import PILToTensor,Compose
import torchvision
class DatasetSample(torch.utils.data.Dataset):
    def __init__(self, token_list, image_path,max_length = 24):
```

```
        self.max_length = max_length
        self.token_list = token_list
        self.image_path = image_path
        self.img_convert=Compose([
            PILToTensor(),
        ])
    def __getitem__(self, index):
        img = Image.open(self.image_path[index])
        # 调整图像大小
        resized_img = img.resize(new_size, Image.Resampling.BICUBIC)

        img = self.img_convert(resized_img)/255.0

        if img.shape[0] != 3:
            img = torch.cat([img, img, img], dim=0)

        token = self.token_list[index]
        token = token + [5] * (max_length - len(token))
        token = torch.tensor(token,dtype=torch.long)
        return img,token[:-1],token[1:]

    def __len__(self):
        return len(self.token_list)
```

我们在生成数据的 DatasetSample 类中返回了编码后的 Token。为了适配生成模型的训练过程，我们采用了前面学习的错位法则来输出这些 Token。

16.2 Mamba 架构的多模态视觉问答模型的训练与推断

对于多模态视觉问答任务，Mamba 架构展现出了其独特的优势。多模态数据包括图像、文本、语音等多种形式的信息，为机器提供了更丰富、更全面的理解世界的视角。在这一架构下，模型不仅能够理解单一模态的信息，还能捕捉不同模态之间的关联与互补，从而更准确地回答各种问题。

16.2.1 Mamba 架构的多模态视觉问答模型的设计

对于基于 Mamba 架构的多模态视觉问答模型，我们除使用前面经典的 Mamba 架构外，还有一个重要的部分是如何将视觉特征融入模型中。

在这里我们采用一种简单的特征融合的方法，即将图像特征的维度变换后，直接与word_embedding 相加，从而完成新特征的构成。代码如下：

```
import torch
```

```python
from moudle import MambaBlock
from einops import rearrange, repeat, reduce, pack, unpack
import utils


class PatchEmbed(torch.nn.Module):
    def __init__ (self, img_size=224, patch_size=16, in_c=3, embed_dim=768):
        super().__init__()
        """
        此函数用于初始化相关参数
        :param img_size: 输入图像的大小
        :param patch_size: 一个 patch 的大小
        :param in_c: 输入图像的通道数
        :param embed_dim: 输出的每个 Token 的维度
        :param norm_layer: 指定归一化方式，默认为 None
        """
        patch_size = (patch_size, patch_size)  # 16 -> (16, 16)
        self.img_size = img_size = (img_size, img_size)  # 224 -> (224, 224)
        self.patch_size = patch_size
        self.grid_size = (img_size[0] // patch_size[0], img_size[1] //
img_size[1])  # 计算原始图像被划分为(14, 14)个小块
        # 计算 patch 的个数为 14*14=196 个
        self.num_patches = self.grid_size[0] * self.grid_size[1]
        # 定义卷积层
        self.proj = torch.nn.Conv2d(in_channels=in_c, out_channels=embed_dim,
kernel_size=patch_size, stride=patch_size)
        # 定义归一化方式
        self.norm = torch.nn.LayerNorm(embed_dim)


    def forward(self,image):
        """
            此函数用于前向传播
            :param x: 原始图像
            :return: 处理后的图像
            """
        B, C, H, W = image.shape

        # 检查图像高宽和预先设定的是否一致，若不一致则报错
        assert H == self.img_size[0] and W == self.img_size[
            1], f"Input image size ({H}*{W}) doesn't match model
({self.img_size[0]}*{self.img_size[1]})."

        # 对图像依次进行卷积、展平和调换处理：[B, C, H, W] -> [B, C, HW] -> [B, HW, C]
        x = self.proj(image).flatten(2).transpose(1, 2)
        # 归一化处理
        x = self.norm(x)
        return x
```

```python
class QVAModel(torch.nn.Module):
    def __init__(self,dim = 768,state_size = 16,num_layer = 9,device = "cuda"):
        super(QVAModel, self).__init__()
        self.device = device
        self.patch_embedding_layer = PatchEmbed().to(device)
        self.position_embedding = torch.nn.Parameter(torch.randn(196, dim),
requires_grad=True)

        self.patch_conv =
torch.nn.Conv1d(196,1,kernel_size=3,padding=1,device=device)
        self.rm_layer = torch.nn.LayerNorm(dim,device=device)
        self.embedding_layer =
torch.nn.Embedding(num_embeddings=9000,embedding_dim=dim,device=device)
        self.mamba_layers = torch.nn.ModuleList(MambaBlock(dim,
state_size=state_size) for _ in range(num_layer))
        self.logits_layer = torch.nn.Linear(768,9000,device=device)
    def forward(self, image,token_inp):
        img = self.patch_embedding_layer(image) + self.position_embedding
        img = self.patch_conv(img)
        word_embedding = self.embedding_layer(token_inp)

        for layer in self.mamba_layers:

            word_embedding = self.rm_layer(word_embedding + img)
            word_embedding = layer(word_embedding)
        logits = self.logits_layer(word_embedding)
        return logits


    @torch.no_grad()
    def generate(self,image, seq_len, prompt=None, temperature=1.,eos_token=5,
return_seq_without_prompt=True):
        """
        根据给定的提示（prompt）生成一段指定长度的序列

        参数:
        - seq_len: 生成序列的总长度
        - prompt: 序列生成的起始提示，可以是一个列表
        - temperature: 控制生成序列的随机性。温度值越高，生成的序列越随机；温度值越低，生
成的序列越确定
        - eos_token: 序列结束标记的 token ID，默认为 5
        - return_seq_without_prompt: 是否在返回的序列中不包含初始的提示部分，默认为
True

        返回:
        - 生成的序列（包含或不包含初始提示部分，取决于 return_seq_without_prompt 参数的
```

设置）
```python
    """

    # 将输入的 prompt 转换为 torch 张量，并确保它在正确的设备上（如 GPU 或 CPU）
    prompt = torch.tensor(prompt).to(self.device)

    # 对 prompt 进行打包处理，以便能够正确地传递给模型
    prompt, leading_dims = pack([prompt], '* n')

    # 初始化一些变量
    n, out = prompt.shape[-1], prompt.clone()

    # 根据需要的序列长度和当前 prompt 的长度，计算出还需要生成多少个 Token
    sample_num_times = max(1, seq_len - prompt.shape[-1])

    # 循环生成剩余的 Token
    for _ in range(sample_num_times):
        # 通过模型的前向传播获取下一个可能的 Token 及其嵌入表示
        logits = self.forward(image,out)
        logits = logits[:, -1]

        # 使用 Gumbel 分布对 logits 进行采样，以获取下一个 Token
        #sample = utils.gumbel_sample(logits, temperature=temperature,
dim=-1)

        sample = torch.argmax(logits,dim=-1)
        # 将新生成的 Token 添加到当前序列的末尾
        out, _ = pack([out, sample], 'b *')

        # 如果设置了结束标记，并且序列中出现了该标记，则停止生成
        if utils.exists(eos_token):
            is_eos_tokens = (out == eos_token)
            if is_eos_tokens.any(dim=-1).all():
                break

    # 对生成的序列进行解包处理
    out, = unpack(out, leading_dims, '* n')

    # 根据 return_seq_without_prompt 参数的设置，决定是否返回包含初始提示的完整序列
    if not return_seq_without_prompt:
        return out
    else:
        return out[..., n:]
```

16.2.2　多模态视觉问答模型的训练与推断

对于多模态视觉问答模型的训练，我们可以采用基本的模型训练方法来完成模型的训练，

代码如下：

```python
import os
import model
from tqdm import tqdm

import torch
from torch.utils.data import DataLoader

BATCH_SIZE = 128
device = "cuda"
model = model.QVAModel()
model.to(device)

save_path = "./saver/model.pth"
model.load_state_dict(torch.load(save_path), strict=False)

import get_data

train_dataset = get_data.DatasetSample(get_data.token_list,
image_path=get_data.image_path)
train_loader = (DataLoader(train_dataset, batch_size=
BATCH_SIZE,shuffle=True))

optimizer = torch.optim.AdamW(model.parameters(), lr = 2e-4)
lr_scheduler = torch.optim.lr_scheduler.CosineAnnealingLR(optimizer,T_max =
1200,eta_min=2e-7,last_epoch=-1)
criterion = torch.nn.CrossEntropyLoss()

for epoch in range(48):
    pbar = tqdm(train_loader,total=len(train_loader))
    for image,token_inp,token_tgt in pbar:
        image = image.to(device)
        token_inp = token_inp.to(device)
        token_tgt = token_tgt.to(device)
        logits = model(image,token_inp)
        loss = criterion(logits.view(-1, logits.size(-1)), token_tgt.view(-1))

        optimizer.zero_grad()
        loss.backward()
        optimizer.step()
        lr_scheduler.step()  # 执行优化器
        pbar.set_description(f"epoch:{epoch +1}, train_loss:{loss.item():.5f},
lr:{lr_scheduler.get_last_lr()[0]*1000:.5f}")

    torch.save(model.state_dict(), save_path)
```

这里需要注意的是，由于本章涉及的数据量较大，因此在训练时可以对数据进行适当的删减，具体在使用时读者可以酌情考虑。

而对于推断情况，我们首先需要读取图片，然后根据标准的问答模型输入问题，代码如下：

```
import sentencepiece as spm
sp = spm.SentencePieceProcessor()
sp.Load('./vocab/my_model.model')

import model
import torch

device = "cuda"
model = model.QVAModel()

save_path = "./saver/model.pth"
model.load_state_dict(torch.load(save_path), strict=False)
model.to(device)

import get_data

train_dataset = get_data.DatasetSample(get_data.token_list,
image_path=get_data.image_path)
text = "#Question:Is this man a professional baseball player&Answer:"
image, _, _ = train_dataset.__getitem__(0)
image = torch.tensor(image).to(device)
image = torch.unsqueeze(image, 0)
token_inp = sp.EncodeAsIds(text)
print(token_inp)
result =
model.generate(image,seq_len=20,prompt=token_inp,return_seq_without_prompt=Fals
e).cpu().numpy()
result = [int(res) for res in result]
print(result)
text = sp.DecodeIds(result)
print(text)
```

在上面代码中，我们首先建立了问题的文本"#Question:Is this man a professional baseball player&Answer:"，然后读取图像，注意此时图像的维度要符合模型的输入。之后将图像与问题一起输入模型中。结果请读者自行验证。

16.3　本章小结

本章深入探讨了基于 Mamba 架构的多模态视觉问题，详细阐述了该架构在处理多样化视觉信息时的独特优势。首先，我们介绍了 VQA 数据集的处理方法，包括数据采集、标准化和文本编码器的训练等关键步骤。这些步骤对于后续模型训练的有效性至关重要。

除数据集处理外，本章还向读者展示了一个简单而实用的特征融合方法。这种方法能够将来自不同模态的数据特征进行有效整合，从而提升模型对于复杂视觉任务的处理能力。通过特征融合，我们可以充分利用多模态数据中的互补信息，使得模型在面对各种挑战时能够做出更加准确和全面的判断。

总的来说，本章不仅为读者提供了关于 Mamba 架构和多模态视觉问题的基础知识，还通过具体的数据集处理和特征融合方法，展示了如何将这些理论知识应用于实际问题中。希望这些内容能够帮助读者更好地理解和应用相关技术，推动多模态视觉领域的进一步发展。